U0256785

中国问题·日本经验

日本農村再生：経験と治理

日本农村再生：经验与治理

〔日〕酒井富夫 等 著

社会科学文献出版社
SOCIAL SCIENCES ACADEMIC PRESS (CHINA)

出版说明

中日两国同属东亚文化圈，文化交流源远流长。近代以来，两国的发展走上了截然不同的道路，各自探索出了适应本国发展的道路。日本率先成为东亚社会转型的成功范例，在20世纪60年代末跃升为世界第二经济大国。由于资源贫乏、人口密度过高等原因，日本在实现经济高速增长的同时，也遇到了资源、环境以及人口老龄化的制约，积累了应对此类问题的诸多经验。中国在2010年成为世界第二大经济体。中国在发展中遇到的一些问题，都曾在日本经济发展的过程中出现过。因此，关注作为“过来人”的日本如何克服经济快速增长过程中发生的诸多问题与矛盾、有些什么样的经验和教训，对于中国的发展具有一定的借鉴意义。

“中国问题·日本经验”书系的构想就是在这种背景下提出的，这源于十几年前社会科学文献出版社与日本笹川和平财团关于中日历史问

题的研究以及“阅读日本书系”的出版历程。“阅读日本书系”是由中日双方专家学者遴选图书，笹川和平财团提供资助，中国的七家出版社联合出版的。这套书做得非常成功，影响也在逐渐扩大。在这个过程中，我们发现：日本近代化进程中100多年来的经验，尤其是第二次世界大战以来的很多经验，值得我们进一步检讨。中国经历了近40年的高速发展，遇到了相当多的很迫切的问题。针对这些问题，我们能从日本走过的历史中学到什么？最近几年来，无论是经济学、社会学、政治学，还是历史学的很多学者都在思索，我们一些高层的领导人也在不同方面进行探索。在这个过程中，我们曾经做过更大的计划，就是我们要有中国问题·日本经验、中国问题·德国经验、大陆问题·台湾经验、中国问题·新加坡经验，等等，但最成熟且最容易操作的是日本经验这个系列。这个想法得到了笹川和平财团笹川阳平会长、尾形武寿理事长的鼎力支持。在继续做好“阅读日本书系”的基础上，2016年，中日双方根据中国当下最迫切的需求，启动了“带着中国问题来看待日本经验”的项目。

这套丛书意在提供对日本经验的总结和反思。但与以往不同的是，这次对日本经验的总结背后隐含的逻辑是“中国问题·日本经验”。它以中国发展中面临的问题为背景，去看日本在面对同样问题的过程中做出的应对和积累的经验，从而为中国社会提供可资借鉴的思路。

操作上是由中方专家学者以及相关官员提出需求，形成问题提纲后，由日方专家来写作，最后形成可以给中国的研究者、实务工作者也包括普通百姓阅读的，每本20万字左右篇幅的，不纯粹是学术性质的一套丛书。

第一个项目是环境问题。我们出版了《日本环境问题：改善与经验》（社会科学文献出版社，2017 年 9 月）。

第二个项目是农业农村问题。项目的成果就是现在呈现在大家眼前的这本《日本农村再生：经验与治理》。本书较为全面、系统地介绍日本乡村的演变，展现日本农业政策的变革、村落及其结构、农协的作用、农村医疗福利、农村社会组织、传统文化的保护、农村产业化、城乡关系、地方自治体、环境保护、农产品流通、农产品供求和价格机制等，为我们提供了日本乡村转型过程中的一些机制变革的图景。当前，中央提出的乡村振兴战略，全国各地正在开展乡村建设、社区营造、乡村复兴等活动，各地政府的农村振兴计划也被提上重要议事日程。本书的出版为乡村振兴的实践提供了可供参考的日本经验。

本书依然延续“中国问题 · 日本经验”项目的问题导向写作模式，即中国专家围绕目前中国乡村振兴的实际，列出问题提纲，日本专家从回应中国问题的角度出发，组织日方相关学者撰写书稿，详细介绍日本在乡村振兴过程中解决此类问题的经验。

2017 年 9 月，在北京社会科学文献出版社召开了项目启动仪式。清华大学沈原教授、中国社会科学院社会学研究所王春光研究员、中国社会科学院城市发展与环境研究所李国庆研究员、社会科学文献出版社社长谢寿光参加了会议，他们为本书的问题形成贡献了真知灼见。

2017 年 12 月 14 日，在东京日本笹川财团召开了本书的编前研讨会。日方执笔者富山大学教授酒井富夫、东京圣荣大学教授藤岛广二、农协综合研究所主任研究员倪镜、日本农业新闻株式会社主笔金哲洙、笹川财团日中友好基金主任研究员胡一平、主任研究员小林义之，以及

中方代表谢寿光、沈原、李国庆、童根兴、胡亮等出席了此次会议。会议期间，日方执笔者就本书的写作提纲、写作方针等进行了说明，介绍了各章执笔者的情况。中方专家围绕写作提纲，提出了修改意见。

本书的出版依靠笹川和平财团笹川日中友好基金的支持和社会科学文献出版社的沟通筹划。笹川和平财团理事长尾形武寿先生，笹川日中友好基金主任研究员胡一平女士、主任研究员小林义之先生，社会科学文献出版社社长谢寿光、副总编辑童根兴、编辑胡亮、编辑梁力匀、编辑隋嘉滨，不辞辛劳地组织安排相关事宜。

在此，向为本书出版提供支持、帮助的各位有识之士、专家、学者和工作人员表示深深的感谢。

本书的出版或许仅是中国乡村振兴战略实施过程中的沧海一粟，但是编者和著者的初心是希望世界各国的成功经验能为中国的建设者所用；中国的乡村振兴之路越走越顺，越走越远；中国早日全面建成小康社会，实现中华民族的伟大复兴。相信中国乡村振兴的实践一定能为世界提供富有东方智慧的中国经验。

中方专家及项目团队

中方专家（日方专家请见本书作者简介）

张晓山　中国社会科学院学部委员、中国社会科学院农村发展研究所研究员

沈　原　中国社会学会副会长、清华大学社会学系教授

王春光　中国社会科学院社会学研究所副所长、研究员

李国庆　中国社会科学院城市发展与环境研究所研究员

项目团队

尾形武寿　笹川和平财团笹川日中友好基金运营委员长

胡一平　笹川和平财团笹川日中友好基金主任研究员

小林义之　笹川和平财团笹川日中友好基金主任研究员

谢寿光　社会科学文献出版社社长

童根兴　社会科学文献出版社副总编辑

胡　亮　社会科学文献出版社编辑

梁力匀　社会科学文献出版社编辑，本项目秘书

目　录

日本农村再生：经验与治理

第三部分　行政职能划分

导言　本书的视角和议题

酒井富夫

在近代化开启后的19世纪后期以来，日本经济与全球化展开了斗争，这是关乎日本经济存亡的挑战。在第二次世界大战之前，即便是在不利的“自由贸易”形势下，日本还是成功完成了产业革命，增强了工业生产能力。在此期间，农业在外汇的节约和获取上发挥了重要作用。战后的日本经济作为凯恩斯资本主义经济不断发展，在这过程中日本农业克服了严重的粮食危机，支撑着战后日本经济的复兴。在20世纪末开始的全球化，即新自由主义的形势下，由于进口不断加速，国内农业市场份额不断减少，食品安全、环境及农村问题等新课题也随之涌现。在当今的全球化趋势之下，总的来说日本的农业和农村正面临重要的转折点。从世界范围来看，我们似乎进入了逆全球化的时代，但日本还尚未突破全球化。日本农业和农村的变化也紧随这

一巨大的潮流。当我们审视近代化开始（明治时代）以后日本农村的发展时，无论在农业方面还是在生活层面，以下的两个视角都是不可或缺的。

第一，“行政（国家及中央政府）与资本主义的关系”，即全球化。日本虽然选择了资本主义和市场经济，但市场经济的存在形态在不同时代有不同表现。在全球化强势的时期，行政的作用（各项财政支出和规定的作用）弱化了，而在凯恩斯资本主义的时期则相反，行政的作用很大。

第二，全国性市场经济体系虽然形成，但日本构筑了充分重视地区功能（地方自治体、家族、村落共同体、农业协同组合等）的体系。在农业、农村政策的众多领域里，一直采用着能用活这些地区功能的政策。

基于以上视角，本书由以下三部分构成，从各个领域进行分析。

第一部分，村落与农村生活。分析村落（村落共同体）在农业结构政策中，对于农地规模扩大与集聚政策、农协组织化中所发挥的作用。探讨地区（农协等）在与行政一体而发展起来的农村医疗与福祉中所发挥的作用。同时我们也对村落本身进行考察，对地区振兴（村落建设）进行分析。

第二部分，都市与农村新型关系的构建。以往的村落其性质发生了重大变化，面对传承传统文化的困境以及农村人口的稀少化、老龄化，通过向农村引入新的定居者与农业从业人员，产生了以构建新社区来振兴农村的领域。另外，与城市需求相匹配的农村产业化（充分利用地区资源的产业）的可行性也值得分析。

第三部分，行政职能划分。以地方交付税来调整地区间差距的税制体系、农村环境保护政策、实现公平流通的批发市场、农业生产力的形成、在提高农业收入上行政制定的价格与收入政策。这些方面是我们分析市场经济中行政的作用的素材。

本书的课题如下。

食品、农业、农村问题，这些方面单讲市场的效率是不够的。保障食品安全，和作为其基础的农民的稳定和环境的可持续性，都要通过“自由市场”来实现。由此视角出发，我们将讨论日本农业与农村在哪些方面成功了或失败了。另外，在新自由主义趋势增强的情况下，各领域如何变化，我们也将对此予以展望。我相信，从这些日本经验中所获得的启发与反思，一定会对今后中国农村的发展有所裨益。为向读者提供清晰易懂的文本，本书并未展开详细的分析，而是梳理了各个领域的大体走向。

此外，为帮助读者更好地理解本书内容，作为参考资料，以下我们附上了正文中分析的案例，以及中国与日本的行政区划比较。这些均由本书第九章的作者染野宪治所完成。

参考资料

染野宪治

（一）本书中分析的案例的所在地

本书中案例的所在地如下：北海道夕张市、岩手县远野市、岩手县大船渡市三陆町、宫城县南三陆町、群马县高崎市仓渕町、长野县佐久市、兵库县南淡路市北阿万、福井县南越前町、茨城县土浦市、岛根县山云市斐川町、长崎县对马市、静岗县浜松市、德岛县上胜町、爱知县丰田市、高知县日高村、爱知县海部郡、大分县日田市大山町。

（二）中国与日本的行政区划比较

为更好地理解本书内容，在此先就日本的行政区划与中国（大陆）的差异进行说明。

中国的行政区划分为①国家，②省/自治区/直辖市，③地级区划，④县级区划，⑤乡镇级区划这五个级别。中国的陆地面积为 960 多万平方公里，总人口约为 13.9 亿人。作为最小单位的乡镇级区划，总数为 39888 个，平均每个区划的人口密度约为每 241 平方公里 3.5 万人（2017 年年末统计）。

表导 -1　日本和中国（大陆）的行政区划

		行政区划	区划数
日本	都道府县	都(东京都)	1
		道(北海道)	1
		府(大阪府、京都府)	2
		县	43
		合计	47
	市町村	市	791
		町	744
		村	183
		合计	1718
		特别区(东京都中心部)	23
		总计	1741
中国	省/自治区/直辖市	省	22
		自治区	5
		直辖市	4
		合计	31
	地级区划	地级市	294
		地级区划数	334
	县级区划	市辖区	962
		县级市	363
		县	1355
		自治县	117
		县级区划数	2851
	乡镇级区划	镇	21116
		乡级	10529
		街道	8241
		乡镇级区划数	39888

资料来源：市町村要览编辑委员会编《全国市町村要览平成29年版》（2017），国家统计局编《中国统计年鉴2018》（2018）。

与此相对，日本的行政区划分为①国家，②都道府县，③市町村这三个级别。日本的国土面积约为 38 万平方公里，总人口约为 1.3 亿人，作为最小单位的市町村（包括东京都在内）总数有 1741 个，平均每个区划的人口密度约为每 217 平方公里 7.3 万人（2017 年年末统计）。

由此我们可以看出，中国的乡镇级区划和日本的市町村在面积上规模大致相同。但中国的乡镇级区划在全国行政区划中处于第五级，日本的市町村在全国行政区划中处于第三级，因此在财政及组织架构层面存在很大不同。

中国与日本都凭借丰富的自然资源，将旅游业作为主要产业之一。试比较中国西部地区的 Y 县和位于日本离岛的 S 市可发现，Y 县的面积约为 S 市的 3.7 倍，人口约为 7.1 倍，游客人数约为 11.3 倍。S 市的地区生产总值与 Y 县大体持平，但第三产业的生产值是 Y 县的 2 倍左右。S 市虽然人口不多，但经济规模大，人均所得是 Y 县的约 7 倍，地方政府年收入也是 Y 县的 5 倍以上。

日本地方自治体普通会计下的年收入构成中地方税占 34%，地方交付税（来自国家的财政转移收入，以调整各自治体的财政能力差距）占 19%，国库支出金（来自国家的财政转移收入，由国家规定用途目的）占 14%，地方债占 15% 等（2003 年）。由于来自国家的财政转移收入占了相当大的比重，所以即便是农村比重大、税收基础薄弱的地方自治体，当地居民也无须缴纳过重的税金，即可以维持教育、福祉、保健、卫生、道路交通设施等一定水平的公共服务（最低生活水平）。

表导－2　中国Y县和日本S市的比较

		Y县(2017年)	S市(2014年)
面积		3206平方公里	855平方公里
人口		44.5万人	6.3万人[①]
游客人数		572.6万人	50.8万人
旅游收入		570亿日元	218亿日元[②]
地区生产总值		2055亿日元	1778亿日元
	第一产业	435亿日元	77亿日元
	第二产业	895亿日元	281亿日元
	第三产业	726亿日元	1420亿日元
人均所得		29万日元	205万日元
年收入		94亿日元	536亿日元

注：①2010年的数值。

②2013年岛内消费总额（直接效果）的推测值。

资料来源：由笔者根据网络数据编成。

农民收入水平的提高、通过财政支出实现基础设施的完善——现今的日本农村已走完了这些阶段。读者在思考当下日本农村时，应知悉这一点。

（高伟 译）

序章　日本近代的农业发展与农业政策

酒井富夫

序　言

本章整理了近代化以来（明治时代以来）日本经济与农业问题、农业政策的关系，从而帮助读者理解以下各章中的内容与不同时期的问题领域。从“国家与资本主义”的视角出发，可以将日本经济划分为5个时期。各时期的经济政策与农业政策具有很强的相关性。值得注意的是，以第二次世界大战（以下简称“二战”）为分界线，二战前的农业问题与二战后大不相同。将日本农政问题分为食品、农业、农村问题三个方面，则大致经过如下。

（一）食品问题，从粮食短缺问题到谷物自给率低下问题

日本自从19世纪末从美国进口大米以来，直到20世纪60年代才实现大米自给。其间一直存在粮食短缺问题，并且用于进口大米的外汇不足，因此政府着重实行粮食增产政策（包括外地米），从而达到大米自给。20世纪70年代，大米生产量过剩，局面由短缺变成了过剩。二战后，大米以外的全部种类食品的低自给率问题（食品问题）日益凸显，大米过剩的过程中这一问题仍然不断加深。造成自给率低的原因是多方面的：日美关系下的美国过剩农产品问题，日本经济贸易顺差造成的进口压力，日美贸易摩擦背景下的进口压力，20世纪80年代后半期WTO等主导的世界贸易自由化趋势下的进口压力，如此一来，日本采取惯性做法，增加农产品进口量。

19世纪末以来，日本农政面临的是粮食（谷物）短缺问题。然而到了战后时期，进口压力导致的食品全线低自给率问题成了核心课题，近年来，又新增了食品安全问题。

（二）农业问题，从土地所有问题到农业经营问题

明治时代，地主制逐渐形成，其中地主、佃农关系问题是二战前最主要的农业问题。地主制在二战前就遭到农民的抵抗，当时佃耕争议频发，随后在二战后农地改革中地主制解体。不过，地主制虽然解体了，农业经营还是沿袭了二战前的小规模经营。1961年的农业基本法，打破了这种小规模经营，使经营模式转向规模扩大化。20世纪60年代以后，日本农政转向追求扩大规模，这是一项艰巨的任务，直到今天政府仍在不断

努力。然而，近年来农业劳动力减少与老龄化问题，使这一努力难上加难。

农业的基本问题从二战前的土地所有问题转变成了二战后的农业结构问题（农业经营问题）。

（三）农村问题，从农民生活环境问题到地区差距问题

二战前，日本农政搞活农村（共同体）来提高农政效力。农业协同组合及土地改良等本来都是以农村为基础得以制度化的。不过，在农村居民构成变化与老龄化的形势下，这种方法是否可以继续下去成了问题。

根据 1961 年农业基本法中的土地改良投资政策，国家出资完成了农道整备与农场整备。20 世纪 70 年代起，受经济高速增长的影响，政府正式以农村生活为对象进行农业政策支援。以农业集落排水事业等为契机，日本农村卫生程度大大提高。而近年来农村最大的课题是自身存续问题。在城乡差距扩大化的背景下，农村老龄化更为严重，因此出现了“地方创生”的政策。该政策向这些地区定向增加新居民和新就农者，效果备受期待。

一　资本主义发展视角下的国家与资本主义

表序 -1 显示了近代化（明治时代）以来日本的经济发展以及食品、农业、农村问题，并对应整理出了食品、农业、农村政策。各时期主要食品、农业、农村问题采用加粗字体表示。图序 -1 显示了二战前期（过渡期Ⅰ、二战前期）国民生产总值（GNP）的推移，图序 -2 为二战后（高速增长期至稳定增长期）国内生产总值（GDP）的推移，图序 -3 为二战后（第二次全球化时期，稳定增长期—超缓慢增长期）名义国内生产总值（GDP）的推移。

表序－1　近代化以来日本经济与食品、农业、农村发展史

时代	时期划分		经济	食品、农业、农村问题	食品、农业、农村政策
明治时代（1868～1912年）	（1）第一次全球化时期（自由主义局面，1868～1914）	制度改革期	不平等条约（开国、安政五条约，1858年）下的“自由贸易”，采用金本位制（1871年），原始积累（资本、劳动市场形成），富国强兵、殖产兴业政策（1876年），松方紧缩财政（1881～1885年）	**土地问题**，农民阶层分化，地主制形成	地租改正（1873～1882年），提高生产力（农商务省，西洋农法→原有农法，1881年）
		工业化时期	19世纪80年代后期至工业化（轻工业→重工业），中日甲午战争（1894年）→金本位制实质性开始，美进口国化（1897年），日俄战争（1904年），收回关税自主权（1911年），帝国主义，第一次世界大战（1914年）	促进出口、获取与节约外汇（金），**农产品出口，粮食自给**	提高生产力（明治农法，1890年前后），原有农法体系化：从工农到农业试验场（1893年），耕地整理法（1899年）
大正时代（1912～1926年）	（2）过渡期Ⅰ（结构转换局面Ⅰ，1914～1945年，战时）	泡沫、恐慌期	欧洲战后复兴，美国抬头，金本位制崩溃，通货贬值竞争，日本国内持续恐慌，关东大地震，金解禁（1930年），世界大恐慌（1929年），昭和恐慌（1930～1931年）	恐慌－米价暴跌－地主制衰落，高地租－国内生产停滞，**佃耕争议**频发，土地问题，米骚动（1918年），**农村贫困化**，中农标准化倾向（1914年前后）	本土、外地米并用实现自给体制，谷物法（1921年），政策性移民（南美、中国东北），产业组合法（1900年，中农保护、育成政策），技术普及（1907年），日本农民组合（1922年），自耕农创设维持政策（自耕农主义，1926年），农地调整法（1938年），中央批发市场法（1923年，稳定价格）

续表

时代	时期划分		经济	食品、农业、农村问题	食品、农业、农村政策
昭和前期（1926～1945年）	（2）过渡期Ⅰ（结构转换局面Ⅰ，1914～1945年，战时）	战争时期	九·一八事变（1931年），日本退出国际联盟（1933年），高桥积极财政（1931～1934年），再次禁止出口黄金（1931年，第一次全球化完结），转变为管理通货制度、宏观经济政策，从外需转向以内需为中心的经济增长，保护主义，阵营化，扩军，国家总动员法（1938年），统制经济，第二次世界大战	农村贫困化，总体战＝**粮食危机**，双重米价－地主制衰退	农村经济更正运动（1932年），粮食管理法（1942年）
昭和后期（1945～1989年）	（3）去全球化时期（黄金期，1945～1973年）	战后改革期	布雷顿森林体系（IMF，1945年；GATT，1947年），“嵌入性自由主义”，日美同盟，战后改革（财阀解体，农地改革，劳动改革）	**粮食危机，土地问题**（地主、佃农关系）	农地改革（1946～1950年），农协法（1947年），全国后生农业协同组合连合会（1948年），农地法（1952年），粮食增产政策（20世纪50年代前后），MSA小麦（1954年，进口依赖体制）
		高速增长期	布雷顿森林体系	小规模经营、**工农收入差距**，农业收入保障，实现米自给1967、**农产品过剩问题**	农业基本法（1961年），米价政策，改善农业结构、自立经营，调整生产（1970年）
	（4）第二次全球化时期（新自由主义局面，1973～2016年）	缓慢增长期（稳定增长期）	尼克松冲击（1971年），滞胀，撒切尔（1979年，第二次全球化开始）、里根、中曾根政权，广场协议（1985年），日美经济结构调整，日元升值，萧条	**日美贸易摩擦**与自由化压力，自给率低下，**兼业化**	农村工业导入法（1971年），批发市场法（1971年），日美农产品交涉（1984年），规模扩大、农地流动化，前川报告（1986年）

续表

时代	时期划分		经济	食品、农业、农村问题	食品、农业、农村政策
平成时代（1989～2019年）预定	（4）第二次全球化时期（新自由主义局面，1973～2016年）	超缓慢增长期	泡沫经济（1986～1991年），东西冷战结束（1989年），关贸总协定乌拉圭回合多边贸易谈判（1986～1994年，WTO1995）	**高关税率**：WTO、TPP、FTA，自给率低下，从价格政策到收入政策，**岩盘规制**，城市农村差距，食品安全、环境、农村，条件不利地区，多面手	粮食管理法废止、粮食法（1995年），农政改革（1998年），食品、农业、农村基本法（1999年），收入补偿〔品目横向经营稳定对策（2005年）→农户收入补偿（2010年）→经营收入稳定对策2013年〕，有机农业推进法（2006年），修订农地法（企业准入）（2009年），农地中间管理机构（2014年），地方创生（2014年），日本型直接支付制度（2015年），结构改革、规制缓和、农协法修订（农协改革）（2015年）
	（5）过渡期Ⅱ（结构转换局面Ⅱ，2017年～现在）	通货紧缩期	中国经济实力增强，保护主义化（英国脱欧，特朗普政权，2017年），安倍经济学（结构改革）、日本强行全球化	自给率低下，食品安全，环境保护，**国际竞争力**，农业人口老龄化、**农业劳动力短缺**	TPP11（2018年），日欧（2019年）、日澳EPA（2015年），农林水产品、食品出口战略（2013年），农业竞争力强化支援法（2017年），废除种子法（2017年），废除美国直接支付（2018年），重新调整生产（2018年），修订批发市场法（2018年），修订出入国管理法（2018年），加速农业瘦身（2018年）

注：①时期划分的出发点：国家与资本主义（全球化）的关系。

②国际金融三难困境（宏观经济政策的三难困境）理论：稳定汇率、资本自由移动、国内自律的金融政策无法同时实现。

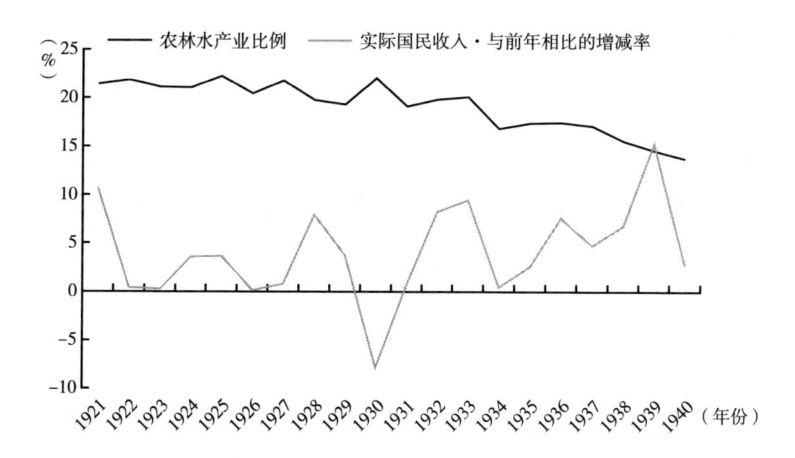

图序 –1　二战前期国民生产总值的推移（过渡期 I，战争时期）

注：1934 ~ 1936 年价格为基准缩小计算后所得数值。

资料来源：笔者根据东洋经济新报社编《昭和国势总览（第 1 卷）》东洋经济新报社，1991，第 96 页作成。根据大川、高松、山本的资料推算。

20 世纪 20 年代的二战前过渡期 I（战争时期），社会恐慌不断，经济维持 0 ~ 5% 的低速增长。1930 ~ 1931 年，受世界恐慌影响，日本国内出现昭和恐慌，经济增长转为负数（1930 年，– 7.9%）。之后，高桥内阁实行积极的财政政策，经济增长出现 V 字回升。二战后 20 世纪 60 年代高度增长期，经济增长率保持在 10% 左右，然而以 1973 年第一次石油危机为分界出现经济下滑（1974 年，– 1.2%）。20 世纪 80 年代，经济增长率维持在 3% ~ 6% 水平（低速增长—稳定增长期）。到了 80 年代末，以 1986 ~ 1991 年的泡沫经济为分界线，增长率水平再次下降，进入 90 年代后负增长的年份屡见不鲜，年景较好时也仅有 2% ~ 3% 的增长率。这段时期被称为“失去的 20 年”，照此情形称为“失去的 30 年”也不为过，日本经济陷入严重的通货紧缩而无法自拔。本文

列举了经济增长率与年表时期划分的对应关系，敬请参照。

图序－1、图序－2 还显示了全体产业中农林水产业占比的推移。其比例从二战前开始一路下降，二战后高度增长期降幅尤其明显，进入低速增长期（稳定增长期）以来维持在5%水平，同时伴随着低速下降。

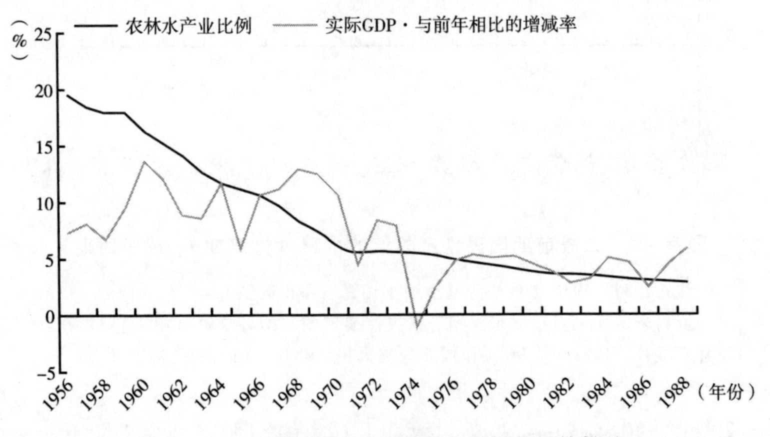

图序－2　二战后国内生产总值（GDP）的推移
（从高速成长期到稳成长期）

注：①以 1980 年价格为基准缩小计算后所得数值。

②1968 年联合国建议根据国民经济计算（新 SNA）GDP，日本追溯至 1955 年的数据，进行订正发表。

③1955～1971 年，包含冲绳县。

资料来源：笔者根据东洋经济新报社编《完结昭和国势总览第 1 卷》东洋经济新报社，1991，第 134 页作成。

二　时期划分的标准

首先，将现代化以来的时期分为 5 段（第一次全球化时期，过渡期Ⅰ，去全球化期，第二次全球化时期，过渡期Ⅱ）。划分标准主要以“国

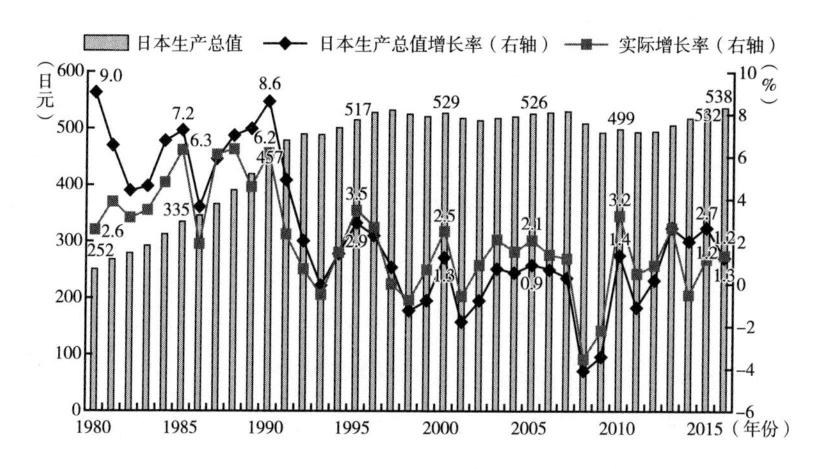

图序－3　二战后日本生产总值、名义国内生产总值 GDP 的推移（从稳定增长期到超缓慢增长期）

资料来源：引用自《平成 28 年度国土交通白皮书》，2017。

家与资本主义的关系”为着眼点。还可以解释为，世界经历了几次全球化的过程，因此依据全球化、去全球化的时间段进行划分。全球化意味着人力、物质、资金能够自由地跨国移动。随着全球化的深入，国际协定效力增强，国家自主裁量程度减弱。日本在各时期顽强存活，努力发展本国经济。

全球化的理论背景为“国际金融三难困境理论”，即稳定的外汇（稳定的贸易）、自由的资本移动（稳定的投资）、各国自律的金融政策（实现充分就业）这三者中只能舍一取二。例如，二战前的金本位制实现了外汇稳定与资本自由移动，但金融政策取决于资金量，因此导致就业不稳定及社会不稳定。二战后，布雷顿森林体制下，以美元为基准的固定汇率制度带来了外汇稳定，各国金融政策也得以实现，凯恩斯政策实现了经济顺利增长（“资本主义黄金时期”）。这一时期，资本移动受

到限制。尼克松冲击后，日本放弃维持外汇稳定（浮动汇率制），着眼于资本自由移动及国内金融政策。欧共体通过欧元的货币手段维持外汇稳定，同时实现资本移动自由化，但各国独立的金融政策则无法实现。这样一来，经济萧条、通货紧缩时也无法实行有效的经济政策，有些国家因此陷入经济危机。

以上分析有助于增强对国际制度与国内经济政策之间关系的认识，从而有效把握世界经济与各国经济的整体轮廓。

全球化末期因出现泡沫经济而产生恐慌，随后进入过渡期。过渡期中，各国力量对比发生变化（英国式和平之下的美国势力抬头），国际局势动荡，并且，差距扩大导致国内社会不稳定。

三　日本的农业问题与农业政策

日本农业问题一直以食品、土地问题为核心领域，发展到现在，食品安全、环境、农村问题也成了主要探讨对象。

面对这些问题，国家根据国情实行了一系列政策。

二战前，第一次全球化时期，日本农政最重要的两大任务是：生产生丝赚取外汇，实现大米自给从而节约外汇。政府一方面努力提高国内粮食（米）供给能力，另一方面与外地米配套从而实现自给。“粮食短缺”（供给不足）的潜在原因除了农业技术上的问题外，最大的瓶颈在于土地问题（租佃关系）。这一认识促成了二战后的农地改革。

二战后去全球化时期，高度经济增长期中工业收入水平上升，这一时期最大的问题是工业与农业的收入差距扩大。政府采取上调米价以及兼业化的政策，意图缩小收入差距。粮食问题上，在实现自给化后，出现了农产品过剩的新问题。粮食短缺的问题基本消除，但农产品整体自给率下降，而第二次全球化时期又出现了食品安全等新问题。

第二次全球化时期，农产品进口（牺牲农业利益，自给率下降）加速。生产缩小后，政府调整供需平衡，扩大经营规模从而降低成本，并通过放松规制提高国际竞争力。农产品出口就是这项政策的延伸课题。同时，农业人口老龄化，农业劳动力短缺成为一大课题。

下面将以世界经济变迁为轴心，详细论述日本各时期的经济政策、农业问题以及农业政策的变迁。

四　不同时期农业政策的特征

（一）第一次全球化时期（1868～1914年，明治时代，自由主义局面，资本主义确立期）

第一次全球化时期，采取了自由主义的经济政策。然而日本作为后发国家，这种自由主义是经历了严重压缩的自由主义。明治政府担负着不平等的外交关系及不稳定的财政基础，这些是国家面临的首要问题。

1854年日本打开国门，在这样的国内外形势下，1868年实行明治维新。这时的经济采用"金本位制"（1871年采用银本位制，1897年采用金本位制），在"富国强兵、殖产兴业政策"下，完成工业革命（技术引进，19世纪80年代后期～20世纪初），即工业化（从轻工业到重工业），实现资本主义化（确立资本主义）。第一次全球化时期不仅存在物品的自由贸易，还为筹措战费等发行外债（资本的自由移

动），到过渡期Ⅰ后，则在劳动力过剩的背景下进行了大规模政策性移民（20世纪20~30年代向南美、中国东北的迁移）。

1. 明治时代的“自由贸易”与农产品

在外交关系上，明治政府于1854年打开国门后立即签订了不平等条约（1858年日美修好通商条约等安政五条约，规定上调关税时必须与对方国家提前交涉），直到1911年才收回关税自主权。也就是说，从幕藩体制末期至明治时代的日本处于不利条件下，被迫进行一种“自由贸易”。即便在这种条件下，明治初期，政府还是积极将农产品出口作为获取外汇的重要手段，推进农产品出口，并将其视为日本经济发展中不可或缺的部门。尤其是作为出口主力军的生丝，通过其出口所获得的外汇支撑了政府的军备扩充及殖产兴业。直到1900年前后，也出口茶和大米。

由于日本国内大米需求量的上涨，以1897年为转折点，日本由大米出口国变成大米进口国。不过，政府期待该产品通过自给从而节约外汇，因此一直不断努力提高大米生产力。之后，1967年大米实现自给后进入过剩局面。其间约70年的时间里，通过配合使用外地米维持大米自给，但一直存在大米的潜在慢性短缺问题（“粮食问题”）。

2. 土地私有权的确立与农民阶级分化

稳定财政对策的一项最重要的改革就是承认种植、买卖自由后实施的地租改革（1873~1882年）。利用收益还原法评估土地价格，从中征收3%的税费作为稳定税收来源。该项税收用于军备扩充与殖产兴业。同时整备土地台账以增加税收的流畅性，土地私有权因此确立，土地买卖等提高了土地流动性，地租改革可以说是地主土地所有制得以成立的前提条件。在地租改革及松方紧缩期，农业政策使农民根本没有剩余收入。结果农民放弃农业，转而从事雇佣劳动。这样一来土地集中化，逐渐形成地主。地租改革为政府提供了稳定的财源，也为当时农业结构的骨架——地主制——的形成提供了土壤，同时为后来的农业问题（地主、佃农关系，即土地问题）埋下了祸根。

农民阶级的两极分化为资本主义的形成奠定了基础，也就是所谓的原始积累，这个过程中形成了资本供给及劳动市场，它们都是资本主义的必要条件。农业部门为资本主义的形成打下了坚实的基础。

3. 提高农业生产力

在黄金本位制下，政府为了获取黄金加强出口（丝绸、茶叶等），为节约黄金推进大米自给，并力图提高农业生产力。明治初期水田的生产性很低（浅耕、排水不良、少肥），那么就要将其变为高生产性水田。“明治农法”（干田马耕：深耕、干田、化肥）的确立就是其成果。

农业殖产兴业政策最初引进西洋耕作方法，但其不适合日本农业条件，因此原有耕作方法再次受到重视（农商务省设置，1981 年）。原有耕作方法的推进与体系化最开始由“老农”（深谙原有耕作方法，具有丰富经验及高度农业技术的农业家）肩负，随后国家、县农业试验场逐渐承担了这个角色。

从这一时期的末期至下一时期——过渡期 I，政府不断努力提高生产力，进行土地改良事业（耕地整理法，1899 年）、确立二茬作物农业法、施用化学肥料、开发农机具等，这些政策都取得了成效。为推进上述政策还成立了相关组织，并进行体制化，确立了农业组合法（1900 年，旨在进行农家经营保护）、农会法（1907 年，从系统农会体系到技

术普及）。

小　结

第一次全球化时期的农业结构特征，从过程上来讲是为了稳定财政，从结果上来看导致土地私有权的确立。另外，松方紧缩等变动又造成地主土地所有形式的形成。出口农产品是获取外汇的重要手段（另外，粮食自给是节约外汇的手段），提高农业生产力是这一时期的主旋律。

此外，本书第五章涩谷稿分析了当时明治末期以后农村文化的传承问题。

（二）过渡期 I（1914～1945 年，大正时代、昭和前期，战争时期、不稳定期）

过渡期 I 正处于恐慌期及战争时期，经济也呈现不稳定状态。

这一时期的前半期，世界经济正处于第一次世界大战后的金本位制重建期。日本在一战泡沫经济后进入持续恐慌，没能进行经济重建，随后在全球化时期，美国泡沫经济破灭导致世界经济恐慌。日本于 1930 年进行金解禁（恢复金本位制），进而发生了严峻的昭和恐慌（1930～1931 年）。通货紧缩致使米价下跌，加之地主制形势下佃农遭到剥削，自此佃耕抗争频发。

后半期，1931 年再次禁止黄金出口（脱离金本位制，即第一次全球化时期的终结），财政政策（高桥积极财政，凯恩斯主义经济政策）不再受制于黄金储备，因此经济形势转好。以 1918 年米骚动为契机制定的物价稳定对策（参考本书第十章藤岛稿）与劳动争议、佃耕争议对策，以及各种社会政策陆续开始实行。同时期，还发生了九·一八事变（1931 年）、退出国际联盟（1933 年）以及战争体制化导致的国际孤立。去全球化导致极端贸易保护主义以及阵营化，统制经济色彩增强，最终成为二战的诱因之一。以粮食危机为背景实行的统筹性米价政策中，地主制的衰退是决定性因素。

1. 佃耕争议与地主制的衰退

第一次全球化末期，包括手工业地主在内的地主制迎来鼎盛时期（租赁农地率 45.5%，1908 年）。然而，工业化促进了劳动市场的发展，大正时代农民的农业劳动价值提升，佃耕抗争频发。

图序 -4 显示了 1920 ~ 1938 年间佃耕抗争的推移情况。佃耕抗争事件数量在 1930 年前后的昭和恐慌中骤然增加，1932 年达到峰值 6824 件。导致抗争的原因有很多。其中，20 世纪 20 年代的原因主要有气象条件、病虫害等造成的庄稼歉收，到了 30 年代主要原因有佃耕权关系以及地租上涨。地租上涨的 30 年代中期，也是抗争事件数量的高峰期。

佃耕争议是导致体制动摇的最大原因，地主制逐渐成为一种政策性问题。劳动市场不发达时期，农村的佃农不得不互相竞争使用租地，一种以佃农低生活水平为基础的高额佃租体系（地主经营）得以成立。然而劳动市场发达后，地主经营逐渐困难，再加上劳动争议频发，因此对制定维护体制政策的诉求越来越强。为了维护固有体制，产业组合（1900 年）（参考本书第二章菅沼稿）、农地政策［自耕农创设维持政策（1924 年）等］、农村经济更生运动（1932 年）等尤为必要。这种自耕农创设，即自耕农主义（耕作者主义）的思想，一直延续到二战后的农地改革、农地法制定中。战时经济下“粮食问题”严峻，双重

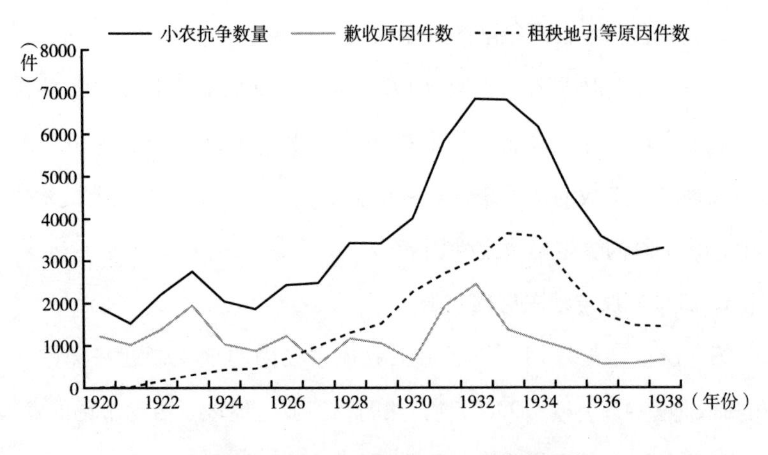

图序－4　佃争数量的推移——战争时期

注：1922 年以前，佃耕关系、地租上涨造成的抗争件数没有明确记载。地引指建筑房屋时，在举行地镇祭之后，择吉日由工匠中的领导者作为祭主举行的仪式。

资料来源：笔者根据东洋经济新报社编《昭和国势总览（第 1 卷）》东洋经济新报社，1991，第 170 页作成。

米价制使得地主制衰退成为定局，政策朝着排除地主的方向发展。

2. 中农标准化倾向

以一战为分界线，大正时代农业经营形态发生了质的变化，从明治时代的两极分化（雇佣劳动者的产生及地主制形成）向中农（小农）标准化倾向（0.5～2 公顷规模自耕农、佃农的增加）转变。经济低迷时期，小型佃农难以为继，地主制因此出现倒退局面。结果，中农增加。二战后，农地改革使中小农民进一步增加，随后再次出现两极分化。

表序－2 比较了战时（大正时代至昭和前期）的中农标准与二战后的两极化倾向。表序－2 中通过面积规模阶层对应的农家数增减率，显示了战时（1908～1938 年）与二战后（1950～1985 年）的推移。战时 1～2 公顷阶层增加 27%，不满 0.5 公顷及 2 公顷以上阶层减少。农户总数基本不变。二战后，不仅中农减少，不足 0.5 公顷的小农也大幅减少。可以认为下层农民弃农倾向明显，结果农户总数也减少了。另外，2 公顷以上阶层显著增加，规模越大，增加率越大。虽然经营面积等生产资料多集中在大规模阶层，不过从农户数量上来看，近年来绝大多数还是小规模家庭农业经营（1985 年的阶层构成比中，不满 1 公顷的阶层占比 71%）。

表序－2　战时的中农标准与二战后的两极化倾向——经营面积及农户数变化

单位：1000 户，%

时期		总计	不满 0.5 公顷	0.5～1.0 公顷	1.0～2.0 公顷	2.0～3.0 公顷	3.0～5.0 公顷	5.0 公顷以上
二战前	1908 年	5261	2003	1754	1031	306	125	42
	1938 年	5324	1835	1795	1313	292	79	10
	1938 年构成比	100	34	34	25	5	1	0
	增减率	1	－8	2	27	－5	－37	－76
二战后	1950 年	5931	2468	1952	1308	176	26	1
	1985 年	4267	1856	1182	883	234	93	19
	1985 年构成比	100	43	28	21	5	2	0
	增减率	－28	－25	－39	－32	33	258	1900

资料来源：农业普查累年统计。

在中农趋于稳定的形势下，政府根据如下理由出台了中农保护、育成政策：①佃农增加会带来贫困化的社会问题；②经营不稳定化会导致

谷物供给不稳定；③为确保兵员供给源稳定。政策的核心是普及产业组合。通过成立农民的协同组合，保护农民利益不受粮商、高利贷者的侵犯。

3. 农村贫困与农村经济更正运动

地主的压榨，经济恐慌导致米价暴跌，农村经济已经相当疲软。为应对这一状况，政府于1932～1942年推出了“农村经济更正运动”。该计划认为农村贫困的现状不仅归因于恐慌，还因为农村经济的无组织性、无计划性（关于“村”的概念请参考本书第一章安藤稿、本书第四章川手稿）。在“邻保相助精神”下进行自力更生、精神更生，从而改变农村贫困的现状。

小 结

过渡期I分为前半段的恐慌期和后半段的战争时期，总体来讲是一段经济不稳定时期。

当时，佃耕抗争频发，地主制衰落，同时中农阶层增加。米价暴跌，导致农村地区极度贫困。对此，政府开展了中农保护、育成政策（一种自力更生的农村经济改革运动）。

进入战时体制，备战状态下整体采取统制经济，战争中以粮食危机为背景的米价政策，导致了地主制的衰落。

（三）去全球化时期（1945～1973年，昭和后期，黄金期）

在战后建立的布雷顿森林（IMF·GATT）体系下，以美元为基准的固定汇率制度确保了外汇稳定，国内则实行管理通货制度，实现自主性较高的财政金融政策；国际资本流通受到限制。因此，物品流通的自由在顾及各国主权的同时，达成了一种“自由贸易”（乌拉圭回合多边贸易谈判之前，关贸总协定体系出于对各国国情考虑，认可农业不被纳入自由贸易）。放眼日本国内，经济高速增长，失业率降低，实现了所谓的“凯恩斯主义福利国家”。布雷顿森林体系是一种对资本主义进行管理的国际体制，当时的资本主义也被称为“嵌入性自由主义”。该体系一直持续到 1979 年撒切尔主义登场。

该时期可进一步分为二战后改革期和其后的高度增长期。二战后通过实行一系列改革，实现了经济的快速增长。此处，不应忘却农业部门在日本资本主义重组、发展过程中做出的重要贡献。

1. 粮食危机与农地改革

二战后最大的问题，无疑是粮食严重短缺。农村男子劳动力出兵导致粮食供给能力低下，必须解决供给能力不足的问题。另外，工业、城市方面也受到战争的重创，必须加紧资本主义重建的步伐。资本主义重建过程中，需要廉价劳动力的供给。为实现低价劳力供给，必须向劳动者提供低价粮食及农产品。也就是说，资本主义重建过程中，需要一种低米价 - 低工资的体系。实际上，当时政府强制要求低价供给大米（吉普供给）。然而，压低米价会挫伤农民的生产积极性，而政府的一大课题是提高粮食供给能力。而农地改革，让这个左右为难的问题迎刃而解。将土地所有权分给农民，那么即使压低米价，农民也会保持较高的生产积极性。

农地改革方法来源于二战前的自耕农化进程，根据“耕者有其田”的“自耕农主义”（耕作者主义）思想，颁布了农地法（1952 年），为农地改革留下了切实成果。这种思想认为不耕作的人不应享有土地所有权，不承认二战前的地主土地所有制，土地改革基本彻底消除了长久支配日本农村地区的地主 - 佃农关系。若论农地改革对农业结构造成的影

响，地主制解体是具有划时代意义的，然而自耕农采用的二战前小规模经营的特质依然残留。下一时期出台的农业基本法是一项农业结构政策，力图解决这个问题。

管理粮食的食管法（1942 年）以及管理必要生产资料农地的农地法，是二战后农业政策的两大支柱。国家对米的生产流通进行彻底管理，实现了粮食的稳定供给。

2. 粮食流通、自耕农与农业协同组合

国家组织了农业协同组合［农协法（1947 年）］取代二战前的产业组合，一方面，承担粮食流通的功能；另一方面，保护新形成的自耕农。农协的业务不仅包含流通（购买、贩卖），还包含信用、共济、农业经营指导等综合功能。农村医疗相关事务则由厚生农协承担［全国厚生连（1948），参照本书第三章高木稿］。

3. MSA 小麦与饮食生活

朝鲜战争（1950～1953 年）年使日本经济快速增长，同时促使日本成立了警察预备队（1950 年）（后来的自卫队）。美苏冷战日益严峻，中苏等共产主义国家以外的各国签订讲和条约［和平条约（1951 年）］，日本加入资本主义（美国）阵营。随后，在美国农产品过剩的背景下，根据美国相互安全保障（MSA）法，1954 年起开始进口小麦。进口小麦可以直接用日元购买，并且购买资金可以直接用来在日本国内进行投资，对日本来讲也是一笔不错的交易。自此，日本开始进口廉价农产品，驶入了进口依赖体制的轨道。此外，还将进口小麦提供给学校，给日本人的饮食生活带来很大的影响。

4. 高速增长与工农业收入差距

经济增长导致工农业收入差距扩大，如何解决差距问题是农业政策面临的重要课题［农业基本法（1961 年）］。为提高农民收入，可以采取①提高农业生产力，扩大农业规模（改善农业结构），②上调米价，③增加兼业收入等办法。农业基本法旨在促进“自立经营”，从而使农业生产者的收入能够达到城市雇佣劳动者水平。日本农业政策的规模扩大路线（农业结构政策）正是以此为起点。不过，当时只在自耕农范围内追求规模扩大。然而，由于地价上涨等原因，自耕地规模的扩大已经达到极限，因此农地法破例允许租赁土地［农地法修订（1970 年）］。这时农地法还没有舍弃自耕农主义路线，仍然保留耕作者主义[①]。大米和小麦不同，难以进口，因此采取自给路线，通过上调米价确保生产。要想扩大规模，需要缓解农村过剩人口压力，而高度经济增长使工业在各地区落地，正好吸收了当地劳动力。农业劳动力外流，兼业化收入增加。政策方面，制定了农村工业导入法（1971 年）等进行支援（本书第六章友田稿中介绍了高度增长期以后城乡间的劳动力转移）。

小　结

二战后改革期的农地改革解决了粮食危机，促成了资本主义重建，对日本经济具有极其重要的意义。此外，日本资本主义与美国关系密切，进口 MSA 小麦。以此为契机，之后日本走上了依赖进口的道路，进口小麦大大改变了日本人的饮食生活。

去全球化时期，经济实现高速增长。经济增长又引发了工农收入差距

---

① 指农业中的理想状态为农户拥有土地并对其进行经营。

扩大等新的农业问题。通过一系列政策，政府成功将农民所得提升到与城市就业者相同的水平。不过，这主要不是依靠提高生产力、提高农业收入达成的，而是依靠上调米价、增加兼业收入实现的。大量兼业农民的收入问题解决了，但主要依赖农业收入的专业农民的收入问题仍然悬而未决。改善农业结构、扩大规模路线的课题一直延续到下一个发展时期（高度增长期之后的农业结构政策，请参考本书第一章安藤稿；随后的农村废弃物问题，请参考本书第九章染野稿；以及地方财政状况请参考本书第八章堀部稿）。

（四）第二次全球化时期（1973～2016年，昭和、平成时代，新自由主义局面、缓慢增长期）

以尼克松冲击为契机，上一时期的“嵌入性自由主义”再次登上舞台。国际市场放弃稳定汇率（变成浮动汇率制），选择资本流通自由化，各国出现泡沫经济与通货紧缩等，世界经济剧烈变动。凯恩斯政策不再有效（滞胀现象），市场原理主义（新自由主义）成为核心理念。尤其是东西方冷战结束后，信息革命（互联网开发等）的20世纪90年代以后，全球化（彻底自由贸易等）加速，出现了收入差距等社会问题。

这时的日本经济处于缓慢增长期，甚至可以说是超缓慢增长，经济增长像是刹了车。不过，与高度经济增长期相比，20世纪70～80年代虽然处于缓慢增长期，仍有机械工程（ME）革命等，在发达国家中算是保持了相对稳定的增长率（当时也被称为“稳定增长期”。“Japan as Number One”1979，使继高速增长期后日本特有的社会经济制度再次受到广泛认可）。缓慢增长末期，以1985年广场协议为契机出现金融缓和，产生了泡沫经济，继而进入20世纪90年代的超缓慢增长期，也就是所谓的“失去的20年”。

当时的日本经济从山尖跌倒谷底，一下子从“Japan as Number One”变成“失去的20年”，经历了剧烈变动。

1. 无例外关税化与农政改革

此时的日本正遭受农产品进口压力。20世纪70年代，为了避免日元升值，80年代日美贸易摩擦中农产品成了牺牲品。80年代日美进行交涉，“前川报告”（1986年）代表了日本方面的立场。报告表示，日本农业缺乏国际竞争力，无法进军国际市场，因此只能缩小生产。80年代后期的关贸总协定乌拉圭回合多边贸易谈判（1986~1994年）中提出，农业毫无例外也是自由贸易产业，谈判要求农业实行“无例外关税化”（将非关税壁垒换算成关税，并通过逐步下调关税率，实现实际意义上的全品种自由贸易），1995年WTO成立后，开始实行彻底的自由贸易路线。进入21世纪，自由贸易协定骤增，从而要求更高水平的贸易自由化。

为了不扰乱国际市场秩序，维持稳定的关税及各国物价，全球排除价格战略采取收入补偿（不影响市场价格的直接支付）的方式［农户收入补偿（2010年）等］。在没有关税保护以及不采取价格战略的情况下，以国际价格水平为标准维持国内生产，就需要向其他发达国家一样支付大量收入补偿。“农政改革”就是向这种市场制度转变的一种农业政策体系（参照本书第十一章秋山稿）。

2. 岩盘规制与结构改革

安倍经济学（安倍晋三政权推行的经济政策）废除了二战后国内的各项规制，该理念认为经济活动自由化才是经济增长的原动力，并将

农业、医疗部门传统特征浓重的各项规制称为“岩盘规制”，实行了一系列政策大力消除上述规制（这时的规制缓和被称为“结构改革”）。早在安倍经济学之前，政府就废止粮食管理法、颁布了粮食法（1995年），该法旨在实现大米流通的自由化，具有放松管制的特点。安倍经济学实行了农地法修订（2009年）（农业股份公司准入）和农协改革（2015年）等，是一项影响重大的规制缓和政策。农地法修正（2009年）扭转了二战后坚持的“耕作者主义”原则。不过这个发展方向在20世纪90年代后，就逐渐发生转变（农业生产法人制度的放宽）。

也就是说，放松管制从20世纪80年代后的第二次全球化时期就已经悄然开始了，安倍经济学则对其进行进一步清算。

3. 农地集中与农业企业化

上述农地法修正（2009年）允许一般股份公司进行农业经营活动，这是为了通过农业行业之外的力量进行农业企业化，为管理大规模企业经营对农地进行集中利用，政府设立了农地中间管理机构（2014年）。农业基本法（1961年）以来的规模扩大路线一直延续到此时。

4. 食品安全、环境保护、条件不利地区、地方创造

当时，国家认识到不仅要促进农业高效经营从而实现粮食平价供给，还要明确农业在更广泛领域内的地位。基本法高歌农政的基本理念，而在经济高度增长期，农业基本法（1961年）脱胎换骨成新的粮食、农业、农村基本法（1999年）。新基本法维持农业结构政策的基本路线，进一步将旧基本法中的“自立经营”转变成“稳定高效”，让农业经营目标升级。然而，政府认识到有必要兼顾农业的多种功能（环境保护功能等）、山区支援、农村振兴等。有机农业推进法（2006年）、地方创生（2014 年）、日本型直接支付制度（2015 年）就是基于上述认识的政策成果（地方创生中的新一轮人口转移请参照本书第七章倪镜稿）。

21 世纪的“疯牛病”问题，使食品问题受到广泛关注。此外，这一时期的农业经营课题不仅是实现“稳定高效经营”，“农业多功能化”也受到广泛关注。

小　结

这一时期的农政改革以市场原理为出发点，彻底实行贸易自由化，日本国内进行了结构性改革（规制缓和）。这种理念对大规模企业经营提出了诉求。另外，该路线引发的一系列问题也日渐凸显，食品安全、环境保护、农村振兴等成为农业政策的焦点。

（五）过渡期Ⅱ（从 2017 年至现在，平成期、结构转换局面Ⅱ，紧缩期）

在英国脱欧、收入差距扩大、移民问题加剧、特朗普政权诞生（美国第一主义）等形势下，世界各国开始重新衡量全球化走向（逆行）。日本作为全球化进程的助推手，努力推进 TPP11 的签订，国内的“结构改革”（规制缓和）也没有停步，然而这一切都没能让经济摆脱通货紧缩。

1. 应对自由贸易的国际竞争力

安倍经济学在这一时期的目标与上一时期相同，因此这一时期的农业政策也与前一时期旨趣相同。

在推进 TPP11 以及自由贸易的过程中日本占据主导性地位，日本国内则努力培育不需要补助金的具有国际竞争力的农业经营模式（大

规模化、附加价值化路线）。废除大米直接支付（2018 年）就是表现之一。进入 21 世纪，政府积极促进农产品出口［农林水产品、食品出口战略（2013 年）］。此外，农业竞争力强化支援法（2017 年）（降低生产原料成本）、废除种子法（2017 年）（导入民营企业，降低种子成本）等都是强化竞争力的支援政策。

2. 农业劳动力短缺与外国人劳动力引进

农业人口老龄化导致农业劳动力不足的问题日趋严峻。为了大量引进外国劳动力，政府出台“出入国管理法修订”（2018 年），同时为提高人工智能、物联网等新技术的生产力，出台了“农业加速瘦身”（2018 年）。

小　结

这一时期，随着自由贸易的发展，日本农业在原有基础上积极出口，采取了降低生产、制定流通成本支援对策、增强外国人劳动力引进、通过农业瘦身（技术革新）提高生产力等举措。这些走向会产生哪些成果，又会引发什么样的问题，我们拭目以待。

以上描述了近代化以来，日本在世界全球化过程中如何力图发展本国经济，并在世界市场中获得一席之地。农业问题正处于这条发展线上。以下各章中将进一步讲解、分析农业问题的各领域。

参考文献

若森章孝（2007）「国家の経済への介入とその変化」若森章孝他『入門・政治経済学』ミネルヴァ書房。

柴山桂太（2012）『静かなる大恐慌』集英社。

三橋貴明（2017）「日本経済戦争史 近代編」『21 世紀の真・日本論』ダイレクト出版（web 資料）。

西江錦史郎（1996）『日本経済史（シリーズエコノミックスQ&A）』学文社。

暉峻衆三編（1996）『日本農業 100 年のあゆみ－資本主義の展開と農業問題－』有斐閣。

田代洋一（2012）『農業・食料問題入門』大月書店。

（李雯雯 译）

第一部分　村落与农村生活

第一章　村落与农业政策实施

安藤光义

一　前言：作为农政实施组织的村落

利用村落推行农业政策，是日本的历史和传统。从江户时代开始，村落就具有较高的独立性。它是生产共同体，共同利用集体山林地、森林、原野以及水利设施，也是施行“村请制”（日本江户时代的制度，以自然村为单位，集体承担交租的责任。——译者注）下的地租缴纳单位。只要上缴地租，就可获得很高程度的自治权。因此，幕藩权力实际上很难渗透至村落。明治维新政府实施地租制度改革，推动土地所有权的“近代化”。但是，原先的农村社会结构被保留下来，村落的框架得以延续，形成了以村落为农政施行基层组织的政策体系。具体而言，村落被定位于产业组合的末端。这类产业组合包括系统性农会和维护小农利益的经济组织，其性质是农事改良推行机构。

此处涉及的村落规模小于行政意义上的村庄。1888 年，统治者施行町村制，形成 7 万多个村落，后被合并为 1.3 万多个。当时的背景是，为了筹措警察费和学校建设维持费，统治阶层通过推行中央集权性政策，对地方组织进行了重组。但是，町村制的实施使得合并前的村落以里巷或集聚区的形式得以保留，作为小型农户组合置于农会管辖之下，开展各类活动。① 通过灵活利用传统共同体的内部联系，小型农户组合的组织化迎来快速发展。

农山渔村经济改革运动是二战前政策中不可忽视的一环。该运动开展于昭和经济恐慌时期，目的是推进村落建设。运动始于 1932 年，历时 5 年。每年指定 1000 个町、村，制订重建计划，并由政府提供补助金。然而，财政支持是有限的，基本上还是依赖町、村层面的自力更生。它的主要目标是，通过“发扬农村部落固有之美俗，即邻里互助

---

① 东畑精一：《日本农业的发展历程》，农山渔村文化协会，1988，第 60 页（初版由岩波书店 1936 年发行）。“……不可忽视更具自生性和随意性的农民协同体的存在。它通常被称为农户小组合、农事实施组合以及村落组合等，是由一个村落的就近数十家农户商定成立的团体。与一个产业组合平均人数 390 人（昭和 8 年数据，明治 43 年为 91 人）相比，二者在规模上是不同的。关于作为组合成员的小农户从事的农业生产，小组合拥有各类共同农业设施，如开展各类共同劳动（采种、打谷脱粒、消除病虫害、集体插秧、集体务农、集体饲养等）和集体销售购买活动，甚至共同提升农民的整个生活领域。总之，小组合增强了村落是一个协同体的意识。可以说，旧式村落社会虽然在形式上由于町村制的实施而消亡，但到了现代，它又以小组合的形式复活了。”

精神”实现共同体秩序的重组和强化。[①] 在农山渔村经济改革运动实施以后，“日本农业及农政的危机总是把‘村落’与农政相联系”的历史多次上演。[②] 其典型时期便是下节提及的地区农政期。农政审议会报告书《20 世纪 80 年代农政的基本动向》（1980 年）中记载的“第 5 章 农业结构的改善——骨干农户的培育与地区整体对策”和“第 6 章 农村整备的推进——富裕、绿色地区社会的构建”等，便是这一历史的现代版本。

行文超前，现言归正传。二战后，日本推行农地改革，开始建设以均质性自耕农为构成要素的民主化农村社会。小型农户组合改名为农事推行组合和生产组合，成为系统性农协的基层组织。可见，农村社会结构基本未发生变化。直到经济高速增长时期，农村社会结构才发生较大动摇和改变。这是因为，随着农业外部劳动市场的发展，农户开始向副业化甚至拥有土地的非农户化发展，逐渐失去均质性；而杂居化的加深，导致村落逐渐失去自身的凝聚力。针对这些问题，日本的农业政策开始谋求村落的重组和强化，推行独特的结构政策，加强农地向农业经营者集中。这一时期即地域农政期。此外，村落的存在是农业水利设施等地区资源管理的前提，因此农村地区资源管理政策的形成也依赖村落的支撑。目前实施的日本式直接支付制度便是这类政策模式的延伸。

下面，笔者将阐述日本的结构政策与村落的关系。展开的顺序

---

① 关于农山渔村经济改革运动，“不可忽视其最终转变为天皇制法西斯主义之基础的历史过程”（矶边俊彦：《地域农政的展开与“村落”》，载《村落社会研究》第 20 辑，御茶水书房，1984，第 23 页）。这一评价值得关注。

② 矶边俊彦：《地域农政的展开与“村落”》，载于《村落社会研究》第 20 辑，御茶水书房，1984，第 3 页。

为，作为生产调整和结构政策实施平台的村落的政策定位与利用（第二节），推动村落成为集体农业这一农业经营体的政策和基于村落利用的地区资源管理政策等日本的特色政策（第三节），推动农地向农业经营者集中过程中利用村落政策的现状与问题（第四节），岛根县斐川町推动村落组织化以实现农地向骨干农户集中的案例（第五节）。

二　作为生产调整和结构政策推行平台的村落

（一）基本法农政期的村落利用

经济高速增长导致城市与农村的差距扩大，工人家庭与农民家庭的收入差距即“工农间收入差距”成为一大问题。为此，日本政府在 1961 年制定了《农业基本法》。它的目标是，培育现代式家庭农业经营模式（“自立经营”），以提高农业收入，尽可能使农民生活达到不逊于其他产业的水平。为了实现这一目标，《农业基本法》提出了三项政策，即结构政策、生产政策和价格政策。该法预测，经济高速增长将扩大农业以外的劳动市场，使得农民逐渐脱离农业，从而推动农地供给群体的出现；同时，经济高速增长将提高国民收入，并扩大国民在蔬菜、水果以及肉类等方面的需求。生产政策的实质就是，引导和扩大出现增长趋势的农产品的生产。价格政策主要是对农产品价格提供政策支持，发挥支撑农业收入的作用，因此也被称为收入政策。

以《农业基本法》为基础的农业政策被称为“基本法农政”，由此开始对村落的灵活利用。这就是所谓的农业结构改善事业（第一次农业结构改善事业），属于国库补助事业，通过成套地完善土地基础、大型农业机械以及农业现代化设施，实现“促进农业技术革新和农业生产选择性扩大，资助独立经营模式的培育和合作经营模式的发展”目标。政策制定者的意图是，避免单纯引进机械和设施，“结构改善事业的出发点在于依托新技术应用和新型农业经营机制，促成村落的整体性协商，迈出体制构建的步伐”①。市町村是这项事业的主体，在全国3100个市町村实施，以村庄为管辖范围的地区通常也被设定为事业推行区域。一般认为，农业结构改善事业吸收了地区农政期的农政成果，即选定一定区域，以软性事业形成的地区协商为前提，导入硬件建设，从而促进整个地区农业结构的改善。

（二）作为生产调整推进平台的村落

随着基本法农政价格政策的实施，生产费收入补偿方式被引入生产者米价的估算中，出现了水稻优于其他农作物的局面。由此，大米的生产急速增长，在1970年出现生产过剩。当时的结构（“粮食管理制度”）是，消费者价格被设定为低于生产者米价，政府以生产者米价从农民手中收购大米。这导致财政赤字急剧扩大，大米生产过剩成为严重的财政问题。为此，政府决定从1971年开始调整大米生产。在调整初

① 农林省振兴局振兴课杉浦清三编《农业结构改善事业的设计》，学阳书房，1962，第38页。

期，最大的目标是减少大米种植面积，采取的措施是为山谷地区水田的植树造林提供补助金，允许地理条件较好的平坦地区干线道路的水田转变用途。因此，这一阶段的生产调整被称为“减反”（减少耕种面积）。但是，1973 年第一次石油危机爆发，导致日本经常性收支由盈转亏，用于进口农产品的外汇受到限制，并且面临世界谷物危机以及美国禁止大豆进出口的压力。在这样的形势下，保障粮食安全成为国策，大米生产调整开始由减反转为改种。

如果在水田种植大米，则不提供补助金；如果在水田种植大米以外的作物——日本进口的小麦、大豆以及饲料作物，则提供补助金。这便是当时实施的水田改种政策。实施改种时，全村的土地利用调整（“集体性土地利用调整”）是必要条件。① 这是因为，由于零散农地比较零碎和交错分布，当每个农户自主决定改种作物的种植农场时，会出现种植水稻的水田和种植改种作物的水田严重混杂的现象，导致后者遭受湿害。为避免出现该问题，村落需要进行协商，事先确定水田改种的整体区域。在这一阶段，生产调整政策灵活利用了村落的功能。另外，关于村落集体改种（“团地改种”），政府将提高补助金，给予支持。改种后，由于无法种植大米，收入会减少。为了避免利益损失局限于特定的农户，每年会在村中移动改种区域（“区块旋转制度”）；为使整个村落平等负担改种带来的减收，对种植水稻的水田征收一定金额，用于种植改种作物的水田减收部分的补偿（“共同补偿制度”）。这些都是在实践

① 关于当时各地区集体土地利用调整的事例，参照梶井功、高桥正郎编著《集体性耕地利用调整——以新土地利用秩序为目标》筑波书房，1983。

过程中产生的智慧。图 1－1 是集体改种的案例。由图 1－1 可知，改种小麦和大豆的水田每年都发生整体性移动。

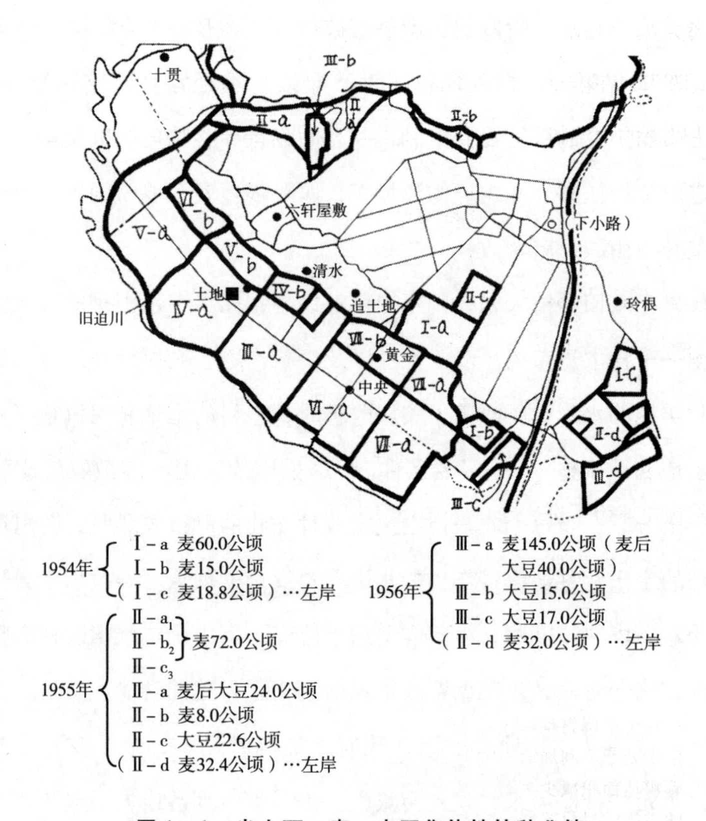

图 1－1　米山町·麦·大豆集体性转种业绩

注：图中Ⅳ是计划种植的，● 代表有培育组织的所在地。（下小路）是在 56 年准备设立的。

资料来源：梶井功、高桥正郎编著《集体性耕地利用调整——以新土地利用秩序为目标》，筑波书房，1983，第 149 页。

原则上，生产调整的分配对象是每个农户。但由于难以充分保证实际效果，政策上也允许村落内部的灵活调整。这也是实际操作中智慧和努力形成的结果。在实施生产调整时，农协发挥的巨大作用是不可忽视的。农协促进了村落的组织化，使村落变成生产组合和农事实施组合。对于这类基于共同责任体制[①]的政策，有人提出批评，这另当别论。但我们可以认为，在推动大米生产调整和水田改种的过程中，这类政策所依赖的正是村落的自治机能。

（三）作为结构政策推进平台的村落

村落不仅是进行生产调整的平台，同时政策也把村落定位为推动农业结构改善的平台。具体政策便是1980年制定的《农用地利用增进法》。它的出台是以1975年农用地利用增进事业为前提。

1975年农用地利用增进事业的目标是，“在根据《农振法》[②] 划分的农用地区域内，为了进一步促进农用地利用，将去除《农地法》规定的各种限制，由各地区集体确立农用地利用权，促进农用地出租带来的土地流动化”。其特征在于，并非个别农户间的个别耕地的租赁，而是“以市町村为

① 一旦生产调整难以实现，所属地区以及所属市町村将在农林水产省的补助项目选定中处于不利局面。特别是在始于1987年度的水田农业经营对策确立时期，尽管耕地面积减少奖励金被大幅度削减，但政府提出了各种强制实现生产调整目标的措施，对村落严重依赖农政的弊端提出批评（荒幡克己：《耕地面积减少40年与日本的水田农业》第5章，农林统计出版，2014）。现在，由于生产调整制度被废止，这一问题已经不复存在。

② 正式名称是《农业振兴地区整顿相关法》（1969年）。“农政法的目标是，明确将来应该振兴农业的区域，区分农村土地利用，确保必要的农业土地”（关谷俊作：《系列耕地制度讲座》，全国农业会议所，1994，第90页）。因此，这部法律又被称为“农政的领土宣言”。应该实现农业振兴的地域构成“农业振兴地域”。所谓“耕地区域”，是指“在农业振兴地域中，为了综合地、有计划地实施农业振兴措施，确保农业发展所需要的土地”。在施行该法时，以市町村制定的农业振兴地区整顿计划为依据。

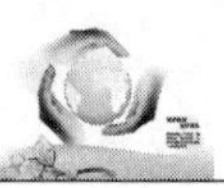

业务主体，集体行使一定区域内耕地的利用权，采取以地区为单位的集体性耕地流动化的手法”。另外，此处的“利用权”是“规定期限的租赁合同或使用借贷，合同期满时排除耕地法中的更新规定，而是采取自动结束（耕地被返还）的方式”①，从而土地所有者可以安心地出租土地。

1980年《农用地利用增进法》的要点是“地区农民自主性努力和自主性规范的确立”。其中，“以耕地的集体利用为目标”的农用地利用改善事业颇为引人注目。“该事业着眼于一定地区内的农业经营者展开合作和有效利用耕地，实施改种田地的集体化、作物种植的改善以及农机具的共同利用等，并在必要时就交换耕作、耕地租赁等问题展开协商，就作为活动准则的事项达成共识（即所谓的‘农用地利用规定’），然后依据协定，自主地推动农用地的有效利用，谋求地区各类资源（土地、劳动力、机械设施、稻草、家畜粪便等副产品）的有效整合，积极推进地区农业生产的组织化、集体化和计划化。”② 农业经营者间的协商是一切工作的起点，受到广泛关注。因为这意味着对村落的灵活利用。

农用地利用增进事业是在农用地利用改善团体制定农用地利用章程的基础上实施的。农用地利用改善团体是“由村落等小区域农用地所有者组成的团体”，提出了“由农用地所有者自主管理农用地”③ 的设想。某种意义上，农用地利用改善团体的目标是实现村落的制度化，并

---

① 此段落的全部引用出自今村奈良臣的《耕地的集体管理》（载于石川英夫编《耕地与农村——地域资源管理的思考》，农林统计协会，1983，第66~67页）。

② 此段落的全部引用出自今村奈良臣的《耕地的集体管理》（载于石川英夫编《耕地与农村——地域资源管理的思考》，农林统计协会，1983，第68~70页）。

③ 关谷俊作：《系列耕地制度讲座》，全国农业会议所，1994，第78~81页。

以村落为杠杆，集体性地推动耕地的流动。设立农用地利用改善团体不是一项义务。在很多情况下，是通过提供各种补助金来引导团体的设立。因此，是否实现了“确立自主性努力和自主性规范”这一本来目标，是存在疑问的。但不管怎么说，《农用地利用增进法》完善了利用村落、推进结构政策的机制，使其成为法律制度。可以说，目前基本上根据上述思路来推进结构政策。

（四）结构政策与农村整顿的结合——“20世纪80年代农政的基本方向”

1980年10月的农政审议会报告书《80年代的农政基本方向》公布了“地区农政”政策的概貌。简而言之，经济高速增长带来了农村的城市化和农业外部劳动力市场的扩大，继而出现的杂居化现象（农户与非农户混住）导致村落丧失同质性，村落的机能遭到削弱。为了重组村落、强化机能，政策从农户和非农户的共同利益出发，决定整顿农村，改善农村生活环境，提出“地区社会形成”和“村落重建”等构想，意图在此基础上，动员“整个地区”，推进“地区农业的组织化”，从而实现耕地向“核心农户”集中。在这一系列思考的背后，第三次全国综合开发计划提出的“定居构想”产生了较大影响。

在“80年代农政的基本方向”中，与“定居构想”有关的是第5章“农业结构的改善”和第6章“农村整顿的推进”。下面，笔者按顺序进行阐述。

第5章“农业结构的改善”的副标题为“核心农户的培育与整个地域的应对”，提出了“地区整体应对”、“地区农业组织化”等理

念。其目标是，将此前被视为阻碍结构改善的兼业农户，定位为杂居化社会的领导者和统筹者，以此促进耕地向核心农户集中。[①] 在依靠村落拥有的耕地利用调整机能的同时，推进耕地的流动，这需要重组和强化村落。它的构成人员已经因杂居化而异质化和分化，进而削弱了村落的机能。结构政策的关键在于，构筑“农村居民加深理解地区农业重要性，在地区连带意识下开展相互合作的基础”，依托“地区全体”实现“地区农业的组织化”。可见，结构政策与农村政策具有重叠性。

第6章“农村整顿的推进”的目标是，通过“建设村落”，实现农村社会的重建和村落机能的重组与强化[②]，形式上与结构政策的“地区整体对应”类似。其特征是，并非单纯的生产基础整顿，而是重视农村整顿推进体制的构建。另外，通过谋求生产基础和生活环境的一体化整顿，促使生活环境的整顿，发挥把异质化和分化的农村居民凝聚到“村落建设”之中的诱导作用。此外，农村整顿也属于农村政策的范畴。

---

① 关于这一点，《80年代的农政基本方向》中记载道：“这些农户（指稳定兼业的农户和老龄农户。——引用者）定居在生长的地区，充分利用了农业和其他产业两方面的经验与知识，同时与核心农户一起，作为杂居化社会的领导者和统筹者而积极开展活动”（第50页）；“为了推动地区农业的发展，广泛举行村落内部的协商和集体活动，以此培养农村居民的集体感，同时以村落领导者为中心，构建地区农业人员自主发展的体制。这是非常重要的。必须综合地开展促进这一体制形成的地区农政”（第50页）。

② “伴随兼业化和杂居化，村落等地缘性集团正在发生变化，但依然拥有地区农业各类资源利用调整和共同管理的机能、居民相互扶助的机能等。对于推动农村成为具有活力的地区社会而言，重建地缘性集团所带有的这类良好的村落机能，具有重要意义”（《80年代的农政基本方向》，第56页），“在推进农村整顿时，为了激发上述村落机能的活力，促进各种地区活动（村落建设）是非常重要的。这些活动以村落为核心，根植于农村居民的自主性和创意，涉及农业生产、生活、文化等广泛领域”（同上，第56～57页）。

如上所述，20 世纪 80 年代的结构政策与农村整顿多有重合之处，在利用村落这一点上，二者呈现一体化趋势。可以说，《农用地利用增进法》提出的农用地利用改善事业是这项结构政策的具体化表现。关于农村整顿，此后出台一项新制度，即如果农场整顿地区的耕地向骨干农户的集中达到一定比例以上，将减轻事业费用方面的负担。这对于促进有关整顿后耕地利用方法的协商，具有推动作用。

三　以村落为基础的集体经营农业制度的形成与地区资源管理政策

（一）特定农业法人制度——集体经营农业政策的出台

集体经营农业制度具有很强的政策性，大致可以分为 2003 年之前的形成期和 2004 年以后的施行期。前期以《农业经营基础强化促进法》（1993 年）公布特定农业法人制度为契机，主要实施对象为缺乏骨干农户的地区。从这一时期开始，集体经营农业先进县已经设立了集体经营农业制度。后期以大米政策改革（2004 年）为契机，各地逐步设立集体经营农业制度，目的是扩大作为政策补充条件的经营面积，在引入“品目经营稳定对策”（2007 年）后，发展至顶峰。可以说，前期主要是在必要地区采取必要措施，促进集体经营农业制度自主地、内发地形成；后期主要是为响应政策而推动集体经营农业制度的普及。关于前期村落发挥重要作用的情况，笔者阐述的重点是结构政策之一的特定农

业法人制度。①

1993 年制定的《农业经营基础强化促进法》继承了《农用地利用增进法》，着重强调培育基于挑选政策形成的个别经营体（“高效率、稳定的农业经营”），同时创设了特定农业法人制度。② 所谓特定农业法人，是在村落达成共识基础上聚集耕地的法人。因此，对于提交出租申请的耕地而言，即便土地条件不理想，特定农业法人也负有接受申请的义务。③ 实际上，在骨干农户严重匮乏地区设立的集体经营农业组织很

---

① 集体农业经营时期的概况如下。大米政策改革（2004 年）推动了一系列耕地制度，根据行情来决定大米的种植面积和种植数量，依据“地区水田农业构想”，建构利用“村落”这一“平台”推进水田农业结构改革的路线，出台个体经营面积为 4 公顷、村落型经营体面积为 20 公顷的规模条件，并就村落型经营体，赋予财会一元化、未来法人化等必要条件。在《粮食、农业、农村基本计划重新审视的方向》（2004 年）中，明确记载地区农业的组织化是农业结构改革的必要条件的方针，在未来法人化的条件下，集体农业经营组织被定位为骨干，以 2005 年《农业经营基础强化促进法》的修订为契机，按照集体农业经营组织→特定农业团体→农业生产法人（特定农业法人）的路线，进行了整顿和完善。进而，根据 2007 年“品目经营稳定对策”，具备一定规模成为获得改种补助金不可或缺的因素；农协系统为了维持生产调整，整合了不满足规模条件的农户，竭尽全力设立规模在 20 公顷以上的集体农业经营组织。其结果，集体农业经营组织在全国快速增加。财会即使实现一元化，实际上很多只是个人经营体的拼凑，并不具备集体农业经营组织的特征，但它为今后推进地区农业组织化框架做了准备。

② “农用地利用改善团体在承认农用地改善事业推进不顺利的时候，就团体所处地区内的农用地，提出培育高效、稳定利用农地的农业经营这一观点，从而能够在获得法人同意的基础上，将‘特定农业法人’写进农用地利用章程。所谓‘特定农业法人’，是指就农用地利用改善团体成员拥有的农用地，承担利用权设定或农作业委托，实施农用地集中利用的农业生产法人”（关谷俊作：《系统耕地制度讲座》，全国农业会议所，1994，第 84 页）。

③ 伴随这类耕地接受义务，设立了特例措施，即为了防备意外的支出，实施农用地利用集中准备金制度（通过弥补亏空，准备金的积累成为可能）。现在，这项制度变为农业经营基础强化准备金制度，得到了延续。

多都变成了特定农业法人。集体经营农业是“村落整体”发起的“保卫地方的危机应对策略”。从20世纪90年代开始，岛根县、广岛县等山地区域以及滋贺县、富山县等平地水田地带的兼业深化地区，一直在推动集体农业经营组织成为特定农业法人。

需要注意的一点是，集体农业经营组织即便成为特定农业法人，也无法实现“高效稳定的农业经营”。“高效稳定的农业经营”需要从事农业的职业农民的终生收入不逊于其他行业的从业人员。集体农业经营组织尽管法人化，但从一开始就不拥有能够成为职业农民的年轻人，仅靠全员劳动体制来支撑。另外在山地区域，很难保证拥有足以提供充分薪资的经营面积。因此，集体农业经营组织基本上无法拥有政策设想的职业农民。① 尽管政策理念与现实情况存在偏差，但为了满足骨干农户匮乏的农村需求，当地设立了集体农业经营组织，并使之成为特定农业法人。保全耕地的要求也反映在下文提及的山地地区等直接支付制度中。这项制度也起到了推动集体农业经营制度形成的作用。

（二）山地地区等直接支付制度——基于村落协议的耕地保护

通过村落和地区来实施政策，是日本地区资源保护政策的特征。其典型是山地地区等直接支付制度（2000年）。

山地地区出现越来越多的耕地荒废现象，是直接支付制度创立的背景。经营者的缺乏导致了耕地荒芜。为解决这一问题，设立了集体经营

① 安藤光义：《结构政策的理念与现实》第7章（农林统计协会，2003）。近年来，由于后继者不足，雇用从业员的集体农业经营制度诞生，村落面貌和形势正在发生较大变化。

农业制度，同时因为农业水利设施、农业道路等地区资源管理等荒废，也在寻求对策。这意味着，老龄化和人口减少导致了村落的衰落。在20世纪90年代，山地地区的焦点已经从结构问题转变为地区资源管理问题。为此，市町村农业公社等第三部门（即“通过志愿提供公益”的NGO或NPO。——译者注）以及集体农业经营组织开始参与耕地保护管理，同时推行自治体独立的直接支付等措施。在反复试错的基础上，最终创设了山地地区等直接支付制度。

这项制度是首个直接支付制度，作为对生产性差别的补偿措施，山地和平地生产成本差额的八成，以补助金的方式直接支付给耕地管理者。这种方式的关键在于有效利用村落机能，即村落就理应保护的耕地达成协议，在此基础上协议成员共同参与耕地等地区资源的保护。该制度的优点在于，农户的共同活动可使用一定比例的补助金（“村落重点主义”），单年度预算的结余可并入多年度预算内（“摆脱预算单年度主义”），共同活动的内容由协议参加者自己决定（“制度的自我设计性”）[①]。不仅限于单纯的耕地保护，该制度还赋予当地裁量权，提供促进村落内生式发展的基金。这是山地地区等直接支付制度的最大目标，其中也确定了利用村落的设想。

山地地区等直接支付制度的实施以5年为一期，现在处于第4期[②]。在第2期措施中，支付单价分为两个阶段，确保农业生产活动持

---

① 小田切德美：《直接支付制度的特征与村落协议的实态》，载《思考21世纪的日本》（第14号），农山渔村文化，2001。

② 此段内容依据桥口卓也《山地直接支付制度与农山村的重生》（筑波大学，2016）。

续性的体制如果不完备，将只会获得此前八成的交付金。另外，在调整土地利用、恢复荒废耕地、设立法人时，可以增加交付金。由此，集体农业经营制度逐步确立，并逐渐法人化。第 3 期引入了新措施（“集体支援型”），当出现耕作难以持续的耕地时，如果事先确定了该耕地的管理者，就可以保证农业生产活动的持续性。随着时光流逝，村落协议的参加者步入老龄，生产活动变得严峻。对此，增加了援助小规模老龄化村落、促进村落合作等措施，但并没有获得相应的实际效果。在第 4 期对策中，交付金免除条件被放宽，新增措施包括在村落合作及其机能维持、极度陡峭农地的保护管理等方面追加预算等。近年来，协议约定面积呈现减少倾向，但是该制度是对村落地区资源管理机能的支援，对于山地地区而言是必不可少的。

（三）多种机能支付制度——地区资源管理组织的重组

“耕地、水利设施及环境保护管理交付金”（2007 年）的创设，是为了支撑村落具有的地区资源管理机能。包括非农户在内的地区居民、自治会、土地改良区、NPO 法人等各类主体构建活动组织，对农用排水渠以及道路进行维护和管理。这是为了应对出现的新情况，即随着耕地向骨干农户集中，农业人数开始减少，水利设施及道路等的保护管理逐渐变得困难。它针对的并非各个主体的活动，而是面向由各类主体构成的组织。在援助全域性共同活动（“农村协作能力”）这一点上，与山地地区等直接支付制度之间存在共同之处。另外，在该制度的核心要素是村落这一点上，二者是相同的。农业水利设施直接归属土地改良区管辖。一般而言，土地改良区范围较广

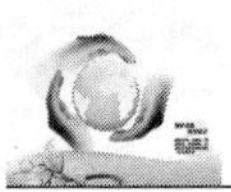

（覆盖多个村落），因此该制度的实施很多时候难以依托单个村落完成。这一点不可忽视。

2012 年，由于环境政策的分离和独立，耕地、水利设施及环境保护管理交付金变身为“耕地及水利设施保护管理交付金”，并增加了延长水渠寿命等措施，成为专门面向农村地区资源保护管理的政策。2014 年，该制度进一步演变为“多种机能交付金”——由耕地维护支付金和资源提升支付金两方面构成。耕地维护支付金主要用于地面除草、水渠清污等基础性保护活动。资源提升支付金主要用于生物调查、水田鱼道设置以及设施寿命延长等活动。它与之前的活动相同，依靠包括当地居民在内的各类主体构成的组织来开展活动。由于非农户也参与的全域性共同活动变得越来越困难，仅由农业人员构成的组织来开展耕地维护也得到了认可。

无论是山地地区等直接支付制度，还是多种机能支付制度，二者支付的对象均是组织而非个人。实质上，二者的核心在于以村落为政策对象，以推动村落的重组和强化。总而言之，日本农村地区资源管理政策的落实以灵活利用村落为前提。

四　作为推进耕地集中的平台，村落的重组与课题

（一）农业经营基础强化促进法——从村落至市町村

《农用地利用增进法》是作为利用村落的结构政策出台的。但实际情况是，“追求土地流动实绩的行政部门要求提高了利用权设定率，

导致町村忙碌不堪”，最终该法蜕变为“单纯的租赁权设定简易法”[①]。施行该法的主角并非以村落为基础的农用地利用改善团体，而是市町村行政部门。在制度层面，市町村对农用地利用改善团体的申请进行审查，然后制定农用地集中利用的计划。由市町村统一处理是实情，导致农用地利用改善团体“休眠化”的现象日益严重。这限制了村落“形成自主性努力和自主性规范”。为解决这一问题，日本制定了《农业经营基础强化促进法》，对市町村主导的结构政策推进体制进行完善。

《农业经营基础强化促进法》是“以市町村为核心，对结构政策推进体制进行高度系统化的产物”[②]。为了实现“高效稳定的农业经营”，市町村认可了农业经营者提出的农业经营改善计划，并对该计划认定的农业经营者（“指定农业经营者”），优先分配其希望租借的耕地。此外，指定农业经营者还享受农业经营基础强化资金等的低息融资以及税收优惠等政策。其结果是，作为“耕地集中推进场所”的村落未被有效利用，形成了在市町村广大范围内推进耕地集中的体制。[③]

---

① 梶井功：《现代农政论》，柏书房，1986，第238页。

② 原田纯孝：《耕地制度的思考——耕地制度的沿革、现状与展望》，全国农业会议所，1997，第144页。

③ 这项政策与《新粮食、农业、农村政策》（1992年）提出的培育规模在10～20公顷的个人经营体目标是一致的。由于农业村落的平均耕地面积在20公顷左右，如果不集中相当一部分耕地，将难以达到10～20公顷的规模。但是，目标的实现并非易事，实际上为了实现规模经营，个人经营体将不得不承包村落以外的耕地，从而导致“耕地集中的推进平台”覆盖相当大的范围。

（二）从村落构想到人地计划——村落的再次利用

在《农业经营基础强化促进法》框架下，农用地利用增进事业依然存续。但是，除了设立村落集体农业经营制度之外，设立农用地利用改善团体的动向日渐衰微。这种情况持续了近10年。

促使上述局面发生改变的是，始于2004年的大米政策改革。农协系统开展了“强化地区水田农业构想实践的全国运动”，着手推动“村落构想”的制定和实施。“地区水田农业构想”是地区层面的构想，旨在推动国家提出的“水田农业结构改革”。“村落构想”是村落层面的版本。全日本农业协同组合中央委员会制定的宣传册中记载道：“实现地区水田农业构想的最重要因素是，农户自身将地区水田农业存在的问题作为自身努力解决的课题，以村落为基础，由土地所有者和骨干农户协商后达成共识，在实践构想的过程中，形成问题解决型的地域运动。”换而言之，在村落协商和达成共识的基础上，实施以大米生产调整为代表的土地利用调整，推动耕地向骨干农户集中。在大米政策改革以及此后的“品目经营稳定对策”的背景下，农协的这一运动逐渐向地域渗透，与村落集体经营农业模式存在紧密关联。村落集体农业经营制度作为生产现场产生的智慧，是以满足政策提出的规模化生产条件为目的的。

从2010年开始，夺得政权的民主党政权实施了农户收入补偿制度，同时基于推进结构政策需要在地域层面实行耕地改革，提出了“人地计划”（以下简称“计划”）。此前的设想是，通过不限经营规模，一律给予收入补偿，从而经营规模越大，所获利润越大，因此即使不采取特殊政策，耕地也会慢慢向骨干农户集中。而这一计划的目标是，有效利用村落，提高耕地集中速度。该计划根据当地协商来决定未来农业发展方向，加速耕地向骨干农户（“地区核心经营体”、“中心经营体”）集中，是一项带有鲜明运动性质的措施。因此，该计划具有与农协活动的亲和性，与迄今的地域水田农业构想和村落构想之间存在连续性，在此基础上展开了“地域农业构想”（以下简称“构想”）的策定运动，并一直延续至今。[①] 计划与构想的区别在于，涵盖对象由水田扩大至果树及蔬菜，纳入了产地振兴要素，因此后者比前者具有更强的振兴农业生产的性质。这一区别的根源在于行政部门与农协两类组织的不同特征。行政部门的主要着眼点是耕地向核心经营体集中。一旦目标达成，即意味着计划的实现。而农协的主要目标是，培育可靠的地区经营活动主体，确保运动的永续性。[②] 另外，计划实施采取的是行政部门与农协一体的形式，因而在某种意味上，会使人产生回到了地区农政时期的感觉。

---

① “国家将农业者认定制度视作骨干政策的支柱，同时提出了新的政策方向，即在地区协商和达成协议的基础上，逐渐明确未来的骨干农户，并设想和实践农业与地区的未来形态。这与旨在振兴地区农业的农协运动的理念一致，具有重大意义，今后必须切实强化农协与行政部门一体化的措施”（《日本农业新闻》2013年1月26日，农协地区农业经营最前线“携手行政部门，提供支援”，全中农业经营、耕地综合对策部骨干、耕地对策课长田村政司）。

② 计划等正式制度与接收计划的农协提出的非正式构想之间的区别，如同先前政策中农政推行的“地区农业集团”与农协将之具体化的“地区农业经营集团”之间的区别。地区农业集团的思路是，农用地的“‘利用调整’是其活动的限定范围，集团不直接参与生产行为”；地区农业经营的目标是，“以地区为单位，实现劳动力、机械和设施、副产品等农业生产资源的组织化，并加以有效利用”，“不单纯是农用地的‘利用调整’组织，而且是在作为‘利用调整’组织的同时，也是在生产机能方面形成的组织”（梶井功：《现代农政论》，柏书房，1986，第211～213页）。这些微妙的差别也存在于计划与构想之间。

但是，计划的范围设定过大成为一大现实问题。一般而言，采取类似农用地利用改善事业的方式，以灵活利用的村落为计划的范围即可。然而，由于平地农业地区核心经营体的规模扩大速度惊人，经营的耕地超越了单个农业村落的范围，分散于多个村落的现象不断增加，即计划必须覆盖远大于村落的范围。但是，由于各地域情况不同，政策难以事先指定计划的合理范围，这是计划的局限所在。

根据上述状况，政策规定“村落及自治会等区域是‘人地计划’的范围，同时基于地域实情，多个村落以及更大区域也可纳入范围之内”[①]，进而计划的范围设定权完全委托给农村第一线。如果不能有效利用村落，使其成为“社会凝聚的基础”，则基于协商达成共识是困难的。另外，实际的“耕地集中推进范围”超越了村落界限，必须设定更广阔的范围。矛盾从一开始就存在于计划之中。这体现了政策的稚拙性，但更多的是因为在农业结构以及农村社会结构发生重大转变的过程中，制定全国统一性政策已经变得极为困难。

计划是农政“排在首位”的最重要政策，原先的目标是使其法制化，但随着政权更迭，一直没能实现。由于存在范围设定这一根本性问题，计划未能在许多地区发挥有效作用。2010 年以后，政策回归到灵活利用村落，推动耕地向骨干农户集中。可以说，汇集村落共识，在当地“确立自主性努力和自主性规范”是日本结构政策的基本路线。

---

① 农林水产省：《关于人与耕地问题的解决（暂定稿）》，2013 年 2 月，第 9 页。

（三）耕地中间管理结构——市场机制的运用与界限

若从其他视角来看，利用村落的结构政策，并非指各农户在市场中的个别性、分散性交易，而是经由村落这一组织开展集体性交易，由此可以降低租借交易的成本，提高耕地集中速度，并可以在调整土地利用的基础上，实现耕地的成片集中。

20 世纪 90 年代以后，日本农业人手不足问题日益严重，荒废耕地增加成为严重问题。2000 年创设的山地地区等直接支付制度是对策之一，另一项对策是鼓励企业参与农业。为此，结构改革特区开始尝试把耕地租给企业，并以 2003 年修订《农业经营基础强化促进法》为契机，使这一对策成为正式制度。伴随 2009 年耕地制度大调整，附带解约条件的租赁合同制度设立，破除了企业租赁土地的制度性障碍。另外，尽管制度得到完善，但企业在租借耕地时，当地农业经营者常常将条件好的耕地把持在自己手里，导致参与农业的企业心生不满。对这些企业而言，利用村落的结构政策成为参与农业的障碍。

在上述背景下，耕地中间管理机构（以下简称为“机构”）于 2013 年面世。该机构存在于耕地出租方和承租方之间，将分散交错的耕地集约化，然后出租给骨干农户，以同时实现耕地成片集中和规模扩大的目标（图 1－2）。在此之前，制度上也曾就承租方和出租方之间就耕地租赁展开协商做出规定，但无法推进耕地的成片集中。在新的制度框架下，机构能够决定出租方耕地的承租对象。赋予当地农户与企业同等地位，促进企业参与农业，也是机构的预设目标。此外，机构在初期就探讨了投标方式，即由租金最高的企业中标和承租耕地。这一设想的根据

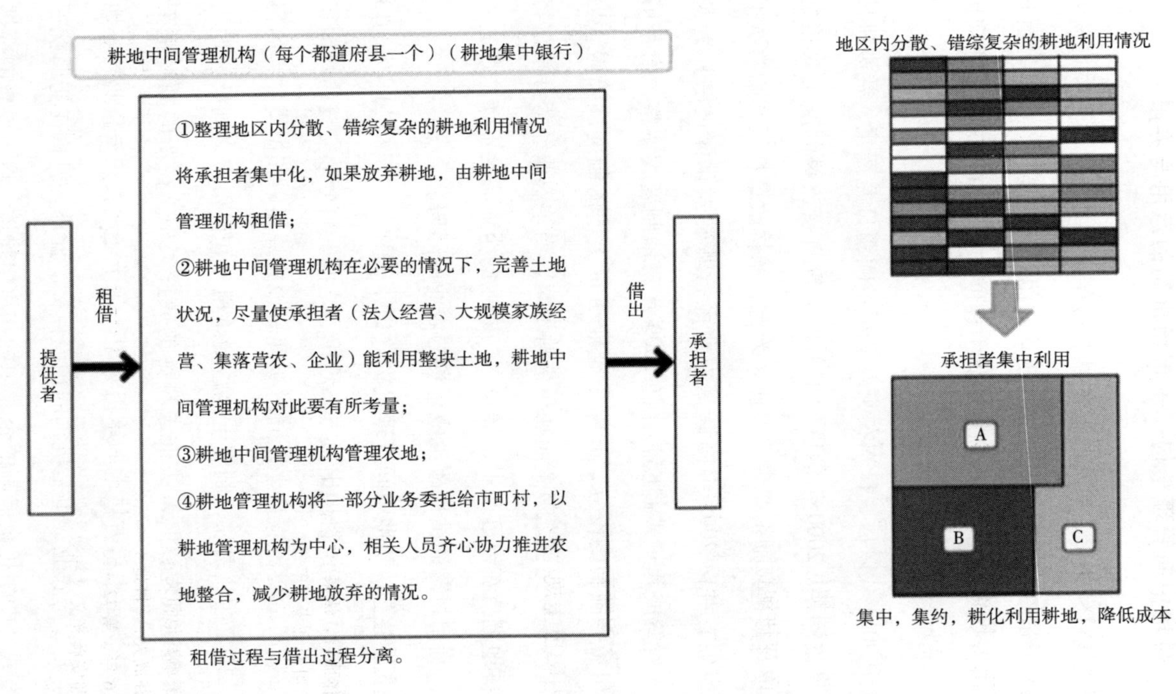

图 1-2　耕地中间管理事业的过程与效果

是，支付最高租金的承租者最能有效地利用中标的耕地。实质上，这是将市场机制引入结构政策。但是，国会在通过这项制度时，史无前例地增加了13条决议[①]，强调应在尊重计划和当地共识的基础上来推进耕地的集中。

事实上，机构本身是一个事务处理组织。实际的耕地出租业务依然采取先前方式，即由市町村来推动耕地集中。因此，设立村落集体经营农业模式等村落层面活动的不断累积，左右着机构的实际业绩。[②] 换而言之，占据关键地位的不是机构，而是市町村。所以，尽管导入了旨在从根本上改变耕地行政的制度，但沿用的依旧是旧方式，即机构将业务委托给市町村，在市町村掌控下，通过当地协商来推进耕地集中。总而言之，日本结构政策的基本路线没有发生任何变化。我们应该牢记的是，利用村落的结构政策没能取得农政所期待的成果。计划的制定与“自主努力和自主规范的确立”毫无关联。耕地利用改善事业实施以来暴露的问题依然存在。

---

① 具体而言，法案中增加了一些内容，即在“农业者协商平台的设置等”方面，“市町村在考虑管辖区域内耕地中间管理事业顺利推进与地区协调的基础上，谋求农业的发展，根据农林水产省的政令，决定相应市町村内的合适区域；关于该区域内被认为能够在农业中发挥核心作用的农业者，以及该区域内的农业未来形态和旨在推动形成的耕地中间管理事业的利用等相关事项，定期设置农业者以及该区域其他相关人员协商的平台，并汇总协议结果，予以公开发布”。安藤光义、深谷成夫：《耕地中间管理机构的现状与展望》，载于《农业法研究》第51号，2016年，第72～73页。

② 参照安藤光义《耕地中间管理机构的现状与课题》（谷口信和、安藤光义编《日本农业年报第62期：基本计划如何应对农政改革与TPP》，农林统计协会，2016）。

五 斐川町的耕地集中推进体制

本节最后介绍施行结构政策过程中有效发挥村落作用的优秀案例，即岛根县出云市斐川町的发展历史。2011 年，斐川町被出云市合并，但至今仍保持独立的农政推进体制。因此，下文阐述时直接称呼“斐川町”，而非出云市斐川町。町政府和农协出资成立的斐川町农业公社，是推动耕地向骨干农户集中的主导者。该公社与村落的关系将在后文再做说明。

首先介绍斐川町农业的基本情况。斐川町处于水田农业地带，其中平坦水田占近七成。1975 年以后，随着完善农业生产基础工作的推进，斐川町完成了 30 公亩规划农场的整备工作。20 世纪 90 年代，斐川町进一步推动规划农场的整备，形成 1 ~ 2 公顷的规划农场。由此，农场完备率达到 99%，管道完备率也达到 76%，从而拥有了非常良好的生产条件。斐川町农作物以大米为中心，同时种植大麦、薏米以及大豆等改种作物。改种采取区块旋转的方式进行。斐川町很早便以村落为单位，推行土地的集约利用。正因如此，耕地利用率接近 120%。

（一）实现村落组织化，确立农业推进体制

斐川町农业推进体制具有 3 个特征，即斐川町农林事务局、农业振兴区制度、斐川町农业公社。

1. 斐川町农林事务局是町内农业相关机构（岛根县东部农林振兴中心、出云市政府斐川办事处、农协岛根斐川地区总部、〈公益财团法人〉

斐川町农业公社、出云市斐川町农业委员会、出云市斐川土地改良区、出云广域农业互助组合）整合后形成的农业推进体制。值得注意的是，斐川町早在1963年就已经确立了这种体制。在此基础上，行政部门和农协统合成一体，着力推动政策的实施。斐川町农林事务局每月召开一次例会，商定斐川地区的农业推进方针，制作展示方针具体内容的“农业经营座谈会资料”。每年2月，行政部门与农协一同组队前往村落，为农户解读政策。总而言之，行政部门先与农协共同研究地区农业发展方向，然后二者一起走访村落，向农户传达商讨的结果，并交换意见。

2. 农业振兴区制度设立于1960年，发挥着连接当地村落和斐川町农林事务局的作用（图1－3）。农业振兴区的实质是町（现在为市）根据惯例成立的农业组织。其主要业务包括，发布农林事务局的方针及生产调整安排、“人地计划”实施方式等信息，同时汇总来自村落和农户的意见。在组织形式上，每2～3个村落设立1个农业振兴区，每区区长由町长（现在是市长）委任。目前，斐川町共有61个农业振兴区和61位区长。此外，每个村落设置了辅助区长的振兴区长助理。他们也是由町长（现在是市长）委任（目前计有213个村落，共配置213位区长助理）。上述委员集体参加的联席会议每2个月召开1次，每年召开6次。通过这种方式，行政部门的方针可以顺利地传达至基层农户，同时当地农户的要求也容易及时反馈给行政部门。大米生产调整的分配计划就利用了这一渠道。此外，它也保证了问卷调查的顺利实施，对于大米政策改革时期的农业复兴计划和最近的农户及耕地计划的制定，发挥了巨大的作用。可以说，斐川町农业振兴区制度是实现村落组织化并加以有效利用的典型。

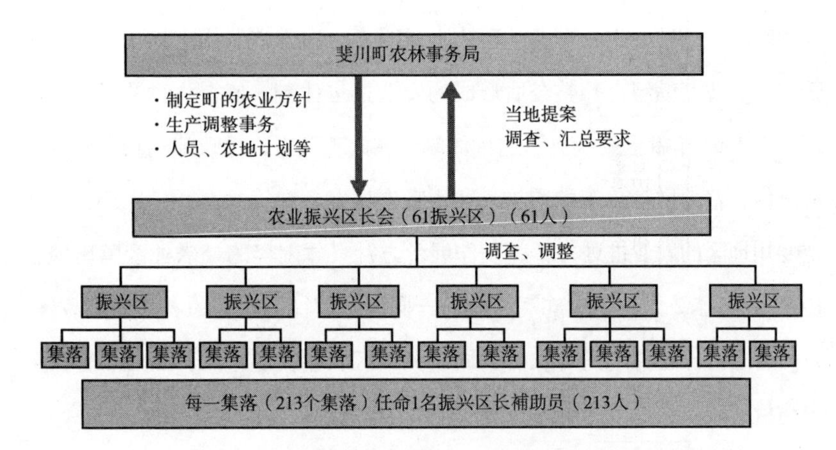

图 1－3　农业振兴区制度（岛根县斐川町）

3. 斐川町农业公社成立于 1994 年，由斐川町和农协共同出资设立。如图 1－4 所示，该公社主要成员包括行政部门、农协以及各类生产者团体。公社事务局由 5 人组成，含公社职员 3 名、农协派驻人员 1 名以及市政府负责人 1 名。可见，行政部门与农协不仅出资，还配置了工作人员，从而保证了实际业务的统一运营。农业公社的主要业务有，耕地借贷中介业务（“耕地集约化利用事业”）、农活受委托中介业务以及田间除草支援业务等。随着耕地借贷业务的增加，农活受委托业务呈现减少的趋势。

农业公社最重要的业务是耕地租用中介业务。大概的流程是，每年从 8 月开始，公社开始着手耕地租用方面的洽谈；10 月以后，公社根据与当地村落交流的结果，对耕地租用对象进行调整；12 月，双方签署耕地租用合同。对于纳入洽谈范围的耕地，公社进行现场确认，根据土地状况估算租金。在耕地洽谈阶段，村落对公社的“无条件委托”

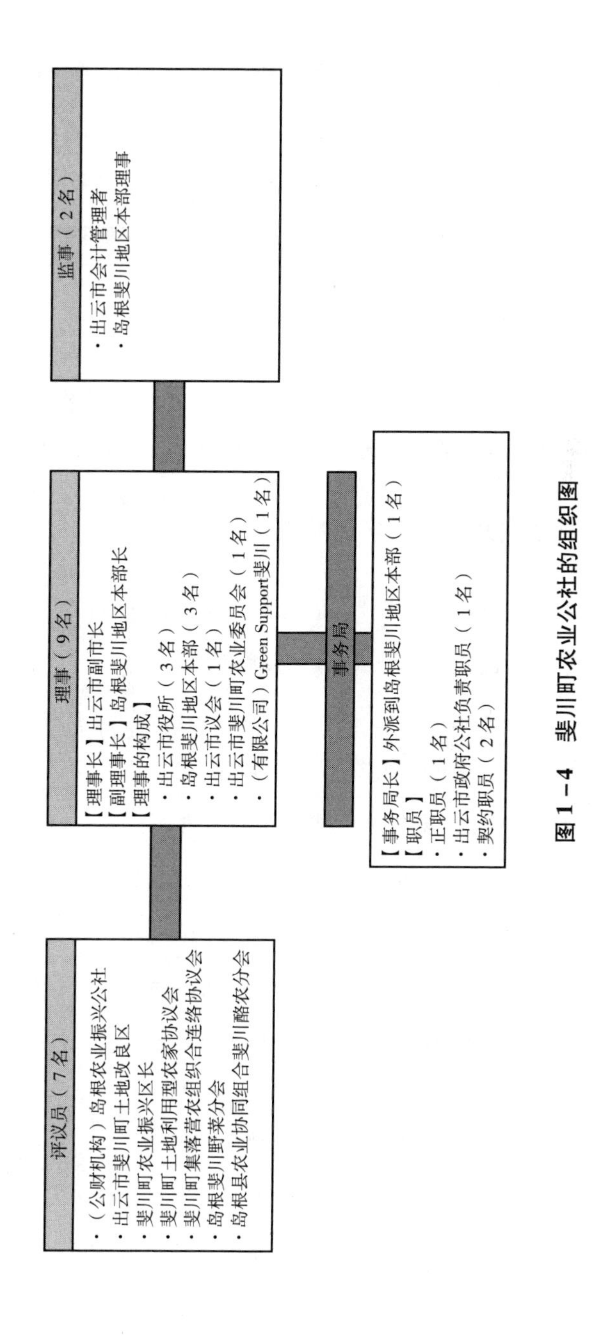

图1－4　斐川町农业公社的组织图

是前提条件，即同意委托公社将耕地租给任何承租方。为了通过耕地再分配实现大面积集约化，“无条件委托”是不可或缺的条件。最近，公社提出一项要求，即希望尽可能由耕地所有人进行田间管理和水资源管理（向同意者追加租金）。另外，由耕地所有人清扫农业水渠也成为条件之一。在估算租金时，公社采用评估得分的方式，对每个农场进行打分。评估项目包括面积、形状、农场整备度以及斜坡状况等。这些做法的目的是，将出租的耕地整合为成片区域。在一系列预设工作完成后，公社将根据相关规定，把耕地出租给骨干农户。

（二）耕地成片集中的实际状况

实施耕地调整（耕地置换），是出于对骨干农户农作业的作业性和效率性的考虑，以此降低骨干农户的劳动和生产成本，促进其进一步扩大规模。在实施耕地调整的过程中，农业公社充分利用了地图系统。如果不依赖地图系统，耕地置换等复杂的耕地集约工作将非常困难。图1－5是斐川町农业公社实施的耕地调整的概念图。农户脱离农业，出租4笔耕地。假设农户B拥有扩大规模的意向。通常，如果将离农农户的耕地原封不动地租给农户B，就可以实现耕地的集中（图1－5左侧）。但是，考虑到农作业的便利性和效率性，会在区域正中铺设道路和排水渠，对耕地进行置换。这是耕地调整的关键所在。其结果是，道路两侧在实现耕地集中的同时，农户B能够根据自身意向完成规模的扩大（图1－5右侧）。之所以能实现这样的操作，主要是因为公社从农户手中获得了“无条件委托”的权力，即土地所有者同意将土地出租给任一承租方。此外，这也与耕地承租方达成的共识有关，即委托农

斐川町农业会社实施的耕地调整示意图

※设定利用权的方法〔地权者→农业公社（协调机构）→骨干农户〕的转借方式（农地买卖等项目）。

※为了实施农地调整（交换）的利用权的解约手续仅限于农业公社→骨干农户之间的契约解除。由于不需要地权者的同意，因此调整进展顺利。

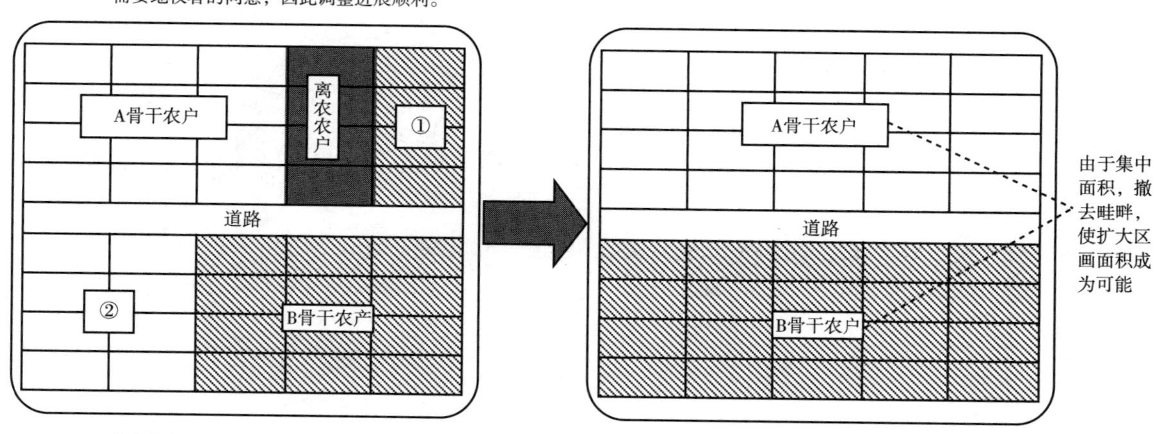

■并非将离地农产的农地直接均等地借给A、B各自的骨干农户，而是尽可能地考虑到农作业的效率，实施农地调整。

■进行B骨干农户的①农地解约手续，与离农农户的新规农地一起集中到A骨干农户。

■为了分担B骨干农户减少的农地，解约A骨干农户的②农地，向B骨干农户集中。

图1-5　地图系统的利用方法（耕地调整）

注：○表示考虑骨干农户农作业的效率、作业的可行性的农地调整（替换）；

⇒表示削减骨干农户的劳动力成本⇒进一步扩大规模。

业公社，可以成片地集中耕地，实现高效率的经营。可以说，上述制度是在农业公社与农户之间构建信任关系的基础上形成的。

图1－6为耕地调整的实际案例。以集约化农业经营的法人化为契机，周边5个经营体的耕地成片集中和规模扩大得以实现。农业公社在町内各地反复推行耕地调整，将全町耕地成片地配置在骨干农户手中。反复持续地实施“耕地再分配”是必要的。尽管这项工作耗费了大量时间，但却取得了良好效果，即全部耕地的60%集中在了土地利用型骨干农户和集体农业经营组织共计64个经营体手中。图1－7显示的是斐川町的整体情况。很显然，以农业用地利用改善组合和集体经营农等小地域为单位，耕地成片地集中在了每个骨干农户手中。目前，通过在岛根县设立耕地中间管理机构，在更新合同时，农业公社可以将耕地出租给中间管理结构。但是，县层面的机构实际上难以实施耕地调整，因此斐川町农业公社依然是这项工作的实质性主体。

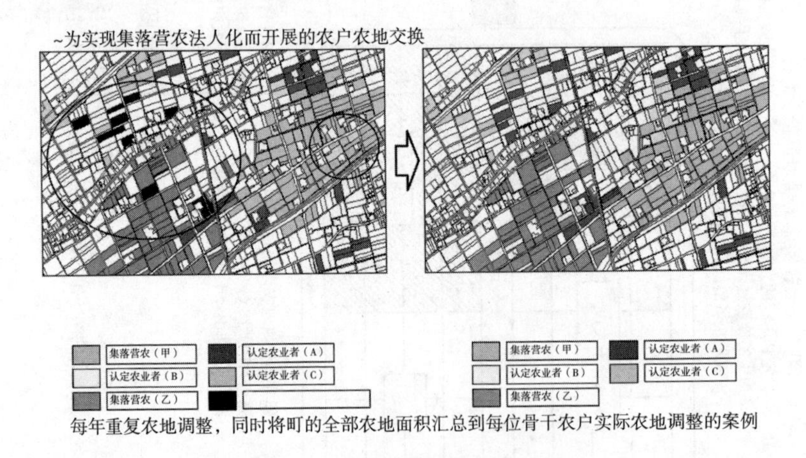

图1－6 实际农地调整的案例

图 1－7　斐川町骨干农户经营耕地面积的集中状况（64 个经营体）

六 结语

如上所述，日本的农业结构政策从当初的大米生产调整政策发展至最近的山地区域直接支付制度等资源管理政策，形成了以充分利用村落机能为前提的政策框架。在此过程中，政策得到了贯彻和执行。日本的农业结构政策是通过利用农业用地来发挥其作为农村政策作用的，因此可以认为，结构政策与农业用地二者的关系是密不可分的。

农业用地不是可在市场中交易的生产要素，如果与当地没有构建信任关系，政策是无法利用农业用地的。这导致只能通过个别分散的交易来达到租用农业用地的目的。随着骨干农民不断扩大经营面积，他们将不得不面临耕地分散的困境。为了解决这个问题，政府必须发挥村落的机能，通过村落内部的协商，推进农业用地的集中利用。农用地利用改善团体是这项政策的起源，村落内部达成共识，起到了耕地交易成本大幅降低的效果，同时也提高了农村社会的凝聚力。此后，由于骨干农户的经营规模不断扩大，村落作为推行结构政策的场所，其范围显得日益狭小，逐步要求设定更加广阔的范围，由此成立了斐川町那样的农业公社，出现对町内范围的耕地进行广泛调整的地区。当然，农业振兴区制度等从村落层面积累形成的体制，很大程度上为农业结构政策的推进和完善奠定了基础。

耕地的中间管理机构的主要任务是，将耕地利用划分为租用过程和出租过程，通过市场扩大耕地的借贷规模。但实际上，其并未发挥出预期效果，不得不回归到与当地农户协商的状态。

提及村落与政策之间的关联，人们常常会想起创立集约化农业经营模式的结构政策、促进集体土地利用调整的大米生产调整政策、以缔结村落协议为义务的山地区域等直接支付制度等。可以说，响应这些政策，开展相应活动并长期保持活力的是日本的村落。如果忽视政策与村落的联系，地域资源管理政策自不必说，结构政策的构建也将举步维艰。

（殷国梁 译）

第二章　农协的作用

菅沼圭辅

一　引言

第二次世界大战结束以后，日本国民经济经过高速增长达到了发达国家水平。在二战后 70 多年时间里，日本社会经济和国民饮食生活发生了很大的变化。

但是，对一个规模极小的农业生产者来说，在大企业统治的农业产前产后环节上无法单独进行竞争，保护自己的利益。这是不管产业革命前后的欧美国家，还是苏联和新中国成立初期，都同样存在的情况，这是人们成立农民合作社的客观背景。日本的农业协同组合（Japan Agricultural Cooperatives，简称综合农协、农协或 JA）作为农业生产者互助的组织，在农业产前产中产后各个环节上扶持了农村家庭经营的现代化发展。

虽然各国农民合作社在农业现代化发展过程中都发挥了一定的作用，但是由于各国国情不一样，合作社所起的作用和目前所面临的课题也不一样。例如，在市场竞争环境方面，二战后日本的农协与改革开放以后的中国的农民合作社（农民专业合作社和农民协会等）之间存在很大的不同。例如，日本农产品市场在二战后较长的时间内由国家来保护，农协在大环境下建立了全国规模的服务体系。但中国1990年代开始进行社会主义市场经济改革和对外开放，农产品和食品企业（包括合资企业）在国内市场展开激烈的竞争，在这样的环境下中国的农民合作社没有单独建立全国性的服务体系的空间，有时候要依靠农业产业化龙头企业增强合作社本身的服务力量。

本文从日中两国对比研究的角度出发，首先，整理二战后日本综合农协的社会化服务事业和日本农业的发展动向。其次，分析在经济高速度增长和从1950年代至1970年代《农业基本法》制定以后，综合农协对农产品大批量供应的实现所起的作用。再次，分析在1990年代日本进入后工业化社会和经济全球化时代以后，综合农协农业服务事业的变化。最后，介绍日本综合农协的新任务，向中国读者说明了解日本农协的意义所在。

二　二战后日本农业农村的发展情况

（一）二战后日本农业的发展及其变化

二战后的1962年，日本国民全年人均大米消费量达到了118公斤，

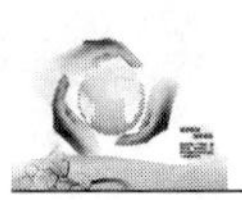

此后一直减少到现在的 57 公斤。1960 年代是日本农业发展的转折点。1961 年制定的《农业基本法》提出新的农业发展方向。《农业基本法》前文首先肯定国内农业和农业生产者对经济发展和社会安定所做的贡献，而后指出经济增长以后出现的工农业收入差别、国民饮食结构的变化、劳动力转移等新的情况和课题。

《农业基本法》提出的基本发展目标是，农业和农业生产者应对国民经济社会的变化，应该改变农业生产率和农业收入低于非农产业的局面，促进农业发展和提高农民的经济地位。为此该法制定的主要方针，一是促进农业结构调整，即扩大鲜活农产品和畜牧产品的供应，提高与进口农产品有竞争关系的谷物等农产品的生产效率（日语叫选择性扩大方针）；二是培育能够实现与非农业同等收入的现代化适度规模经营（日语叫培育自立经营方针）。

为了实现上述目标，政府建立了技术改良、农田基本建设、农业机械化、设施化等农业现代化投入体制以及农产品流通及农产品价格稳定体制等。

图 2－1 表示二战后 1955 年至 2015 年的名义农业生产总值及其结构变化，从此可以看出，日本农业从以主食粮为主的结构向以副食品为主的结构转变。目前，按供给热量计算的农产品自给率，除大米维持 97% 外，蔬菜为 76%，畜牧产品为 65%。虽然自给率不太高，但就国土狭小的日本而言，农业结构调整可以说是成功的。

上述农业结构调整是在家庭农业经营体系下实现的。二战后日本的家庭农业经营体系的起源在于在联合国的统治下进行的二战后政治经济体制改革。在农业农村方面 1946 年实行了农地改革，解体了战前地主

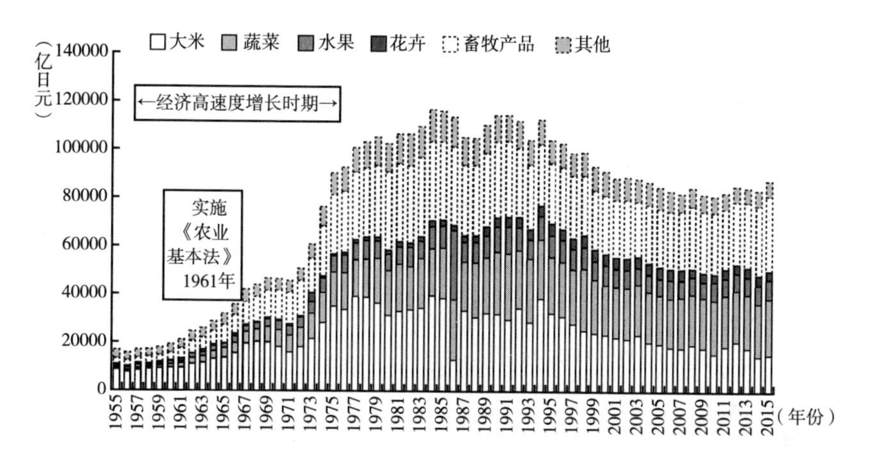

年份	各部门比例（单位：%）					
	大米	蔬菜	水果	花卉	畜牧产品	其他
1955 年	52.0	7.2	4.0	0.5	14.0	22.3
1960 年	47.4	9.1	6.0	0.5	18.2	18.8
1970 年	37.9	15.8	8.5	0.9	25.9	11.0
1980 年	30.1	18.5	6.7	1.7	31.4	11.6
1990 年	27.8	22.5	9.1	3.3	27.2	10.1
2000 年	25.4	23.2	8.9	4.9	26.9	10.7
2010 年	19.1	27.7	9.2	4.3	31.4	8.3

图 2－1　战后日本农业生产总值的变化

资料来源：农林水产省，农业总产出额统计。

制度，原来的佃农得到了自己的土地，全国诞生了600万户自耕农。日本实现“耕者有其田”提高了农民生产积极性，但其经营规模没有大的变化，即农地改革前的1940年耕地面积1公顷以下的农户占68%，而1950年的比例为74%。小规模农户无法单独进行技术改良等农业现代化投资，需要外界的帮助。据此，1948年全国各地成立了农业协同

组合（综合农协），它组织了100%的农户，政府和综合农协支持了日本农业现代化与农业结构调整的实现。

到了1980年代，日本的农产品对外贸易环境和国民饮食结构开始变化。第一，从1986年开始关贸总协定乌拉圭回合谈判，会上农产品出口国要求日本国放开大米、牛肉及柑橘等市场。1995年世界贸易组织（WTO）成立以后，日本再次面临了市场放开的更强烈的要求；特别在日元升值和中国对外开放的情况下，增加了中国生产的鲜活农产品和加工食品的进口量。第二，随着工业化和城市化的进展，在饮食结构方面出现了三个新现象。饮食费在家庭消费支出所占的比例迅速下降，同时增加了外餐消费比例（见图2-2）。据联合国粮农组织统计资料，到了1989年，日本国民人均供给热量到达2969大卡以后开始下降。其原因是，解决温饱问题以后，日本国民开始注意肥胖等健康问题。之后，食品供应者必须得考虑健康、防病、安全、放心等因素。

这些农产品和食品市场环境的变化给日本农业带来了新的发展课题。

（二）农村就业结构的变化与农户分化

经过1955年到1970年的经济高速度增长时期，实现了日本社会经济的工业化和城市化，解决了农村剩余劳动力就业。到了1970年代，日本国内汽车、家电、机械工业等的基地从太平洋沿海地区转移到内陆农村地区，增加了农户非农就业的机会。

在这个背景下，农村的就业结构发生了两大变化。

第一个变化是农户兼业化。根据收入结构农户可以分类为专业农户和兼业农户。专业农户指家庭人员中没有非农产业就业人口的农户。非

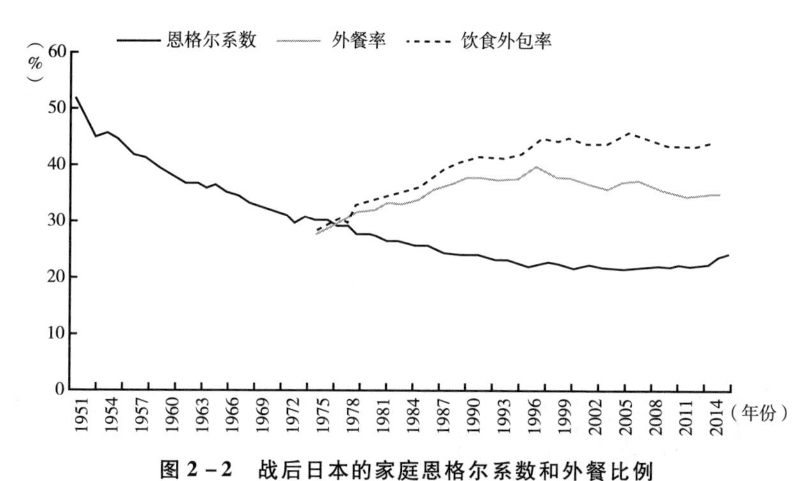

图 2－2　战后日本的家庭恩格尔系数和外餐比例

注：①恩格尔系数是城镇 2 人以上的家庭，每月饮食费在消费支出所占的百分比。

②外餐率是日本フードサービス协会推算的数字。

③饮食外包率是根据日本フードサービス协会推算的包括单位食堂用餐费的广义外餐指标。

资料来源：①恩格尔系数：政府总务省统计局，家庭收支调查；

②公益财团法人食品安全·安心财团（Foodservice Industry Research Institute）《外食産業市場規模推移》数据（http：//anan－zaidan. or. jp/）。数据是一般社团法人日本フードサービス協会（Japan Foodservice Association）推算的结果。

农业就业的定义是在企业一年工作 30 天以上或个体工商业销售额达 15 万日元以上。兼业农户指有非农产业就业人口的农户。兼业农户中，第一种兼业农户指主要靠农业收入的农户（简称一兼户），第二种兼业农户指主要靠非农业收入的农户（简称二兼户）。

图 2－3 表示农户减少和兼业化的情况。1947 年的农地改革增加了农户数，而 1955 年开始减少。在经济高速度增长时期，农户数继续减少，专业农户比例迅速下降，二兼户比例开始增加。农户数减少的原因是有的农户离开农村进入城市从事工商业，有的农户由于城市建设被占

用了全部耕地。与此同时，留在农村的部分农户，为了实现家庭劳动力的充分就业，开始在工厂公司就业或开办了个体工商业，成为兼业农户。到了1970年，二兼户比例达到60%左右。1970年代到1980年代，二兼户比例再增加到70%左右。

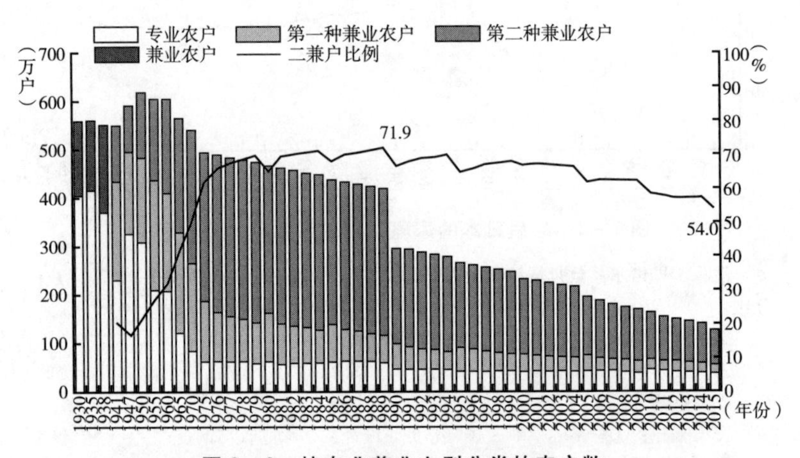

图2-3　按专业兼业之别分类的农户数

注：1990年前后农户的统计口径有变动。新的农户定义为商品生产户（日语叫贩卖农户），即耕地面积0.3公顷以上或年销售额50万日元以上的农户，以自给自足为目的种地的农村家庭不纳入农户概念。

资料来源：农林水产省《综合农协统计表》、《农林业普查》、《农业结构动态调查报告书》。

兼业农户比例的增加表示《农业基本法》政策的失败，即大多数农户没能通过农业的发展和结构调整实现与工薪阶层同样的收入，而他们通过扩大非农就业，提高了自己的经济地位。

就组织100%农户的综合农协而讲，成员农户之间发生专业和兼业的分化是十分头痛的情况。因为两类农户之间，对农业生产发展的态度和综合农协服务事业的要求有明显差别。专业农户增加收入的唯一途径是农业，所以他们要求综合农协加强农业技术推广等工作力度。而就占多数的兼业农户而讲，农业不是劳动和资金投入的重点，工厂公司上下班是他家生活的主旋律，他们要求综合农协加强信用和保险等有关生活方面的服务力度。

到了1990年代以后，发生了第二个大的变化，即二兼户户数开始减少，农业从业人员的老年化开始突出。图2－3表示，1990年代以后，兼业农户数减少速度比专业农户快，2016年的二兼户比例下降到54%。这是因为二兼户的子弟本来没从事农业，户主到了工厂退休年龄以后逐步离开农业，二兼户变为所有耕地的非农户。

另外，1990年前后农户数存在一个大的断裂，其原因是农户的统计口径的变化，所以1989年和1990年之间有100万户以上的差额。这意味着原来二兼户中存在大量的自给自足农户。

在农户兼业化的同时，农业从业人员开始老年化。图2－4表示按年龄分四个阶层的农业从业人员的人口比例。1970年代以后，40岁以下的农业劳动力已经开始减少。日本农村有通过长子继承父业方式进行农户经营者换代的习惯。图2－4表示农业劳动力的供给逐渐减少。到了1980年代，不管专业农户还是兼业农户，日本农村普遍发生了农业接班人不足问题。

1990年代以后，60岁以下的劳动力也开始减少。他们原来是农业生产的骨干力量，但随着时间的推移，他们也开始进入了老年阶段。1990年代以前，65岁以上的老年从业人员比例不到20%，到了2010年代以后65岁以上的比例上升到45%。如果用别的统计口径看2000年以农业作主业的就业人口比例，65岁以上的人已经超过了一半。

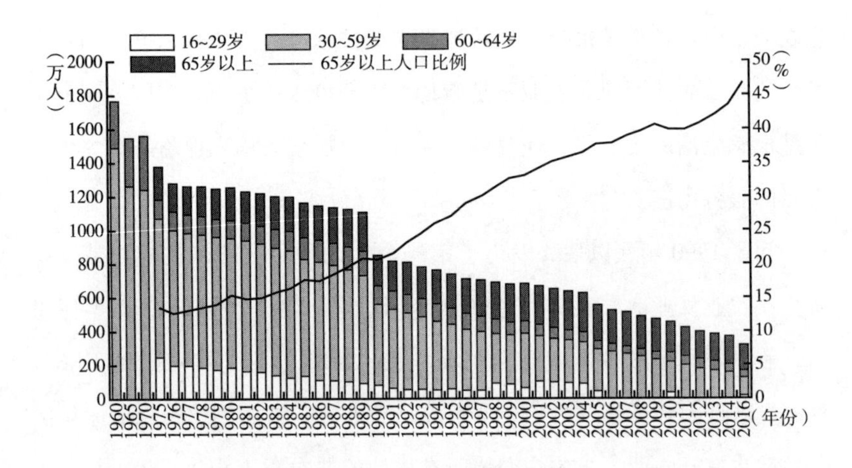

年份	59 岁未满	60～64 岁	65 岁以上	65 岁以上人口比例
1960	1200	254		
1965	898	253		
1970	756	280		
1975	541	84	166	21.0
1980	448	79	171	24.5
1985	360	91	185	29.1
1990	238	84	160	33.1
1995	166	68	180	43.5
2000	133	51	206	52.9
2005	104	37	195	58.2
2010	68	32	161	61.6

按年龄阶层分的以农业为主要职业的家庭人口（单位:万人）

图 2－4　按年龄阶层分的农户农业从业人员数

注：①农业从业人口指当年一天以上从事过农业劳动的家庭人口。

②1990 年前后，农户的统计口径有变动。新的农户定义为商品生产户（日语叫贩卖农户），即耕地面积 0.3 公顷以上或年销售额 50 万日元以上的农户，以自给自足为目的的种地的户不在农户范畴内。

③1960～1970 年，2006～2009 年，2011～2014 年的 30～59 岁包括 16～29 岁的人员。1960～1970 年的 60～64 岁包括 65 岁以上的人员。

资料来源：农林水产省《农林业普查》、《农业结构动态调查报告书》。

按理论讲，农户数减少以后，留在农业的经营者可以集中土地，发展适度规模经营。但日本的实际情况不一样，留在农业的人都是老人，缺乏发展规模经营的积极性，结果产生了农田抛荒。

目前，日本的农业政策及综合农协面临着农业劳动力绝对不足和老化的问题。这说明日本农业生产力的基础开始动摇。

三　日本综合农协的基本情况与特征

（一）二战后综合农协的成立与基本情况

二战后，日本制定了《农业协同组合法》（简称《农协法》），1948年全国成立了农协。

日本的农协（农业协同组合）有两类：第一类是实行包括信用事业的多种类服务事业的综合农协；第二类是实行某一种农业畜牧产品相关服务事业，不实行信用事业的专业农协（日语叫专门农协）。农协成员有两种，第一种是正组合员，它应该是农业生产者，拥有表决权和投票权。非农业生产者作为准组合员可以加入，享受购销、信用、农业保险等服务，但没有参与决策的权限。准组合员包括非农户居民和已离开农业的原农户成员。据政府实行的调查统计，2015年全国有686个综合农协，其成员数为1037万人（正组合员有443万人），一个综合农协平均有1.5万名成员（正组合员有6000人）。专门农协有629个，其成员数为194918人。专门农协中，园艺特产类农协有169个，奶牛农协102个。从成员规模看，日本农协的主体是综合农协。

综合农协实行的服务主要包括农业技术指导、信用、供销以及有关生产或生活公共设施的建设管理等。二战后，综合农协基本上以基层行政级别范围——市、町、村——为单位成立，它的组织和运行具有很强的区域性。1950 年，全国市町村有 10500 个，综合农协有 11179 个，两者数量基本一致。但以后，由于农协改组和市町村合并等原因，到了 1975 年、2000 年和 2005 年各年份的综合农协个数减少到 4716 个、1424 个和 886 个，在同一年份的市、町、村个数为 3257 个、3230 个和 2217 个，综合农协个数减少速度快。

那么基层的综合农协进行农业技术指导、信用、供销和农业保险等多种经营，有什么好处？据农林水产省的综合农协收益调查结果，2015 年全国一个综合农协的平均收益为 3. 75 亿日元，其中信用服务事业是 3. 75 亿日元，农业保险服务事业是 2. 18 亿日元。但供销和农业技术指导服务事业支出是 2. 18 亿日元，对综合农协来说由于有信用和农业保险业的利益，所以可以弥补农业技术指导和供销业务的损失。换言之，综合农协在农业技术指导和供销等有关农业发展方面不需要收支平衡，可以抑制从农户征收的手续费水平。

日本的农协根据《农业协同组合法》建立了全国三级管理体制。上述介绍的综合农协是以农户为成员成立的基层农协。基层农协上面有地方（都、道、府、县级）机构和全国（中央级）机构。地方机构是以基层农协为成员，以各个都、道、府、县为单位成立的农协联合会，农协联合会按各项事业编制。例如县农业协同组合中央会（负责农协管理和技术指导）、县信用农业协同组合联合会（负责信用事业）、县经济农业协同组合联合会（负责供销事业）和县共济农业协同组合联合会（负责保险事业）等。各个地方联合会按各项事业又建立全国级机构（见图2－5）。因为有的基层农协单独运作有困难或效率低，由地方或全国联合会来统一运作，可以发挥规模效益和增强社会化服务功能。

图2－5以农业经营和技术指导、信用、供销和保险为例表示综合农协的三级管理体制。最近，地方级联合会正在改组为全国联合会的地方本部。

《农业协同组合法》允许农协根据有关服务事业的需要成立股份有限责任公司等营利企业。例如，全国农业协同组合联合会（简称为全农）在国内有40多家子公司，在国外有10多家子公司。全农物流公司从事农产品国内运输和保管业务，全农食品公司从事农产品批发零售业务，全农珍珠米公司从事大米购销加工，组合饲料公司从事饲料加工流通业，等等。海外子公司主要从事饲料进口和食品批发等业务。各县经济农业协同组合联合会也有它们出资办的子公司。但子公司是合作社外部的经济实体，不像中国的农民专业合作社，企业加入合作社当成员。

虽然原则上，加入农协是农民自愿的行为，但几乎100%的农户加入了综合农协。综合农协为什么能实现这么高的农户组织率，这与它特殊的历史背景有关。明治时代，各地成立了近代日本第一个合作社，叫产业组合。进入1940年代后，根据1943年制定的《农业团体法》，对产业组合及其他农村合作组织进行重组，成立了农业会，实际上100%的种植粮食的农业生产者被组织为农业会成员。

另外，合作社组织大多数农业生产者，对政府提高农业粮食政策执行效率很有意义。1930年代末政府开始实施稻麦主食粮的统一收购统

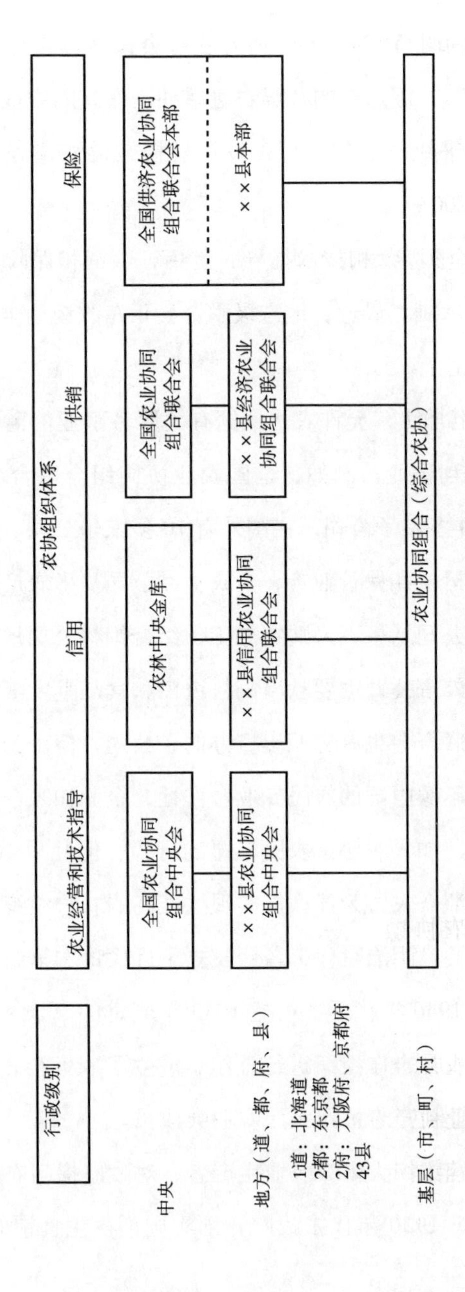

图 2－5 综合农协的全国组织体系

一供应管理（粮食管理制度）。此时，政府让产业组合和农业会代理政府进行粮食收购。

二战后，综合农协在原有的农业会的基础上组织了全部农业生产者。石田信隆（2003）指出，1947年《农业协同组合法》制定以后，仅仅一年时间内全国各地很快成立了综合农协，原有的农业会的资产和员工往农协直接转移，也继承了农村社区的农户成员组织。

与此同时，由于二战后政府继续统一管理粮食流通，综合农协从农业会也继承了稻谷收购和保管等一系列管理工作。粮食管理以外，政府把综合农协作为实施农业政策措施的主要渠道，有效地实现了农业现代化和结构调整。

总之，综合农协实现很高的农户组织率是从政策需要出发的。对农户来说，加入农协不存在强制性因素，但没有其他选择。

图2－6表示二战后农户户数和综合农协成员数的变化。准组合员的增加反映离开农业的农户的增加。虽然由于有统计口径等问题，农协成员数和农户数不完全一致，但从此可以看出上面说明的农户加入综合农协的特殊情况。

（二）日本农协组织运行的特点——与中国的农民专业合作社对比分析

这里将日本基层的综合农协与中国的农民专业合作社进行对比，分析综合农协的运行制度的特点。

首先把1947年制定的《农业协同组合法》与《中华人民共和国农民专业合作社法》（以下简称《合作社法》）的有关条文进行对比，分

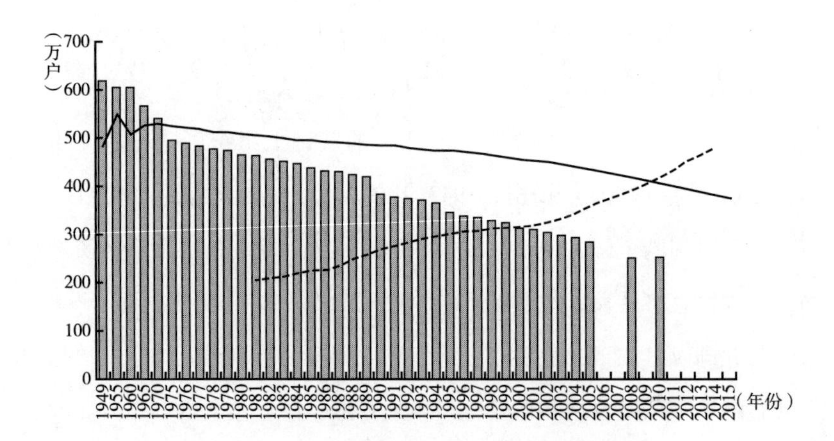

图 2－6　战后日本农协的成员户数和总农户

注：1990 年前后，农户的统计口径有变动。新的农户定义为商品生产户（贩卖农户），即耕地面积 0.3 公顷以上或年销售额 50 万日元以上的农户，以自给自足为目的种地的户不在农户范畴内。

资料来源：农林水产省《综合农协统计表》、《农林业普查》、《农业结构动态调查报告书》。

析日本农协的目的和性质、主要服务业务、成员、运行和决策及收益分配等原则性特点（见表 2－1）。

《农业协同组合法》制定的目的是，通过农业生产者经济合作组织的发展，增强农业生产力，提高农业生产者的社会经济地位，对国民经济的发展做出贡献。这个规定与中国的《合作社法》的精神基本上一致。在农协的合作社性质方面，《农业协同组合法》里没有明文规定，而中国的《合作社法》规定，合作社是自愿联合、民主管理的互助性经济组织。因为，在日本使用“协同组合”称号的法人组织，必须根据国际合作社联盟（ICA）的合作社原则成立和运行，有这样的前提，所以《农业协同组合法》不需要有关合作社性质的条文。

表 2-1　日中两国合作社法规的要点

《农业协同组合法》（1947 年制定，2017 年修改）	《中华人民共和国农民专业合作社法》（2007 年）
目的 本法的目的是，通过促进农业生产者的合作组织的发展，增强农业生产力及提高农业生产者的社会经济地位，对国民经济的发展做出贡献。（第一条）	目的和合作社的性质 为了支持、引导农民专业合作社的发展，规范农民专业合作社的组织和行为，保护农民专业合作社及其成员的合法权益，促进农业和农村经济的发展，制定本法。（第一条） 农民专业合作社是在农村家庭承包经营基础上，同类农产品的生产经营者或者同类农业生产经营服务的提供者、利用者，自愿联合、民主管理的互助性经济组织。（第二条第一款）
农协的业务内容 农协可以做以下各项业务的全部或一部分。 1 农业经营和技术指导； 2 有关农业和农民生活的存贷款； 3 有关农业和农民生活的物资供应； 4 有关农业和农民生活的设施建设和利用； 5 有关农业生产的合作及能够提高劳动生产率的设施建设； 6 农用地的开垦、改造、农用地买卖、使用权流转以及灌溉设施的建设管理； 7 农产品运输，加工，储藏以及销售； 8 农村工业建设； 9 有关农村保险、农村医疗、老人福利、农民生活文化改善设施建设管理。	农民专业合作社的业务内容 农民专业合作社以其成员为主要服务对象，提供农业生产资料的购买，农产品的销售、加工、运输、贮藏以及与农业生产经营有关的技术、信息等服务。（第二条第二款）
收益分配原则 农协要通过农产品销售等事业，得到适当的收益，为了保证正常的运行，利用其收益，进行投资，按照交易量向组合员进行利益分配。（第七条） 农协的剩余资金可以用于按照出资额向组合员进行利益分配。（第五十二条）	收益分配原则 在弥补亏损、提取公积金后的当年盈余，为农民专业合作社的可分配盈余。 可分配盈余按照下列规定返还或者分配给成员，具体分配办法按照章程规定或者经成员大会决议确定： 1 按成员与本社的交易量（额）比例返还，返还总额不得低于可分配盈余的百分之六十；

续表

《农业协同组合法》 （1947 年制定，2017 年修改）	《中华人民共和国农民专业合作社法》 （2007 年）
	2 按前项规定返还后的剩余部分，以成员账户中记载的出资额和公积金份额，以及本社接受国家财政直接补助和他人捐赠形成的财产平均量化到成员的份额，按比例分配给本社成员。（第三十七条）
农协成员范围 有资格当农协的成员（组合员）的人有如下几种。 1 农业生产者（从事农业经营管理或农业生产劳动的个人）； 2 居住在该农协所在地的个人或同该农协有交易关系的，享受各类服务的业者； 3 该农协所在地存在的合作组织； 4 当地农业者成立的民间团体。 但符合第二项至第四项规定的组合员称为准组合员，他没有表决权和投票权。	合作社成员范围 （第十四条）具有民事行为能力的公民，以及从事与农民专业合作社业务直接有关的生产经营活动的企业、事业单位或者社会团体，能够利用农民专业合作社提供的服务，承认并遵守农民专业合作社章程，履行章程规定的入社手续的，可以成为农民专业合作社的成员。但是，具有管理公共事务职能的单位不得加入农民专业合作社。 农民专业合作社应当置备成员名册，并报登记机关。 （第十五条）农民专业合作社的成员中，农民至少应当占成员总数的百分之八十。 成员总数二十人以下的，可以有一个企业、事业单位或者社会团体成员；成员总数超过二十人的，企业、事业单位和社会团体成员不得超过成员总数的百分之五。
农协的运行和决策原则 农协要选出理事和监事等管理层次。（第三十条，第三十二条） 农协要设立理事会。理事会由全部理事组成。理事会执行和监督农协业务。（第四十三条，第四十四条） 通常总会根据章程规定要一年召开一次。 总会要讨论和通过如下重要事项。 1 修改章程；2 有关农协事业规定的制定，修改和废止；3 年度工作计划的制定和修改；4 制定财务和资产报告等。 组合员拥有一人一票的表决权和管理层次或代表的选举权。（第十六条）	合作社运行和决策原则 农民专业合作社成员大会由全体成员组成，是本社的权力机构（第二十二条） 农民专业合作社设理事长一名，可以设理事会。理事长为本社的法定代表人。（第二十六条） 农民专业合作社成员大会选举和表决，实行一人一票制，成员各享有一票的基本表决权。 出资额或者与本社交易量（额）较大的成员按照章程规定，可以享有附加表决权。本社的附加表决权总票数，不得超过本社成员基本表决权总票数的百分之二十。享有附加表决权的成员及其享有的附加表决权数，应当在每次成员大会召开时告知出席会议的成员。（第十七条） 章程可以限制附加表决权行使的范围。

前面已经说明过，综合农协的服务业务内容十分丰富，包括农业技术指导，信用，供销，农产品运输、加工、储藏，有关农业生产的设施建设和利用，医疗福利，等等。但中国专业合作社服务业务范围比较窄，是有关农业的供销、加工、运输、贮藏等，类似于日本的专门农协。

在收益分配方面，日中两国都规定按成员的出资额或交易额比例进行收益分配。但吸收成员的范围与运行决策原则方面，日中两国之间差别很大。在日本的农协，农业生产者以外的个人和团体可以加入农协，但它们在社员大会（日语叫组合员大会）没有表决权，也没有管理层的选举权和被选举权，其地位和发言权不如农业生产者大。而中国的农民专业合作社，虽然有人数比例的限制，与合作社业务有直接关系的企业也可以加入。加上，出资额或与本社交易量（额）较大的成员按照章程规定可以享有一定的附加表决权。因此，在合作社运行决策方面，农业产业化龙头企业会行使较大的影响力。

日本的农协和中国的农民专业合作社之间，成员吸收范围和运行原则有明显的区别，两者都有好处和弊端。如果按照日本的一人一票的原则运行的话，综合农协农业服务事业的效率会遇到障碍。比如说，在社员大会上兼业农户占大多数，专业农户提出的有利农业发展的建议会被否决。中国的农民专业合作社里，与成员农户有交易关系的龙头企业持有较多的发言权，制度安排上损害了合作社原则的实现，也难以保证合作社主人翁的利益。

下面分析综合农协的工作体制。综合农协的工作计划和有关规则由成员大会决定。日常业务上的决策由理事会来承担，监事监察理事执行

的业务。他们通过成员大会选举产生。理事会选出代表理事，即农协的社长（日语叫组合长）。农协雇佣员工，执行日常服务业务。

1970年代一个基层农协有六七十名员工。其中，担当技术指导的员工叫营农指导员，一个农协有4~5个营农指导员。员工要参加全国农业协同组合中央会或县中央会组织的各种讲座学习专业知识。例如，从事金融业务的员工要学习存贷款、证券、保险、农业贷款等内容，也要通过相关业务的资格考核。获得营农指导员资格要学习农作物栽培技术、土壤肥料技术、病虫害防治技术、农业会计以及营销学等。

另外，《农协法》规定，农协吸收成员的范围限于居住在农协所在地的农业生产者，不能跨地区吸收成员，日本农协的区域封闭性与中国的农民专业合作社有很大的不同。

在日本的综合农协里，成员农户占主人翁地位，农协按照合作社原则运行，但很容易受到农户兼业化和农业人口老年化的影响。比如说，兼业农户和老年农民对农业发展的态度不如专业农户积极，综合农协会面临协调互相对立要求的难题。

（三）日本农协的三层管理体制的概况及其意义

下面分析综合农协的三层管理体制的情况，这也是日本农协很大的特点。上面已经分析了体制框架，这里进一步分析供销、信用和保险领域三层体制的意义（见图2-5）。

首先，在农户化肥、农药和燃料等农业生产资料的供应方面，基层农协通过全农和县经济农业协同组合联合会订货，卖给成员农户。销售蔬菜水果时，首先成员农户把农产品运到基层农协的集货站，然后通过全农或县联合会在城市批发市场上市。采取这样大批量采购和大批量销售的方式可以实现廉价购买生产资料和有利价格销售。

稻谷的流通和蔬菜水果不同，1995 年取消《粮食管理法》以前，政府统一管理大米市场，政府指定综合农协和部分批发商作指定收购单位，从成员农户收集稻谷，通过各个县和全国联合会卖给政府。

这里要注意的是供应生产资料时，基层农协、县联合会及全农的作用只是征收手续费进行中介服务。实际买卖关系发生在农户和生产资料厂家之间。农产品销售时，实际买方是蔬菜批发市场批发商或政府稻谷收购部门。

信用保险服务业务方面，基层农协对成员进行存款和生产生活方面的贷款业务。但一个基层农协能够融通的资金规模很有限而且风险大，所以基层农协吸收存款以后，向县信用联合会和中央金库转贷款，可以提高资金运用效率。

农业保险方面也一样，成员农户投保，基层农协向联合会投再保险，可以分散风险。日本的农业保险根据 1947 年制定的《农业灾害补偿法》实行，其保险费和保险业务费用的一部分由政府财政补助。

综合农协的供销、信用和农业保险在农村市场占有率很高，但根据《垄断禁止法》（1947 年制定）规定，农协的这些中介服务行为不算是该法禁止的垄断行为。

在三层管理体制下，覆盖全国农村的综合农协的服务，扶持农户的农业生产发展，为实现向大城市保证稳定供应大批量主食粮和副食品做了很大的贡献。日本农协的上述服务体系有利于国家落实政策法规和财政投资。

但是1990年代以后，日本农业的市场环境发生很大的变化。一是日本政府取消粮食管理制度，放开了大米市场；二是鲜活农产品流通渠道和消费者饮食方式多样化，食品流通企业和加工企业陆续进入了原来农协系统占领的产地市场。相对弱化了三层供销服务体系。目前，日本农业和综合农协面临着如何应对新的流通结构和居民需求的课题。

四　二战后日本农业现代化与综合农协的贡献

二战后综合农协对日本农业的现代化起了很大的作用。

经过二战后的经济高速度增长时期，日本实现了工业化和城市化，在以首都地区为中心的太平洋沿海城市形成了巨大的工薪阶层消费市场。如1950年以东京都为中心的首都地区人口为1305万，占全国8411万人口的15.5%，到了1990年首都地区人口增加到3180万人，达全国12361万人口的25.7%。

新发展的城市居民需要食品稳定供应，为了加强农产品供应能力和提高农业生产效率，1961年制定了《农业基本法》，增加了政策投入。但是，农地改革产生了小规模自耕农，政府难以掌握大量的小农，综合农协把几乎100%农户组织起来，保证了政策投入渠道。

这里分析，在农业技术指导、稻谷生产机械化、蔬菜生产和流通现代化以及农业资金供应方面，综合农协所起的作用。

（一）综合农协的农业技术指导

二战后，1948年为了推进向农户推广专业知识和实用技术，制定了《农业改良助长法》。政府与地方（都、道、府、县）行政机构合作培养和配置农业技术推广员。它们与基层行政机构（市、町、村）和农协联系，进行各种技术指导。2017 年，全国农业技术推广有 7331 人（1998 年有 10634 人）。

综合农协也有单独的农业指导系统，与行政部门配合或单独进行指导工作。各个农协有主管技术推广的营农指导员和主管生活改良的生活指导员。图 2 －7 表示，1960 年代以后综合农协各类技术指导工作情况以及营农指导员数。从此可以看出大多数农协进行水稻和蔬菜的技术指导和统一病虫害防治工作。1980 年代，营农指导员人数达到 19000 人，一个农协平均有 2500 户正组合员，指导员有 9 个人。

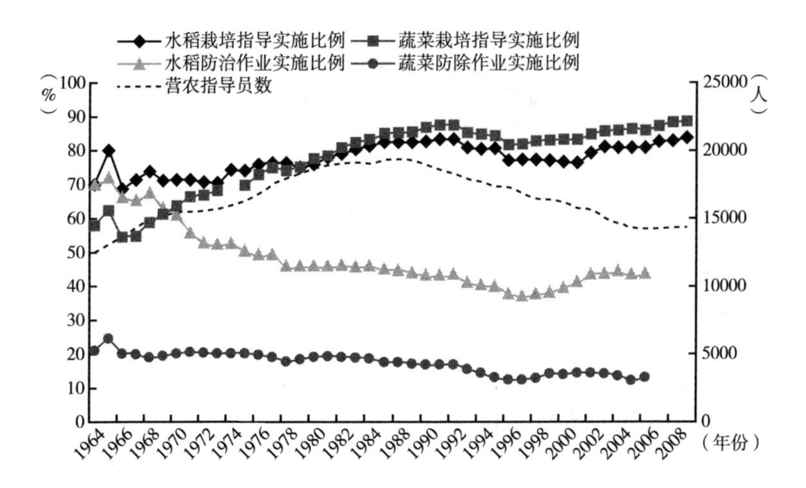

图 2 －7　综合农协指导事业的实施情况

注：指导事业实施比例指实施该项目的农协数在农协总数所占的比例。
资料来源：《综合农协统计表》。

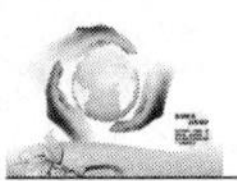

综合农协实施农业技术指导服务时，按品种组织成员农户成立生产组织（日语叫部会）。部会做农协技术指导的中介主体，农户共同学习技术，实行统一品种、统一销售，建立产销一体化体系（见表 2－2）。营农指导员帮助各个部会的活动。

这些生产组织的功能是，在小规模农户（包括兼业农户）占大多数的情况下，可以实现现代化和标准化农业生产。当然，这些组织是农户自愿加入的，随着农业从业人员的老年化和农户减少，农业生产组织趋于弱化。

表 2－2　分品种综合农协的农业生产组织情况

单位：%

	1981 年	1984 年	1987 年	1990 年
水稻生产组织（稻作部会）	39.7	43.1	42.9	44.7
蔬菜生产组织（蔬菜部会）	71.2	75.2	76.6	73.7
果树生产组织（果树部会）	47.2	47.9	49.4	45.8
花卉生产组织（花卉部会）	29.3	31.8	33.7	41.0
养猪生产组织（养猪部会）	44.2	41.0	38.4	35.9
肉牛生产组织（肉牛部会）	45.0	46.7	46.4	43.7
奶牛生产组织（奶牛部会）	37.5	37.3	36.3	31.6

注：百分比是有生产组织的农协的比例。

资料来源：木原久《地域农业再编与农协的作用——今日培育集落营农组织的意义》，《农林金融》2000 年 5 月。

（二）稻谷生产机械化与综合农协

加古敏之（2003）把二战后日本大米供求关系和农业政策的变迁，分为三个阶段进行分析。第一个阶段是从 1945 年至 1967 年在粮食管理制度下通过价格保护、增加农田改造和稻谷生产机械化财政补贴等措施解决大米供给不足问题的时期。第二个阶段是从 1968 年实现大米自给自足后至 1994 年通过抑制稻谷收购价格、控制稻谷种植面积、市场部分放开等措施解决大米过剩问题的时期。第三个阶段是 1995 年大米对外贸易关税化以后国内米价下跌情况下，通过控制稻谷种植面积和扶持规模经营发展等措施摸索实现粮食安全保障的时期。

上述三个阶段中，完成稻谷生产机械化和现代化的是第二个发展阶段。稻本志良（1978）指出二战后农业机械化过程有两个时期。1965 年以前是手扶耕耘机、农药撒药机、脱粒机等以小型机械为主的部分作业的机械化的时期，1965 年以后是乘坐型的拖拉机、插秧机、全喂入联合收割机等以符合小规模经营农户的中型机械为主体实现田间作业的全程机械化的时期（见图 2-8）。

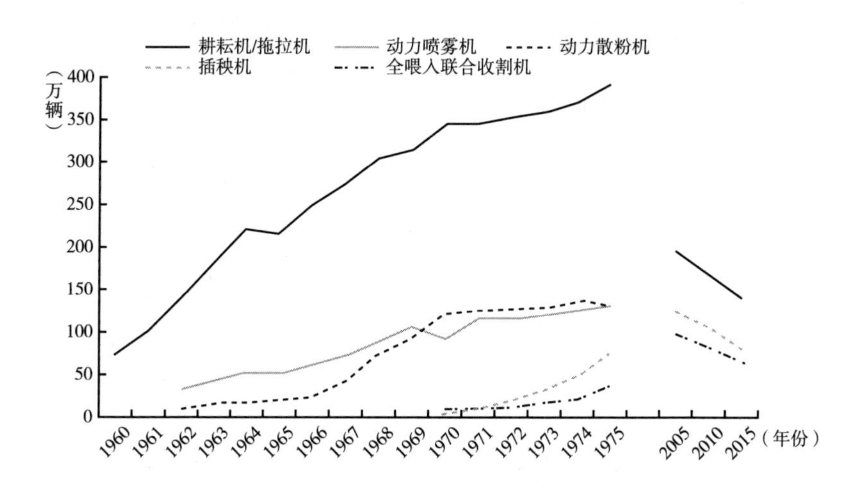

图 2-8　农业机械拥有数

资料来源：加用信文编《改订日本农业基础统计》、《农业普查》。

理论上讲，农业机械化有两个方面，一个方面是提高土地生产率（即单产），另一方面是提高劳动生产率。1960 年代开展工业化以后，农业劳动力开始减少，提高劳动生产力更为重要，这样的情况推进了田间作业全程机械化。

柳田泰典（1983）指出水稻生产的机械化体系中，育秧设施和烘干设施等工作能力超过一户农户的土地规模，所以大多数地方社区或综合农协成立机械共同利用组织，统一进行机械化服务。农协办育秧设施农户可以节约育苗田，也可以得到优良稻苗。农协办烘干设施可以提高稻谷和糙米的质量。

图2－9表示综合农协购置和管理的水稻育秧和稻谷烘干设施的个数。稻谷烘干设施指中小型的没有储藏设备的烘干设施，粮食烘干塔（又称粮食电梯）是大型的用于稻谷烘干、糙米加工、分选和储藏的设施。

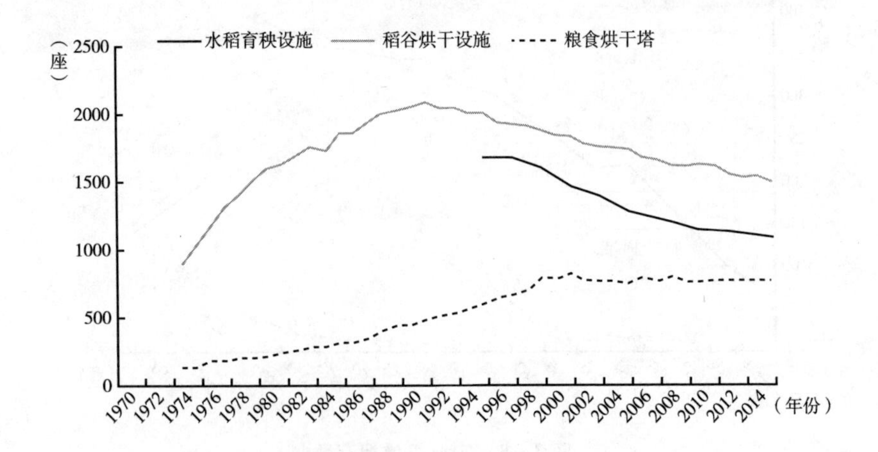

图2－9　综合农协农机共同利用设施个数

资料来源：《综合农协统计表》。

1970年代和1980年代三分之一的综合农协拥有稻谷烘干设施或粮食烘干塔，到了2010年代大约一半的农协拥有烘干设施。2004年，全国有2777个稻谷烘干设施，其中农协办的设施占63%。

若林刚志（2009）指出综合农协购置的稻谷烘干设施的管理方式有几种，他对农协直接管理方式和农户组成的共同利用组织管理方式进行案例分析（见表2－3）。两种方式的共同点是，设施是农协所有，农协员工操作机械，按加工数量从农户收费等。

表2－3　粮食烘干塔管理方式的对比——案例分析

		共同利用组织	农协直接管理方式
所有和使用	设备所有者	综合农协	
	设施使用者	利用组织成员	农协成员
管理	管理主体	利用组织	农协
	实际工作者	农协员工	
使用原则	决策	利用组织	农协提案，说明，调节
	种植水稻品种	利用组织成员统一	自由
	收割机械利用	统一使用	各户自有
	收割作业时间	利用组合统一安排	各户自己决定
	违规处罚	开除利用组织	无
烘干设备利用情况	当地农户参加率	70%～90%	50%
	烘干收费标准	1030日元/60公斤	1200日元/60公斤
	稻谷加工量在产量的比重	100%	不定（当年农户决定）
其他	财务	利用组织独立核算	农协统一核算

资料来源：若林刚志《共同干燥设施的自主运营方式中农协与组合成员的关系》，《农林金融》2009年11号。

在农协直接管理方式的案例中，基层农协成员农户有权申请利用设施。如果各个农户使用自己的联合收割机，在兼业的业余时间进行收割

作业的话，各个农户向农协申请的利用烘干设施的时间会互相冲突或太分散。虽然农协事先召开会议向农户说明烘干设施的运行计划和申请手续，但由于上述原因，难以协调农户入库时间，农协直接管理方式的设施利用率会较低。

共同利用组织方式的做法不一样，共同利用组织和农协之间签订合同使用烘干设施，其受益者限于加入共同利用组织的农户。成员农户的农田一般比较集中，成员之间统一种植品种，可以事先协调好收割和入库时间，而且100%的稻谷加工利用其设施。因此，烘干设施的利用率可以较高，收费标准低于农协直接管理方式。但这个方式也有弊端，机械修理费用应该由成员户负担，由于兼业化和老年化，成员农户越减少，农户负担越增加。

（三）蔬菜生产和流通现代化与综合农协

二战后城市化以后，需要建立稳定的蔬菜和水果等鲜活农产品的供应体系。为此，制定了《蔬菜生产出货安定法》（1966年）和《批发市场法》（1971年），促进了蔬菜产地的发展。

高国庆、北川太一（2017）分析长野县蔬菜发展历史，指出《蔬菜生产出货安定法》对蔬菜主产区发展做了很大的贡献。该法的目的是扶持规模产区的发展与实现蔬菜价格的稳定。为此政府指定主要蔬菜品种、蔬菜销区和蔬菜产区。2017年的主要蔬菜品种有14个，即圆白菜、黄瓜、芋头、萝卜、番茄、茄子、胡萝卜、葱、白菜、青椒、生菜、洋葱、马铃薯和菠菜，各个品种按季节再分为几种，如圆白菜分为春季圆白菜、夏秋季圆白菜和冬季圆白菜3个种类。总之，主要品种达

30个。

主要产区是能够满足指定品种露地种植规模达20公顷以上和销售量的三分之二以上卖到主要销区等条件的市町村。具体讲，主要产区按品种制定，如春季圆白菜的主要产区、夏秋季圆白菜的主要产区和冬季圆白菜的主要产区等。其个数有变动。1966年当时，主要产区全国有738个，每年进行调整，1985年增加到1236个，2012年有921个。

政府向主要产区发放财政资金扶持物流保鲜设施的建设。另外，为了减轻主要产区的市场风险，政府建立了价格风险基金。政府、地方和生产者或组织（包括农协）按照60%、20%和20%的比例出资。如果批发市场交易价格下降到最近6年的平均价格的90%以下的时候，基金给生产者补偿损失的90%。

在蔬菜批发交易领域，批发市场制度担当主干作用。日本的批发市场交易制度从二战前开始。1923年制定《中央批发市场法》以后，东京、京都、大阪、横滨等主要销区建立了中央批发市场。它的目的是形成公正的价格、稳定价格和质量以及改善农产品交易的卫生条件。

建立批发市场以前，在城市里面交易蔬菜的地方十分分散，个体商贩进行面对面的交易。所以，价格形成透明度很低，各个地方的交易价格和商品质量不均一。1920年代，建立批发市场以后，交易地方集中在一个地方，完善卫生条件，它采取了公开拍卖方式，提高了价格形成透明度。

二战后，为了有计划地发展批发市场，1971年制定了《批发市场

法》，人口 20 万以上的城市建立了中央批发市场，其他城市建立地方批发市场。批发市场有四个主要功能。一是无限制接货，无权拒绝上市，有义务迅速进行交易，决定买方。二是采取拍卖等方式决定公正的批发价格。三是进行结算服务。四是收集需求和价格信息，发放给产地、流通业者和消费者可靠的信息。

根据农林水产省发行的批发市场资料集，2017 年，全国 37 个城市有 49 所蔬菜水果中央批发市场。每个市场有 1～2 家批发公司，它承担接货、发货和拍卖等有关交易业务，接受农协或产地批发商上市的蔬菜，主持拍卖，把蔬菜交给买方。每个市场有 27 家二级批发商和 231 家登记商业企业（超市等大规模零售商），他们作为买方参加拍卖。

图 2－10 表示国内蔬菜水果的重要流通渠道，其中最主要的渠道是农业生产者→基层综合农协→县经济农业协同组合联合会→批发市场→二级批发商→零售商、食品制造业和饮食业→消费者。

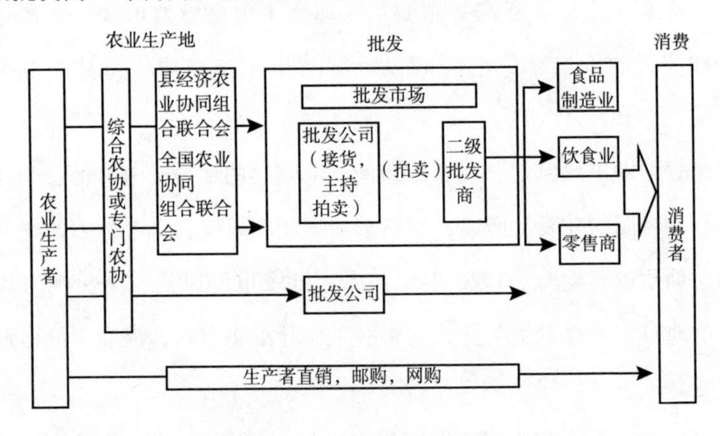

图 2－10　蔬菜水果流通与农协

在批发流通环节上，1990 年，批发市场上市的部分占蔬菜的 84.7%，水果的 76.1%。其余是农业生产者直接卖给批发企业、零售企业或消费者的部分。最近，由于食品消费和零售渠道的多样化，增加了不经过批发市场的部分，2014 年蔬菜和水果的上市比例下降到 69.5% 和 43.4%。

从图 2－10 可以看出，各个农户销售蔬菜水果时，可以自由选择各种销售方式，如订合同直接卖给超市和批发企业或者邮购、网购等。但在各种渠道中，通过综合农协中介上市的方式的比例大。综合农协和县级联合会组织成员农户的蔬菜，实现大批量的有利销售。综合农协或县联合会可以作为一个出货单位，建立一个产地品牌上市，如某某农协黄瓜、某某县苹果等。

图 2－11 和图 2－12 表示，二战后蔬菜和水果的产值、经由综合农协中介的销售额、其中经由县联合会中介的销售额以及经由综合农协中介销售占产值的比例等指标。虽然农业产值里面包括农户自给自足的部分，但是从此可以了解在商品化蔬菜水果中通过综合农协销售额的比例。1970 年代通过综合农协销售的部分迅速扩大，到了 1980 年代农协所占的比例超过了 50%。就是说，农户把大部分产品交给基层的综合农协，经过县联合会，使用县品牌销售。

这里要注意的是农户通过农协系统的中介销售，而不是农协系统从农户买断产品。农户通过综合农协中介销售按照如下三个原则进行，农协从农户征收手续费。

基层的综合农协组织农户产品销售的三个原则，第一个原则是农户向农协无条件委托销售。无条件委托的意思就是农户在销售地点、销售

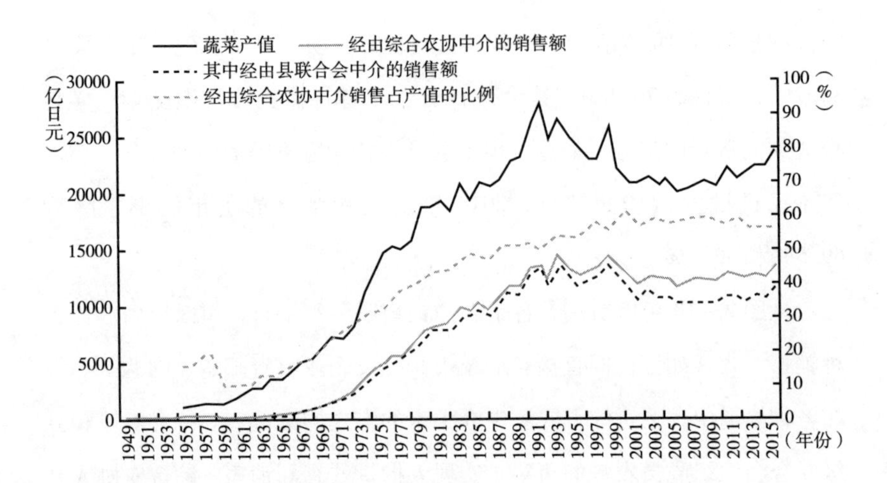

图 2－11　二战后日本蔬菜产值与通过农协的销售额

资料来源：①蔬菜和水果产值为《生产农业所得统计》；②农协销售额为《综合农协统计表》。

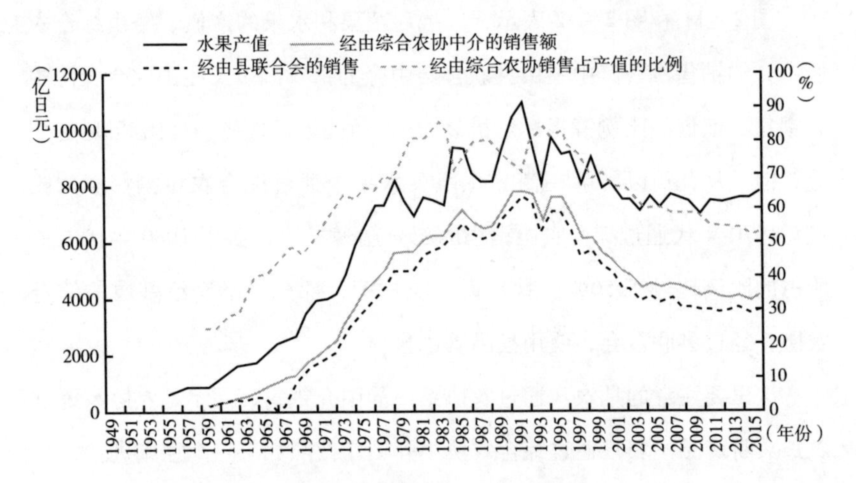

图 2－12　战后日本水果产值与通过农协的销售额

资料来源：①蔬菜和水果产值的数据来自《生产农业所得统计》；②农协销售额的数据来自《综合农协统计表》。

时间和价格上不提出任何条件和要求。

第二个原则是统一计算货款。批发市场的拍卖价格每天都会变化，因此，各个农户产品的交易价格和一个季节的销售额会存在差别。如果分开计算每个农户的货款的话，行情最利的时候上市的农户和不利的时候上市的农户之间会发生很难协调的利益矛盾。所以农协根据农户出货量和质量做记录，按平均价格结算，把货款存入农协的存款账户。这个做法对农户来说，不能得到很高的价格，但可以保证农业收入的稳定。农户只能通过增加单产和提高质量增加自己的农业收入。

第三个原则是全部通过农协系统销售，即为了充分发挥大批量供货的优势，有时通过县联合会销售。

尾高惠美（2003）进行农户抽样调查，分析出农户按照三个原则经由综合农协中介销售的理由（回答率30%以上的项目）。回答率最高的是"回收货款有保证"，第二是"利用农协的出货分选设施，农户可以省事"，第三是"可以享受农协的技术指导"，第四是"由于从农协购买农业生产资料"。从此可以看到，农户服从三个原则经由农协销售的行为与综合农协提供多项服务情况有密切的关系，特别是对家庭农业劳动力不多的兼业农户或老年农户很有利。但是也存在一些问题，如30%以上的农户提出"综合农协渠道手续费标准比产地批发商高"、"销售价格便宜和不稳定"。

尾高惠美（2003）还分析出综合农协在批发市场上市的三个理由。第一个理由是，农协系统与批发市场建立了货款结算关系，回收货款不存在风险。第二个理由是农协系统和批发市场之间已建立了业务联系，农协的办公负担很轻松。第三个理由是由于批发市场无限制接货，丰收

年份也不发生卖难问题。

依据农户和农协双方的利益，在鲜活农产品流通方面建立了农户→基层综合农协→县联合会→批发市场→零售商的流通模式。

为了按照上述三个原则实行农产品销售，综合农协采取统一产品质量标准产品、共同分选以及基础设施建设等措施。

下面介绍统一产品质量标准产品和产品共同分选等具体情况。周傳照男（1974）以宾库县淡路岛北阿万农协的洋葱产区为例，分析综合农协的实施情况。

1970 年在北阿万农协所在地区，主要农产品是洋葱、牛奶和鸡蛋，是政府指定的全国洋葱主要产区之一。除了部分自给自足农户外，大部分农户生产洋葱，50% 以上的农户种植 0.5～1 公顷的洋葱。表 2－4 表示 1960 年代当地洋葱生产和农协统一销售和结算的成就。虽然播种面积没有大的变化，但推广了洋葱密植技术，每公顷产量基本保持 40 吨以上的水平。

表 2－4　北阿万农协洋葱的生产销售量变化

	播种面积（公顷）	产量（吨）	单产（吨/公顷）	统一销售统一结算（吨）	比例（%）
1965 年	200	9000	45.0	8465	94
1966 年	205	9000	43.9	7983	89
1967 年	200	9500	47.5	8475	89
1968 年	210	10000	47.6	8500	85
1969 年	220	7500	34.1	6813	91
1970 年	217	9500	43.8	8113	85
1971 年	220	10000	45.5	8902	89

资料来源：周傳照男《野菜の共計共販の実態分析：兵庫県北阿万農協における玉ねぎの共販共計を事例として》《神戸大学農業経済》第 8 卷，1974。

北阿万农协成立于1948年，当初洋葱卖给产地经纪人，但农户的谈判力量很薄弱，难以实现有利销售。农协干部访问东京批发市场认识到了在包装上表示产地名称很重要。之后，农协干部说服成员农户，首先与部分农户建立了委托销售关系，使用统一图案的木制包装箱，把洋葱直接运到东京批发市场上市。

与此同时，开始推广优良品种和统一防治病虫害。为了提高上市洋葱的质量引进了自主质量检查制度，建设冷库、集货中心和分选设备等。

北阿万农协按如下顺序实行统一销售。首先制定了生产计划，在播种季节（秋天）农协与农户签订委托销售的合同。农协根据合同总量，收集其他产地种植、批发市场行情以及批发市场公布的上市预测等信息，制订每月的销售量计划。到了收获季节（第二年6月份），农户按照农协的销售计划进行收获作业，用自己的小车运到农协的分选场。经过按质量标准分选以后，夏天使用塑料网包装销售。为了避免洋葱销售时间集中在收获季节，农协使用冷库保管，10月份以后，把经过冷藏保鲜的产品使用20公斤纸板箱包装销售。

农协把洋葱的货款按批发市场成交价格寄到农户账户，所以农协把握每个农户的销售量和质量需要准确性和客观性，要不然农户会感到不公平，难以维持统一销售体制。

为此，农协制定了如下运行机制。首先，制定了产品分选规则。即在收获季节销售的部分，从农户收获后，立即按质量标准进行分选，扣除等外劣品后的计算出货量。秋冬天销售的部分，从冷库出库后，同样进行分选和计算农户的销售量。但后者农户收获的产品，因为经过一定

的冷藏保管时间后才进行分选，所以农户收获时要注意自己去掉腐败和等外劣品，要不然损失会很大。

表 2－5 表示产品规格的指定情况和 1971 年各个等级的销售量。产品规格有两种，一是从 S 至 2L 的大小规格，二是秀、优、良等外观规格。1971 年销售量中，89% 是秀品，71% 是 L 级，秀 L 占 59%。

表 2－5　北阿万农协洋葱的按规格销售量（1971 年）

单位：箱

	2L	L	M	S	合计
秀	71750	254000	51750	2250	379750
优		2500			2500
良		44750			44750
合计	71750	301250	51750	2250	427000

资料来源：周傳照男《野菜の共計共販の実態分析：兵庫県北阿万農協における玉ねぎの共販共計を事例として》《神戸大学農業経済》第 8 卷，1974。

货款的结算方式夏天和秋冬天有所不同。夏天销售刚收获的鲜活产品时，每一周一次按照本周平均价格结算货款，扣除包装运费和农协手续费后寄到农户账户。在秋冬季销售经过冷藏保鲜产品的货款，分两段计算。首先夏天入库时，按夏天价格一半的金额做预付金付给农户。到了秋冬天，销售完洋葱后，按照本期平均价格计算剩余的货款付给农户。

另外，北阿万农协在出货环节制定了客观的规格，进行机械化分选，在生产环节农协供应优质种子，进行了栽培技术指导和统一防治。这些服务事业是，实行统一销售方式、得到成员农户的信任以及实现大批量销售标准化洋葱的很重要的前提条件。

其次，分析农产品出货基础设施的建设情况。这是在日本国内全面建立蔬菜稳定供应网络的物资保证。

图 2－13 表示综合农协实施蔬菜技术指导和拥有蔬菜水果产后设施情况。1960 年代 60% 的农协已经进行了蔬菜生产技术指导，最近将近 90% 的农协进行指导，30% 的农协进行统一育苗。在收获后环节上 1960 年代以后各地逐渐进行基础设施建设。蔬菜集货场一般靠近农田，农户收获的蔬菜首先集中到这里，然后，农协用小货车运到分选场或仓库。到了本世纪，90% 的综合农协拥有集货场。果菜分选场是用于按质量标准分选蔬菜水果的设施，分选作业手工和机械化作业都有。批发市场交易一般按照产品大小和外观等标准进行拍卖，因此，在产地进行分选是十分重要的工作。果菜储存设施（含低温仓库）主要用于调节销售量，到了本世纪，30% 的综合农协拥有仓库。

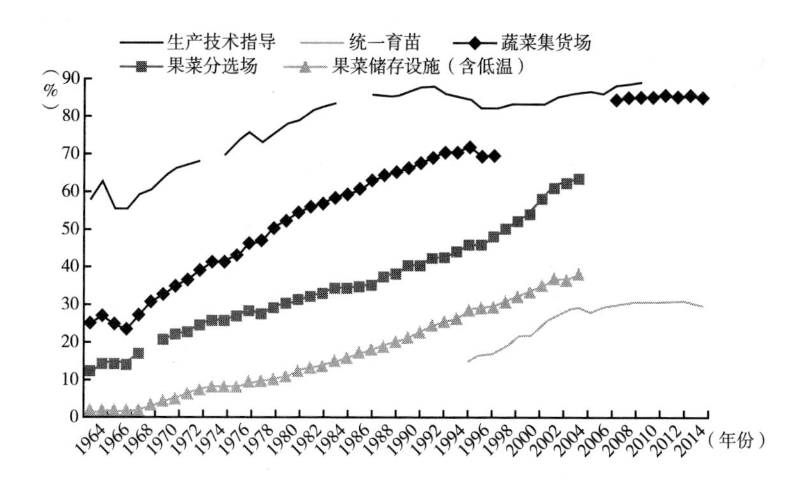

图 2－13　实施蔬菜技术指导和拥有蔬菜生产设施的综合农协比例

资料来源：农林水产省《综合农协统计表》。

表 2－6 表示 2006 年的全国蔬菜产地出货设施的情况。其中，各种仓库和预冷设施对长途运菜的保险很重要。目前，鲜活农产品的物流基本实现了从产地到家庭的冷链物流（Cold Chain Logistics）。首先在产区进行预冷，蔬菜的温度降到 10℃以下（一般 5℃左右）。从产区发货以后一直使用恒温车运输，到城市以后，批发市场交易厅和零售店的柜台以及家庭电冰箱都保持低温环境，这样消费者日常消费新鲜的菜果。产区预冷的目的，一是防止产品老化，抑制蔬菜水果的代谢活动；二是低温货车运输以前，事先降低产品温度。

高野利康以长野县叶菜产地为例，分析了预冷设施推广的效果。

二战后，随着城市的扩大，近郊农村由于耕地占用开始衰退，加大了地方大规模蔬菜产区发展的必要性。可是，保鲜运输技术还没推广，运输中蔬菜损耗率达到 15%～20%。特别是在夏天，生菜、西兰花等叶菜难以长途运输，限制了远郊蔬菜产地的发展。

表 2－6　蔬菜产地出货设施情况（2006 年）

单位：个，%

	集货场	分选场		储藏设施			预冷设施		
		手工分选	机械化分选	普通仓库	低温仓库	人工控制气调储藏库	真空预冷式	差压预冷式	强制通风式
合计	5290	1690	1420	915	1400	35	668	625	1760
出货组织小计	84.5	80.5	77.5	53	64	74.3	92.1	94.9	89.2
1. 综合农协	78.3	72.8	70.4	47.2	59.1	74.3	91.5	93.6	86.9
2. 专门农协	0.7	1.5	1.3	2.1	2.4	0	n. a.	0	0.5

续表

	集货场	分选场		储藏设施			预冷设施		
		手工分选	机械化分选	普通仓库	低温仓库	人工控制气调储藏库	真空预冷式	差压预冷式	强制通风式
3. 其他组织	5.5	6.7	5.6	3.7	2.5	0	n. a.	1.3	1.9
商业企业	14.8	18.6	22.6	46.1	34.4	25.7	6	5.1	10.5
产地市场	0.7	0.4	0	0.9	1.5	0	1.9	0	n. a.

注：n. a. 指无法取得数据。

资料来源：农林水产省“青果菜集出货机构调查”。尾高恵美《農協における青果物集出荷施設の運営コスト削減—共同利用の拡大による季節性の克服に注目して—》《農林金融》2016 年 2 号。

经过农业水产省和科学技术厅的调查，1971 年，长野县小沼农协引进了强制通风式预冷设施。这是日本国的产地预冷和低温长途运输的开始。长野县离东京 200 多公里，1970 年代推广真空预冷式预冷设施以后，县内大大地发展了叶菜类的主要产区，如菠菜、葱、韭菜、生菜、西兰花和芹菜等。

预冷设施的推广又促进了全国各地主要产区的发展。例如，离东京 1000 公里的北海道和 1200～2000 公里的东北北部地方产的蔬菜陆续进入了首都市场。但是预冷设施的购置和运行的成本很高，电费、修理费、更新换代费用开支不少。因此，这些设施不应该盲目引进，要注意提高机械利用率。为了提高机械利用率，要调整栽培面积和种植时间，防止收获时间太集中。

（四）综合农协对农业现代化的贡献与农业资金供应

上面分析了二战后综合农协在农业技术指导、稻谷生产机械化以及

蔬菜生产流通现代化方面所起的作用。

这里要注意到小规模农户组成的综合农协如何确保农业服务和投资资金。

从上述分析中可以看到，只有靠政府的制度安排与政策措施，综合农协才能发挥对农业现代化的促进作用。比如，政府和地方的农业科学技术研究和技术推广体制帮助了农协对成员农户顺利实行农业技术指导。又如综合农协建立了有关稻谷生产设施共同利用体系，与综合农协代办政府的粮食管理工作有密切关系。再如综合农协促进蔬菜产区和流通体系建设，离不开政府建立蔬菜生产出货安定制度和中央批发市场制度。

政府执行有关政策法规外，在农业投资方面采取很多扶持措施。政府施行农业投融资政策时，综合农协常常发挥中介作用。一般来说，使用财政投资和政策性贷款的项目规模较大，如大米烘干设施和蔬菜水果分选场，受益者涉及几十户或几百户农户，但政府直接与小规模农户打交道是很难的。上述几个案例介绍的共同利用设施的建设资金都是农协代表农户申请拿到的。2000 年以来，中国政府也增加了农业资金投入，农民合作社与农业产业化龙头企业接受政府支援，成为农业现代化的实施主体。在这一点日中两国合作经济组织有共同之处。

战后农业现代化资金的信贷机制主要有如下三种。第一种是农林渔业金融公库的农业贷款的长期低息贷款。第二种是农业改良资金的长期无息贷款。第三种是农业近代化资金的政府贴息贷款。

农林渔业金融公库是根据 1953 年《农林渔业金融公库法》建立的政策性金融机构。由于 2008 年政府进行政策性金融机构的重组，与其他机构合并为日本政策金融公库。公库利用财政资金作本金，发放长期低息农业贷款。主要贷款对象是农田水利建设、规模经营发展及农田购买等。综合农协代办贷款申请业务，成为最大的公库贷款的渠道。

农业改良资金是根据1956年《农业改良资金助成法》，它以扶持各个农户的技术改良、农业机构调整以及培养农业继承者为目的利用财政资金作本金，通过地方（都道府县级）行政机构，发放长期无息贷款。

农业近代化资金是根据1961年《农业现代化助成法》，农户为了购置农业机械和充足周转资金，从综合农协或商业银行借款时，政府贴息。1970年代以后的贷款中，增加了农户组成的组织或农协共同购置中大型机械设备的比例。

图2－14表示1950年代以后的上述三种农业贷款的发放情况，由于统计资料的制约，农林渔业金融公库的农业贷款和农业改良资金表示贷款余额，农业近代化资金表示当年的农协和银行发放的贷款金额。农林渔业金融公库的农业贷款包括农田水利建设贷款，所以在三种资金中规模最大。其次是农业近代化资金的规模大，1960年代以后的增长率最高。但到了1990年代各种贷款发放量开始大幅度减少。根据泉田洋一的分析，其原因是农业投资总规模的减少，1980年代以前已经满足了农户的农业投资需求。

图2－15表示综合农协及其各级系统的农业贷款的情况。综合农协的农业贷款余额包括农业近代化资金以及其他借给农户或法人的贷款。农业贷款规模在20世纪六七十年代迅速增加，1975年达到了95866亿

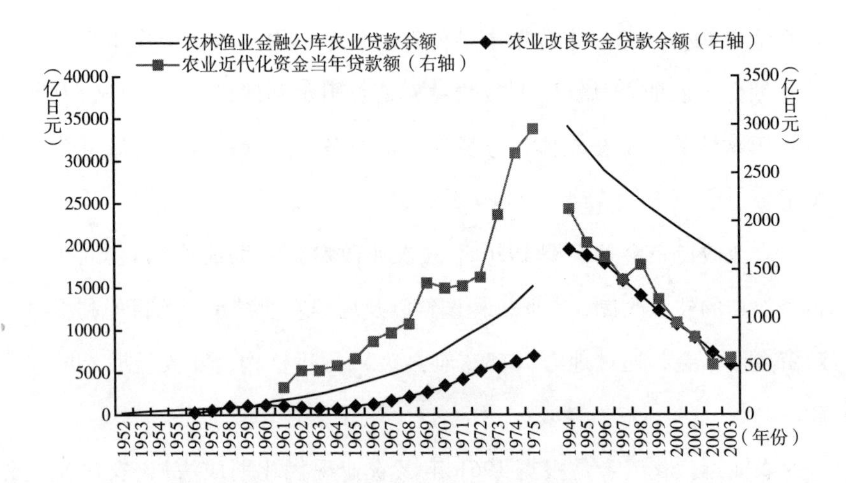

图 2－14　农业政策性贷款发放情况

资料来源：加用信文编《改订日本农业基础统计》。

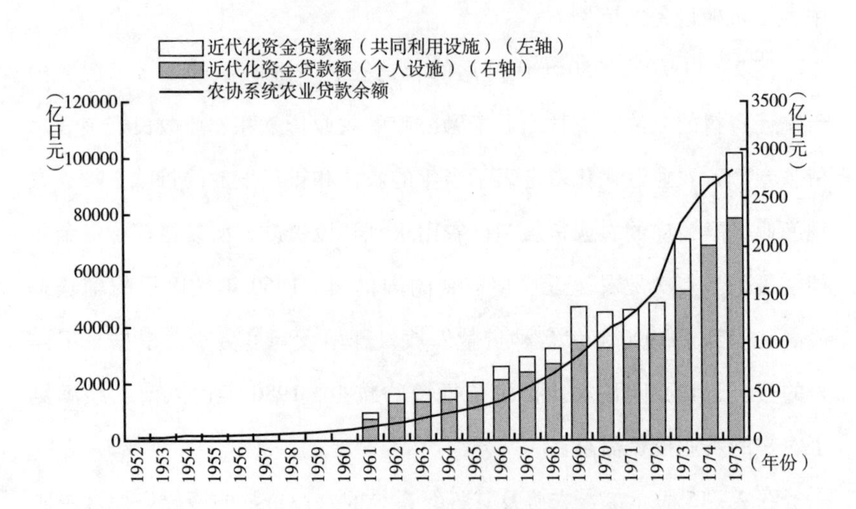

图 2－15　农协系统农业贷款情况

资料来源：加用信文编《改订日本农业基础统计》。

日元。当年农林渔业金融公库的农业贷款和农业改良资金的贷款余额是15119亿日元和598亿日元，农业近代化资金达2967亿日元，这些金额远远不如综合农协的贷款规模。从此可以了解农协系统对农村市场的占有率较大。

总之，了解综合农协对二战后农业现代化发展所起的作用时，当然需要了解在农业技术指导、设施共同利用和农产品销售等各方面的贡献，也应该认识信用服务方面的贡献。

五　在全球化社会经济环境下综合农协服务事业的新变化

（一）1980年代以后日本农业生产和食品供应的新变化

本章第二节已经说明过，1980年代以后，日本经济社会发生了新的变化。

日本农业生产发生的变化是，国内农业开始衰退。图2－1表示1990年代以后农业生产值开始减少。其原因，一是农业生产者减少和老年化农产品供应能力开始弱化；二是关贸总协定乌拉圭回合谈判以及世界贸易组织成立以后，鲜活农产品和加工食品的进口量越来越多，它抑制了国内农产品价格。

在农产品流通和消费方面，城市消费者开始追求更方便的以及附加值高的食品和饮食方式。外餐消费的增加代表新的情况（见图2－2）。另外，开始注意健康和安全放心。特别发生疯牛病、禽流感和农药残留

等食品安全问题以后，消费者开始选购安全和放心食品。

因此，原有的政府管理的大米生产流通体制和以城市中央批发市场为中心的鲜活农产品供应体系还承担向城市居民稳定供应农产品的任务，但同时需要对应新的市场环境。这里着重分析综合农协的鲜活农产品产销体系的变化。

（二）农业劳动力的老年化与综合农协统一销售体系的改革

部分综合农协应对农业劳动力老年化，对原有的统一销售体系做了一些调整。

岸上光克等（2004）以日本著名的蔬菜主产区爱知县的丰桥农协和爱知南农协两个综合农协为例，分析了统一销售体系变化的情况。

在爱知县农村，蔬菜销售途径有三种，第一个方式是农协统一销售的方式，即根据质量标准进行分选，通过农协系统在城市中央批发市场上市。这是产区销售蔬菜的主渠道。第二个是在质量标准要求不太严格的地方市场上市或卖给产地经纪人的方式。第三个方式是不经过市场，卖给超市或在直销店销售。

各个销售方式满足了农协成员农户之间存在的对蔬菜销售方式的不同要求。综合农协统一销售方式符合有能力大批量标准化生产的专业农户。产地经纪人收购行为灵活性很强，他们针对无法大批量标准化生产的兼业农户和老年农民的情况，开展预定全量收购合同，接受不及格质量标准的等外产品。也针对不愿意参加综合农协的统一结算方式的农户进行分开单独结算。

在三种渠道并存的情况下，丰桥农协发展了以农户生产组织（部会）为主体的大白菜统一销售体系，但 1990 年代面临着一个难题。批发市场价格低，产品规格标准管理太严格，有的农户等外品出货，小规模农户出货量不稳定，兼业农户和老人农民的出货量减少，专业农户意见很多，影响主产区在批发市场的信誉。为了解决问题，丰桥农协采取会员制。把成员农户分两个等级，第一种是 G 级会员户，他们有义务根据原来的严格的质量要求生产高质量产品。第二种是 S 级会员户，他们可以销售不及格质量标准的等外产品。采取两种会员制以后，G 级会员的专业农户对统一销售的积极性和责任感大大提高了。而且所有的农户可以出货等外蔬菜，减少损耗，丰桥农协的统一销售体系恢复稳定。但是，从综合农协运行的角度看还存在一个矛盾。为了避免销售量大幅度变动，需要帮助兼业农户或老年农民，所以综合农协难以把等外品价格定得太低。对此，G 级会员的专业农户不满意自己产品价格与等外品价格的差价不大的现状。

（三）蔬菜流通和消费的多样化与综合农协统一销售体系的改革

尾高惠美（2009）分析 1980 年代以后国内鲜活农产品市场出现的新情况。一是增加了对食品加工和外餐业的鲜活农产品原料需求。二是增加了消费者对廉价产品的需求。三是超市之间竞争越来越激化。超市一方面收购廉价进口农产品来满足对廉价食品的需求，另一方面注意国产安全放心高附加值产品的供应。四是部分个体农户和农户办的农业企业开始生产特种蔬菜。原来的统一销售体系还是个主渠道，但难以对应农产品差异化的新情况。

尾高惠美（2009）以几个综合农协为例，分析原来的统一销售方式以外的流通方式。

静冈县的远州中央农协的中国蔬菜生产者组织（部会），1970 年代末以来种植中国蔬菜品种，与国内中国菜馆建立固定的交易关系。一年 12 个月稳定供应小白菜等 20 个品种，实现小批量多品种销售。这与原来的种植主要品种，大批量销售的做法很不一样。

当初在中国蔬菜部会内以 10 户为单位成立小组，部会按照生产计划向各个小组分配栽培品种生产任务，在小组内看每个农户的劳动力情况分配产量定额。另外，为了保持产品质量，部会内又成立主要品种的研究会制度，担当研究员的成员农户在自己的耕地做试种试验，根据试验结果制定了分选标准。研究员农户还承担指导部会成员农户的工作。多品种小批量销售是一个农户也可以进行的，但采取部会组织农户生产方式才可以建立全年稳定供应体制。

但是最近其他产地也开始生产中国蔬菜，远州中央农协的优势越来越下降。对此，中国蔬菜部会与种子公司合作开发新品种，努力维持技术优势。

第二个案例是爱知县的海部农协。当地一家超市和海部农协建立了利用食品废物和牛粪生产有机肥体制，2004 年农协内成立循环农业部会，成员农户利用有机肥料生产蔬菜。利用有机肥的蔬菜栽培技术由爱知县经济农业协同组合联合会负责推广。在此交易关系下，超市收购蔬菜，店内设专卖柜台，把环保蔬菜的高附加值产品销售给顾客。

环保蔬菜的推销方面，循环农业部会农户在超市开展城乡交流活动，进行宣传，增加喜欢环保蔬菜的消费者。另外，循环农业部会内制定种植计划，实现全年稳定供应。

国内别的地方的农超对接案例中，当天剩余的蔬菜由农户收回，生产者方面要负担经济损失。但海部农协的情况不一样，超市买断蔬菜，农户可以回避收回剩余蔬菜的风险。在产品质量标准方面，别的地方的农超对接案例中，超市方面接受的蔬菜质量等级比较单一，质量标准外的等外产品会被拒绝出货。但海部农协的做法不一样，超市方面接受各种等级的产品出货，这样农户可以把生产出来的所有的蔬菜卖掉。

从上述静冈县和爱知县的案例可以看到，出现新的生产销售体系以后，综合农协和县联合会的功能也开始新的变化，即综合农协的工作重点功能从推进大批量标准化蔬菜供应转换为宣传新产品、与买方谈判、根据合同组织计划生产等营销工作。

尾高惠美（2009）通过案例分析提出了综合农协的功能转换问题，还提出有关综合农协工作的如下新的问题。

第一个是综合农协农产品销售战略转换的问题。在原来的大批量标准化战略与新的多品种少批量战略之间对生产者的要求不一样，难以同时进行。因为，在现有的农户劳动力和土地资源条件下，推进多品种少批量战略，不能不缩小大批量标准化部分的投入。

第二个是交易关系变化的问题。综合农协和批发市场双方习惯于原来大批量出货和接货拍卖的模式，所以开始新的生产流通模式时，依赖原来的人际关系，难以更换交易对方。

第三个是生产者意识转换的问题。在原来的统一销售体系下，农户看批发市场行情可以调整自己的出货量，但实行订单农业后，不管行情如何，要遵守契约的销售量。

第四个是综合农协和县联合会的人才培养问题。综合农协原来的大米和蔬菜水果流通工作在政府的强力支持下进行，不太需要市场营销和规划专业人才。综合农协从外招聘或内部培养需要的人才要有一定的时间。

第五个是提高承担风险能力的问题。原来的交易方式也存在气候变化和市场价格变动等风险，但外餐饮业、加工企业或超市开始增加从批发市场以外的渠道收购农产品的情况以后，综合农协要更多地了解饮食业、流通业等行业的动态和交易伙伴的经营信誉情况。

（四）农产品地产地销和综合农协的农产品直销店经营

这里着重介绍农产品直销店的情况。这是新兴的鲜活农产品销售渠道之一，即当地产的农产品不经过批发市场或超市，生产者自办零售网点把产品直接销售给当地居民。这种做法通称地产地销。

首先分析消费者购物行为中的农产品直销店的位置。表 2－7 表示消费者选择食品购买场所的情况。据《2016 年超级市场白皮书》的分析，大部分日本消费者购买鲜活食品时，首先到自己喜欢的特定的超市去买，有时跟其他超市进行对比。超市以外的购买场所的地位并不高，其中选择直销店的消费者只有 2.2%。但白皮书分析第二个购买场所的增长情况，直销店和折扣商店的增加速度快。另外，网购鲜活食品的人不多，比例只有 20%，因为网购无法亲眼确认产品状态。

据日本政策金融公库（2012）的民意调查，城市消费者对直销店持有新鲜、放心（当地农户不会欺骗当地居民）以及价格便宜合理（可以节约中间环节的费用）等认识。但是消费者问卷调查指出直销店的问题，如交通不方便和有时销售品种不太齐全等。折笠俊輔（2013）

表 2－7　消费者购买鲜活食品场所的组合

单位：人，%

组合	第一个购买量多的场所	第二个购买量多的场所	第三个购买量多的场所	回答人数	回答率（%）
1	超市	超市	超市	374	16.9
2	超市	（没有）	（没有）	196	8.8
3	超市	超市	（没有）	169	7.7
4	超市	超市	购物中心	107	4.8
5	超市	超市	专卖店（菜店，肉店等）	84	3.8
6	超市	超市	便利店	59	2.7
7	超市	超市	折扣商店	53	2.3
8	超市	超市	直销店	47	2.2
9	超市	超市	百货商店	46	2.0
10	超市	超市	其他	46	2.1

资料来源：新日本超级市场协会编《2016 年超级市场白皮书》。

分析消费者对直销店价格的态度，即直销店的价格同等或低于超市的时候选择直销店的人占 91%。

从这些分析结果可以看出，地产地销的直销店虽然发展速度快，但消费者还是看价格选择购物场所，直销店还没成为购物的主渠道。

直销店按所在地条件可以分三类，即城区直销店、近郊直销店、远郊农村直销店。其中城区直销店一般分布在住宅区，消费者日常买菜的时间去购物。在近郊和远郊农村的直销店，一般在假日用小车观光旅游时去买菜。

下面利用农林水产省《平成 21 年度农产物地产地销等实态调查

报告》结果，说明目前农产品直销店的情况。在16816个调查对象中，农户个人或几户合伙办的店最多，占60%多；其次综合农协办的占11%。从开办时期看，个体农户单独办以及综合农协支持下妇女青年农户办的时间较早，农协办的2000年以后才开始增加（见表2-8a）。

表2-8 农产品直销店的概况

a）直销店个数和开办时间

承办单位性质	直销店数（个）	按开办时间分类的直销店个数(%)				
		合计	1993年以前	1994~1998年	1999~2003年	2004年以后
合 计	16816	100.0	24.2	20.1	27.2	28.4
地方行政机构(市町村)	203	100.0	24.8	20.5	28.2	26.5
地方投资民营	450	100.0	15.0	33.6	34.1	17.3
农业协同组合	1901	100.0	13.1	19.1	27.9	39.8
农协妇女部或青年部	427	100.0	37.8	29.5	15.8	16.9
农户单独或合伙办	10686	100.0	27.5	19.8	28.0	24.6
其他	3149	100.0	19.3	18.5	24.4	37.8

资料来源：农林水产省《平成21年度农产物地产地销等实态调查报告》。

从一年的来客人数看农户办的和农协妇女青年组织办的规模小，地方和综合农协办的直销店中，来客人数达1万~5万人的比例较大（见表2-8b）。

表 2－8　农产品直销店的概况

b）按一年来客规模分类的直销店个数

承办单位性质	按一年来客规模分类的直销店个数（%）						
	合计	1 万人以下	1 万～5 万人	5 万～10 万人	10 万～20 万人	20 万～40 万人	40 万人以上
合　计	100.0	59.9	18.6	8.0	7.8	4.0	1.8
地方行政机构（市町村）	100.0	26.2	35.4	16.1	12.7	5.1	4.4
地方投资民营	100.0	24.6	18.8	16.1	17.2	14.3	9.0
农业协同组合	100.0	18.9	27.4	16.9	21.0	9.7	6.1
农协妇女部或青年部	100.0	63.3	21.1	8.9	4.9	1.8	—
农户单独或合伙办	100.0	72.8	15.2	5.7	4.2	1.5	0.5
其他	100.0	46.9	23.4	8.6	10.8	7.8	2.5

资料来源：同表 2－8a。

最后，从登记上市农户数和销售品种看，农协办的直销店较为突出，平均登记农户数超过 200 户，年平均销售额将近 1.5 亿日元（见表 2－8c）。折笠俊輔（2013）将直销店与大规模零售企业进行对比，超市一个分店的年销售额有 9.5 亿日元，便利店有 1.6 亿日元，但是大部分直销店的销售规模还不如普通零售店大。伊東維年（2009）分析，直销店登记农户的多少与农产品经营品种的丰富程度和供应量的稳定是很关键的因素，这直接关系到直销店的经济效益的好坏。但从表 2－8c 看，直销店的经营品种，各个类型大同小异，蔬菜水果等鲜活农产品大约占一半。

表 2-8　农产品直销店的概况

c）直销店登记农户和销售农产品品种

承办单位性质	每一个直销店平均登记农户数			平均销售额（万日元）	合计	鲜活农产品				加工食品	花卉花木	其他
	合计	当地农户	外村农户			大米	蔬菜	水果	其他			
合　计	86.5	73.8	12.7	5214	100.0	5.4	33.6	12.6	11.8	14.8	7.5	14.3
地方行政机构（市町村）	135.2	125.1	10.1	6845	100.0	4.6	23.3	12.8	8.8	27.8	5.3	17.4
地方投资民营	138.3	127.6	10.7	11502	100.0	3.5	29.5	11.7	7.9	20.1	6.3	21.0
农业协同组合	278.9	226.9	51.9	14787	100.0	7.4	35.3	12.2	8.2	14.1	11.4	11.4
农协妇女部或青年部	59.2	53.6	5.6	2914	100.0	5.0	40.1	22.1	3.2	15.9	6.0	7.7
农户单独或合伙办	44.0	37.9	6.0	2294	100.0	4.9	36.7	14.9	12.0	15.5	7.2	8.8
其他	107.7	94.7	13.0	8648	100.0	4.4	30.1	10.7	16.5	13.3	4.2	20.8

资料来源：同表 2-8a。

伊東維年（2009）还回顾了国内的地产地销和扶持政策的发展过程。农林水产省早在 1980 年代提出过地产地销概念。但当时的意图是随着农业生产的商品化和专业化的进展，农户饮食生活中自给自足的部分越来越减少，所以促进地产地销给农民提供多种多样的农产品，改善农户的营养状态。到了 21 世纪，2005 年政府制定的食料、农业与农村基本计划中提出了地产地销发展方针。其目的是农产品的供给更为向当地居民需求靠近，传统饮食文化活动与当地农产品消费结合起来，开拓农业的新的发展途径。政府为了发展地产地销，要求综合农协与地方行政部门进行合作实现基本计划的目标。

对综合农协来说，发展地产地销会与原来的统一销售体系互相冲突。所以，当初综合农协表示消极的态度。但是到了2000年全国农业协同组合中央会决定了开办直销店［叫农民市场，farmers' market］、推进地产地销的方针。2001年全国51%的综合农协开办直销店，其运行方式各地有不一样。其中最多的方式是农协投资建设和农协直接管理的模式，其次是农协投资建设和成员农户管理的模式。综合农协办的农民市场运行方式有如下特点，销售当天早晨收获的新鲜菜，销售有机栽培或少用农药化肥的安全放心产品，贴上生产者照片让消费者有亲切感。另外，通过开展特价销售、节日活动和开办饮食店等活动增强顾客吸引力。这些活动不但在实现地产地销的理念上很重要，而且对与其他直销店和规模商业企业的竞争更为重要。

李倫美（2011）分析了神奈川县（位于首都东京都郊区）的相模农协直销店的发展和产销体系。相模农协是1995年由原来的7个农协合并而成立的。当地居民中工薪阶层比例很大，兼业农户和老人等小规模农户多，他们从事以露地和设施蔬菜为主的园艺农业。

综合农协对园艺农业的服务不能不应对农户兼业化和老年化的现实。所以，对多数农户来说，质量标准要求不严格的直销店销售最适合他们劳动能力不强的实际情况，他们对开办直销店的期待很大。

相模农协办的直销店销售额迅速增长，2005年开办第一个直销店当年的销售额超过了6亿日元，到了2009年销售额超过了10亿日元。主要蔬菜品种是番茄、黄瓜和菠菜。成员农户积极要求增加直销店。第二个直销店建于规模蔬菜生产集中的地区。

这两个直销店的运行方式是一样的，春夏季的营业时间从上午9时

30 分至下午 6 时，秋冬季从上午 9 时 30 分至下午 5 时。休息日是每月第三周星期三和年底元旦 4 天。成员农户每天开门前早上 8 时至 9 时及 12 时至 14 时进货。农户到直销店后在门前排队，按顺序把蔬菜运进去，自己排列到指定的柜台上。当天的营业时间结束以后，农户要把剩余的蔬菜运回去。销售价格由各个农户自己定价。货款每个 10 天结算一次，农协扣除 15% 的手续费和商品标签费以后，寄到农户的账户。在商品质量管理上重视新鲜度，规定禁止过熟或残品上市，直销点负责人有权把有问题的商品撤掉。

一个综合农协办了两个直销店，当地农户拿到了很大的利益，82% 的农户增加了销售量。但是通过统一销售体系向批发市场上市的农户还存在，这些农户在直销店的销售额增幅不大。

总之，就目前的情况看，这些包括办直销店的综合农协的新的做法可以说是原来的统一销售体系的新的补充。

六　结语：日本农村农业所面临的新的课题与综合农协的新任务

本章分析了日本的综合农协对二战后日本农业发展与农业现代化所做的贡献。综合农协所做的工作主要是对成员农户进行农产品产销和农业投资方面的服务。到了 1980 年代农户兼业化和老年化给农业带来了重大影响，同时国内食品市场竞争环境发生变化，此后综合农协服务事业开始变化。目前，日本发生的农产品市场竞争的全球化以及消费者需求多样化等情况，类似于当前的中国农业所处的市场环境。上面介绍的日本各地的做法，中国的农民专业合作社也可以参考。

但是，现在日本农业面临着更深层次的问题，即农村人口数的减少和老年化，除了给农业生产带来了很大的困难外，削弱了地方经济社会的基础。日本的综合农协是以市町村为单位建立的，它可以说是农村居民的利益共同体。这一点，类似于中国的村委会或村民小组。所以，如果忽视农村人口绝对的减少和老化问题的话，综合农协没有发展和生存的前途。当前，综合农协面临着如何恢复和振兴整个农村经济的新课题。

両角和夫（2013）整理日本农村所面临的四大问题。一是农产品进口量的增加打击了国内农户经济。二是不管兼业还是专业，农户家庭缺乏农业继承人。三是在山区农村，居住人口减少，难以维持居民生活环境和公共服务水平。四是农业环保和保护国土功能的弱化问题突出，即人口减少弱化森林和农地保养管理体系，易于发生洪水山洪等意外的自然灾害。针对解决这些新的问题，両角和夫（2013）提出综合农协所要做的两项任务。第一个任务是扶持当地农业的稳定增长，第二个任务是保证当地社会的稳定，即在扶持农业发展外，为创造非农业户的就业机会做出贡献。

両角和夫（2013）2011 年对全国 312 个综合农协进行问卷调查，分析了综合农协做的农村社会经济发展措施情况、与政府和其他地方组织合作的情况以及综合农协运行体系改革的课题。综合农协采取的农村社会经济发展措施中，实施率较高的是中介农田所有权或使用权流转，75% 的综合农协进行各种方式的中介工作，把农田集中到希望

实行规模经营的农户。57%的综合农协开展办养老院、上门看护和送饭上门等福利事业。76%的综合农协进行“6次产业化”，即当地特色产品的开发和食品加工等。不少综合农协开办直销店和饮食店等服务业。上述各项事业是有发展前途的新兴产业，而且对当地居民可以创造新的就业机会。

虽然上面提出了实施率较高的项目，但实际有成绩的案例不多，基本还在起步阶段。在与政府和其他地方行政机构合作的情况中，与当地行政部门（市町村）的合作关系最密切，进行分工，综合农协做自己有经验的工作，承担咨询、技术指导、信用和申请国家资金等工作。

在综合农协运行体系改革方面，50%以上的综合农协还没建立专门承担振兴农村经济社会的部门，目前还保留原有的技术指导、供销、信用和农业保险等条条分割体制，今后需要进一步推动业务体制改革。

両角和夫（2013）所提出的上述综合农协的新任务，中国的“专业”合作社无法做到。当然，政府部门解决不了所有的农村问题，需要民间主体的合作。日本的综合农协由于农户组织率很高，拥有“综合”性的服务能力，可以担当政府部门的伙伴。

参考资料

農林水産省（2017）《農協について》11月。

石田信隆（2003）《協同組織性と農協改革—長期的環境変化を踏まえ

て—》《農林金融》8 号。

全国農業協同組合中央会（2013）《人材育成基本方針（職員を対象）の策定にあたっての基本的考え方》5 月。

石田信隆（2003）《協同組織性と農協改革—長期的環境変化を踏まえて—》,《農林金融》8 号。

生産局技術普及課（2017）:《協同農業普及事業をめぐる情勢》平成 29 年 10 月。

木原久（2000）《地域農業再編と農協の役割—集落営農組織育成の今日的意味—》,《農林金融》5 月。

加古敏之《経済発展とコメ需給》,《神戸大学農業経済》第 36 巻。

柳田泰典《機械化〈一貫〉体系と農民の労働力能（上)》,《北海道大學教育學部紀要》42 巻。

若林剛志（2009）《共同乾燥施設の自主運営方式にみる農協と組合員の関係》,《農林金融》11 号。

高国慶・北川太一（2017）《長野県における野菜産地の形成過程と予冷施設の役割に関する考察一中国における青果物流通近代化に向けての示唆一》《京都府立大学学術報告　人間環境学・農学》第 56 号。

農林水産省（2017）《卸売市場データ集（平成 28 年版)》6 月。

尾高恵美（2003）《野菜出荷における生産者の農協利用状況》《農林金融》9 号。

周傳照男（1994）《野菜の共計共販の実態分析：兵庫県北阿万農協における玉ねぎの共販共計を事例として》,《神戸大学農業経済》第 8 巻。

尾高恵美（2016）《農協における青果物集出荷施設の運営コスト削減—共同利用の拡大による季節性の克服に注目して—》,《農林金融》2 号。

高野利康（1985）《コールドチェーンと地域振興》, 日本コールドチェーン研究会誌《食品と低温》第 11 巻第 3 号。

泉田洋一（2011）《農業近代化資金の融資額は1990 年代以降なぜ急減したのか?》, Department of Agricultural and Resource Economics Working Paper Series, 4 月。

岸上光克、大西敏夫、藤田武弘（2004）《流通システム変革期における農協共販組織の再編》,《流通》17 号。

尾高恵美（2009）《市場細分化戦略における農協生産部会と農協系統の

機能高度化—中小規模の野菜生産部会の取組みを中心に—》《農林金融》12号。

新日本スーパーマーケット協会（2016）《2016年スーパーマーケット白書》2月10日。

日本政策金融公庫（2012）《農産物直売所に関する消費者意識調査結果》3月。

農林水産省（2011）《産地直売所調査結果の概要－農産物地産地消等実態調査（平成21年度結果)》7月25日。

折笠俊輔（2013）《農産物直売所の特徴と課題～既存流通との比較から～》,《流通情報》502号。

伊東維年（2009）《地産地消に対する農協の基本方針と農協の農産物直売所の実態》,《産業経営研究》（熊本学園大学付属産業経営研究所）28号。

李倫美（2011）《大型農産物直売所増設にともなう出荷行動の変化》日本農業研究所研究報告《農業研究》第24号。

両角和夫（2013）《我が国農業問題の変化と農協の新たな課題－地域社会の維持、存続に貢献する体制のあり方－》《農業研究》第26号，第209～250页。

第三章　农村的医疗福利

高木英彰

一　序

本章将要讨论的课题是日本农村的医疗保健福利的相关经验及改进措施。在讨论医疗问题之前，有必要弄清到底什么是农村医疗（医学）。实际上，在日本的经济发展期，甚至连从事农村医疗的人员自身对这个概念的认识也很模糊。因为到了这个阶段，城市地区和农村地区的医疗领域基本上面临着相同的问题。即在经济发展期之前，日本在社会、经济、卫生等基础生活领域存在地域差异，所以不难理解农村医疗的含义。然而在现代日本社会中，农村与城市在教育、交通、信息等基础施设建设方面基本达到相同水平，因此农村医疗这个提法也就不甚恰

当了。

然而，随着社会的发展，日本逐渐进入了总人口数递减时期。老龄化率达到27.3%（2016年10月1日），正在向超老龄社会的下一个阶段发展。并且，这个趋势没有停止的迹象，日本引以为傲的全民保险制度、全民养老金制度面临着改革的命运。在当今的百岁时代，人口平均寿命大大提高，令人欣喜的同时也暗含了一系列难题，即健康问题及养老金问题。面对这样的局势，政府意欲重新定义高龄人口，提高65周岁的分界线。只要本人愿意，就可以继续留在工作岗位上。姑且不论这项举措的好坏，总之保证高龄人口的健康长寿成了极重要的课题。不仅是日本，医学领域内全世界人的死因已经从感染症等急性病向糖尿病、高血压、高血脂等慢性病转变，后者比例超过一半。而慢性病需要长期治疗，耗费的医疗费很高，从维持社会保障制度良性运转的角度来讲，也很有必要抑制慢性病。慢性病一般是由生活习惯造成的（国际上有非感染性疾病、NCDs等称呼，日本多使用生活习惯病来指代），由复合型因素引起，因此很难治愈。因此，只能促进医疗走进大众生活，引导大众进行科学的健康管理，从而达到一级预防（病因预防）。

实际上，医疗走进公众生活，科学地进行健康管理，这正是日本农村医疗的出发点。即便“农村医疗（医学）”这个提法已经有些不合时宜，但其促成的“地区医疗”的确奠定了当代日本医疗政策的基础。本章第二节将再次描述自第二次世界大战前夕起，日本农村医疗经历了怎样的发展历程。第二节将介绍当代日本的相关政策方针，并举例说明。

上述问题尚没有完善的解决方案，不过，率先迎来超老龄社会的日本农村，可以给整个日本社会提供样本和参考方案，日本的经验又可以给世界各国提供参考。

二　农村医疗的发展历程

（一）日本社会保障制度的历史

为了展开讨论日本农村医疗，我们首先列举近现代日本社会保障制度的创立过程年表（见表 3－1）。

表 3－1　社会保障的创立过程年表

经济区分	社会保障区分	年份	时代背景、事件	医疗/福利相关措施等
		1922 年		健康保险法
（战前）	社会保障前史	1938 年	厚生省创设	国民健康保险法，农村扶贫
		1941 年		劳动者养老金保险法
（战后）		1944 年		厚生养老金保险法
		1945 年	战争结束	
战后混乱和复兴期	扶贫			
		1958 年		全民健康保险
高速经济增长期	从扶贫到防贫	1959 年		全民养老金
		1973 年	第一次石油危机	福利制度元年，老人医疗费无偿化等
稳定增长期	福利制度改革	1983 年		老人保险法
		1989 年		金色计划
经济停滞期	结构性改革	1991～1993 年	泡沫经济崩溃	
		1994 年		天使计划/新金色计划
		1997 年		修订健康保险法
		2000 年		实施介护保险法

资料来源：笔者根据 2010 年版厚生劳动白皮书作成。

二战以后，日本的经济发展可以大致划分为：战后混乱期和复兴期、高速增长期、稳定增长期和经济停滞期。与此相对应，日本的社会保障制度方针也经历了“战后紧急救援与基础建设期”（即所谓的“扶贫”）（1945～1955 年）；“全民健康保险、全民养老金与社会保障制度发展期”（从扶贫到防贫）（1955～1973 年）；“趋近稳定增长与社会保障制度改革期”（1973～1989 年）；“少子老龄社会下的社会保障制度结构性改革期”（1989 年至今）。

日本的社会保障制度以 1922 年颁布的《健康保险法》（以体力劳动者为对象）为开端，二战前就已经有了雏形。1943 年的制度修正中，办公人员也被纳入保险对象。1938 年，为了应对农村、山村、渔村的经济不景气，政府设立了国民健康保险制度，以保障劳动者以外的广大民众的基本生活。社会保险的适用对象正是这样逐渐扩大开来的。

1950 年朝鲜战争爆发，在朝、在日美军所需的军需物资给日本经济带来了短暂繁荣，称为“朝鲜特需景气”，日本经济完成了一定程度的资本积累。1956 年的政府经济白皮书上留下了历史性的语句：“战后时期已经过去了”（从政府工作的角度来讲，这句话强调的是经济增长无法再依靠复兴特需。然而另一方面，这句话深刻表达出了战后日本人民的挫败感和脱贫后的膨胀感，因此一时间广为流传）。之后，日本完成复兴事业，进入了高速经济增长期。此时的日本已经基本完成扶贫工作，为了消除经济增长造成的财富分配不均及社会不平等，预防生活中的各种风险，政府非常重视社会保险制度。1958 年的全民保险将农村医疗过疏地区纳入制度设计范围，翌年导入的全民养老金政策则是为了应对无继承人农户的老龄化对策。

1973年田中角荣内阁打出“福祉元年”的口号。这个口号的内涵是要通过福利政策解决经济增长带来的城市农村差距问题，从而使全体国民共享发展成果。“老人医疗无偿化”、“提高医疗保健补贴率”、“提高养老金额度”等一系列大胆举措纷纷施行。然而这些“撒钱”举措不仅面临政治上的批判，而且直接遭受了第一次石油危机带来的经济重创。由于税收的减少，各项政策被迅速缩减，社会保障制度面临着改革。然而，“福祉元年”的各项政策助长了民众对公共支援的依赖心理，有人认为这一影响一直在延续。

国库收入滞长，国家及地方发行了大量公债。1979年的第二次石油危机造成经济衰退的局面，国家财政收支进一步恶化。政府因此提出“重建财政，不靠税收”的口号，在改革行政、财政措施的过程中全面削减年度支出。新举措之一就是老人保健制度。老人医疗无偿化以高度经济增长为前提，使涵盖众多高龄被保险人的国民健康保险在制度上出现财政恶化。老人保健法的制定，意在以各项医疗保险制度为基础，集资承担高龄者的医疗费。同时提高高龄者的健康意识，引导其合理就医，并自付一定额度的医疗费。另外，实行体检、上门指导、功能训练制度化，支援市町村自治体采取预防和自立措施。这一时期，高龄者的介护需求日益凸显。当时还没有特殊护养老人之家以及上门护理这些解决途径，只能由一般医院承担。因此，政府构思创设了集医疗服务与生活服务于一体的老人保健设施。关于医疗供给体制，1985年导入了“地区医疗计划”，以各地区区域内所需病床数及其功能为着眼点，整备医院设施。福利领域主要着重于生活质量的维持和提高，让高龄者尽可能住在自己家里，政策的重点从促进高龄者便利就医向支援在家生活

转变。其中，增加了家庭服务员，通过访问高龄者，支援帮助他们的饮食起居。此外，从疾病构造的角度来看，战后公共卫生环境的改善使急性感染病症大量减少，癌症以及心脏病等“中老年病”的预防、改善成了主要课题。

1991年日本泡沫经济崩溃前夕，政府着手进行社会保障制度的结构性改革，随后而来的是经济停滞期——“失去的20年”。改革的前奏则是1989年的“金色计划”。这是一项关于高龄者福利的10年计划，以市町村为单位。具体内容有在家福利服务设施的紧急整备、日间服务与短期陪住服务设施的紧急整备、培训家庭服务员等推进措施。然而，老龄化的发展超出了政策制定之时的预想，因此1994年该计划经过全面改订，新金色计划诞生了。2000年导入介护保险制度以来产生了新的需求，为了满足这些需求，新计划在充实在家介护服务的宗旨下，设定了一系列具体目标：培养17万名家庭服务员，设置5000所访问介护站。1999年，政府进一步推出“金色计划21”，在确定日本已经迎来世界最高水平老龄化率的情况下，计划从2000年到2005年充实高龄者保健福利对策。下面列举计划的4个基本方向。

Ⅰ 打造充满活力的高龄者群体

21世纪是“高龄者的世纪”，确保高龄者健康充实地生活和参与社会活动，才能使社会充满活力，因此要积极打造充满活力的高龄者群体。

Ⅱ 保证高龄者的尊严与自立支援

确保需要援助的高龄者过上有尊严的自立生活，并对从事介护的家人进行支援，以在家福利为基础，保质保量地提高介护服务。

Ⅲ　促进形成互相帮扶的地区社会

在地区社会中，居民之间应该相互帮扶，促进介护和生活各方面的支援体制的形成，促进适宜高龄者居住的生活环境的形成。

Ⅳ　确立诚信可靠的介护服务

使介护服务由措施向契约转变，充分发展用户本位的思想，确保用户利益，确保介护服务事业的健全发展，提高介护服务的可信度。

随着高龄者的增加以及家庭结构的变化，家庭内部的无偿介护逐渐暴露出其自身局限性。2000年政府施行介护保险法，促进介护服务事业的发展。促进地区活动中的据点建设和社会参与，促进地区社会网络建设，加强互助关系。通过施行一系列金色计划和介护保险法，将介护的承担者从家庭中向家庭外转移，让机构负责者和地区设施承担更多的责任。介护保险法实施将近20年以来，对于将介护委托他人的社会批判已经很少，但仍有少数人对此持有抵抗情绪，因为介护而不得不放弃工作的介护人员离职问题仍然存在。另外，介护离职还有其他方面的原因，比如没有商量的对象，不了解相关制度。为应对此种状况，成立了以下制度：从被认定为介护对象起，就由一名专业看护经理（介护支援专门人员）辅助进行后续介护活动。看护经理在听取用户及其家人的意愿后，制定看护计划，与介护机构负责人、相关机构进行联络调整。这对于保护高龄者的尊严以及确保其家人生活安定具有至关重要的作用。这种以看护责任经理为起点，联结行政及机构负责人的广泛的支援网络已经得到普及。

（二）二战期间的“医疗社会化”论

二战期间农村生活的主要内容是繁重的体力劳动，并且当时的卫生环境很不理想。特别是大正时代，城市地区和农村地区差距扩大，农村地区医疗欠缺，令人想到贫农、无医村、卫生环境差（感染症、寄生虫）等字眼。黑川泰一（1908～1985年）等指出，以营利为目的的开业医生舍弃农村地区而涌向人口密集区，因此造成无医村的增加。黑川等人倡导“医疗社会化论”，他们发起社会运动，主张由公共部门推行医疗普及化。

此外，“医疗社会化论”的基本主张为“应保证所有贫困者都能够享受到医疗服务”，而近年来的研究（猪饲周平《医院的世纪理论》）则指出上述理论的事实依据从根本上来说存在认识偏差。猪饲指出，当时的情况并不能单纯归结为开业医生为了追求高利润从町村地区流入城市地区，而在很大程度上可以归结为年轻医生群体为了追求尖端医疗技术来到城市地区，并作为专业医生钻研医术。农民也主动追求更高水平的医疗，不惜将增加的收入全部投入医疗费用。而且，无医村数量激增很大程度上是由于自治体合并造成的统计数据的外观变化。也就是说，当时无医村问题的根本原因并不是农村经济荒废以及城市下层人民的贫困，而是新时代医生整体志向追求的变化。新的研究道破无医村问题并不是农村整体范围内的问题，“不是靠提供公共医疗服务就能改善的”。

尽管如此，黑川等人主张的“医疗社会化论”正是1960年代以后医疗保险等社会保障制度的理论基础，此理论还促成了战后经济增长期全民保险、全民养老金制度的确立。黑川本人积极投身全国医疗组合运动，到各地参与筹办组合医院，参与1950年全国共济农业协同组合联合会（简称全共连）的创立，并出任该会常务理事，为协同组合的保险事业（共济事业）打下了基础。

同时，政府1957年制定了一项关于全民保险体制的4年计划，据末尾年份1961年度版厚生白皮书记载，同年国民保险普及率达到97.87%。未加入保险的200万人根据法律规定不符合保险适用对象，因此白皮书的表述为“已经实现全民保险状态”。一般认为，此时日本已经实现了全民保险。另外，鹿儿岛县的离岛地区因没有医疗机构，所以未实施国民健康保险制度。直到1974年，政府在此类地区设置国民健康保险直营诊疗所，日本社会可以说真正实现了全民保险制度。

（三）战后农村医疗实践——“到农民中去”

要说明日本的农村医学，就必须谈到一位先驱者，已故的若月俊一医生（1910～2006年）。若月在二战期间深入各地大企业进行劳动灾害的实证调查，他深感劳动灾害的补偿之少，并据理力争，一度被以反战的罪名逮捕入狱。战争结束后，他在东京无法获得职位，后经其恩师介绍，到长野县南佐久郡臼田町的一所医院赴任，成为那里唯一的外科医生。这所医院就是日后号称地区医疗圣地的农协长野厚生连佐久综合医院的前身。据若月回忆，他到任之初，这里从未接收过入院患者，完全是一个类似诊疗所的简陋设施。

当时的长野县农村对外来人等十分疏远，尤其是地方权势者对若月医生态度冷淡。而他始终抱有改善农村环境、提高农民生活水平的愿

望，因此他毫不犹豫地投身到农民中去，站在农民的立场上与旧体制对峙。这就是“到农民中去”。

除了门诊诊疗，他还外出诊疗，这让他对农村医疗环境的实际情况耳濡目染。以前，这个地区甚至没有能够为盲肠穿孔病人进行开膛手术的医疗设备。为此，农民们集资建起了佐久医院。但在若月到任之前，即便有了医院却没有外科医生。只有有权势的大地主能够请到远处医院的专科医生前来出诊，一般农民则望尘莫及。最终，农民们不得不大费周章地去远处医院就诊。再加上农民们完全没有医学常识，经常采取错误的急救措施。手术过程中要使用麻醉药醚，手术室还要安装取暖设备……若月总结了上述情况，为了改善农民就医环境，他号召志同道合的医生、护士组成了一个剧团，工作之余在各地开展启蒙活动。

若月还设立了日本农村医学会，他将农机具灾害及农药中毒等农业相关疾病命名为“农夫症”。他指出：“农民一般发现自身病情也会强忍病痛，不积极就医配合治疗。另外一部分人则不在乎身体状况，导致病情恶化，危及生命。”他称这种“强忍型”及“放任型”疾病为“潜在疾病”，并对其开展实证研究。他的研究关怀不仅限于临床医学，还包括损害农民健康的一系列社会、经济、心理背景。这些都是深入到农民中去才能够身体力行的。

其后，若月出任他一手创办的日本农村医学会首任理事长，该会设立了农机具灾害部门、农药中毒灾害部门等专门部门，紧密围绕农民生活展开了一系列研究和实践。至今，该会仍致力于农村生活与健康问题，生活习惯病部门继续开展实证研究工作。

（四）高速经济增长期到泡沫经济崩溃低迷期

20 世纪 60 年代，美国式的生活方式成了日本社会的理想模型。人们向往住洋房，拥有彩电、私家车、空调的生活，饮食习惯也转变为高脂肪、高碳水摄入的欧美式饮食。1964 年，日本迎来东京奥林匹克运动会，东海道新干线和首都高速公路竣工。这一时期人口大量迁移，核心家庭比例达到峰值。年轻一代已不在家中供奉死者佛龛。20 世纪 70 年代中期，经济进入稳定增长期，更多的人选择在医院终结自己的生命，死亡逐渐从人们生活中淡化了。20 世纪 80 年代泡沫经济崩溃，1991 年前后的一则商品电视广告文案“你能 24 小时战斗吗？”形象勾画出了劳动者强烈的升职志向与激烈的社会竞争。这背后还有核心家庭中男主外、女主内的两性观念。在这样一种社会环境下，日本的过劳死（karoshi）问题已经闻名世界，其影响一直波及现在的劳资关系。民间生命健康保险普及到一般家庭，“生命的价值/价格”等伦理问题逐渐进入公众舆论领域。生命历程的改变，使日本人的医疗观、生死观也发生变化。医院提供医疗服务，其目的在于拯救生命、延长寿命。医院同时也是死处。

20 世纪 60 年代，“过疏”成了描述农村地区社会现象的新造词。留在农村的高龄一代无法承担整个农林业，农地、山林迅速荒废。到了 20 世纪 80 年代中期，大面积农耕弃地问题异常严峻，“中山间地域”问题引起当局重视。1990 年，过疏与高龄化叠加，有些农村的道路管理、水渠清扫、承办祭祀等聚落必要功能无法正常运转，引起社会关注。

医疗方面，结核等传染症及蛔虫、钩虫等寄生虫基本被消灭，机械化和农业指导得到普及，农业劳动致伤及农药中毒等问题得到了很好的控制，即农家、农村特有的疾病基本得到解决。因此，临床医疗领域内农村地区与城市地区的侧重点基本相同。另外，医疗水平及农村居民价值观也逐渐接近城市水平。农村医学与标准医学的课题从表面来看几乎一致。登内指出，从农村医学会总会讲演的内容来看，临床医学领域的讲演题目要比农村医学的多。尤其是，农村医学这个定义对年轻医生来说十分不明确，他们不得不反思农村医学问题。这些都得益于日本的经济发展成果，要归功于为农村医学实践添砖加瓦的相关人员的努力。

但是，正如笔者在第一节中所述，农村医学并没有彻底退出历史舞台。由于农林产物价格低迷导致农户生活拮据，伴随农村过疏、高龄化问题而来的交通工具丧失，直接影响着医疗、介护途径。而且地区商业娱乐设施的欠缺导致地区居民生活质量下降，低外出频率又会导致身体、精神及社会交往虚弱化。还应继续关注研究与地区居民生活质量密切相关的社会经济问题。实际上，2008 年厚生劳动省提出的“地域包括看护系统”（图 3－1）很大程度上秉承了农村医学实践中“地区医疗”的精神。这最终与城市问题也有关联。20 世纪 60 年代后开发的住宅区基本由相同年龄段的居民构成，当他们的子女长大成人离开家庭后，留下的又都是老人。东京大学和高龄社会综合研究机构正在尝试构建一种能够让老人在居住地享受充实晚年的社会（Aging in Place），这当然需要全体居民共同的努力和行动。

地域包括看护系统

○当2025年团块世代到达75岁时，即使陷入需要重度介护的状态，也能按照自己的意愿在一直居住的地方生活下去。为了达到这个目标，构建地域包括看护系统，实现居住、医疗、介护、预防、生活支援一体化。

○据推测，认知障碍高龄者将呈增加趋势，因此为了支援认知障碍高龄者的生活，邮件地域包括看护系统至关重要。

○大城市人口总量稳定但75岁以上人口加速上升，町村地区75岁以上人口增长缓慢但总人口递减，城乡地区的高龄化进程显示出明显差异。

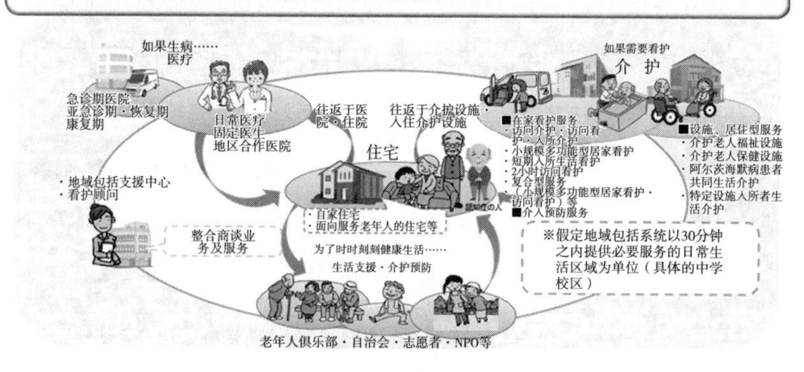

图 3－1　地域包括看护系统概念图

资料来源：厚生劳动省制成。

三　农村医疗提供者

（一）农村医疗中坚力量——农协厚生连

日本的医疗提供者分为民间医疗机构和公共医疗机构。民间医疗机构顾名思义指的是个人医师或医疗法人经营的医院，公共医疗机构则指国立医院及自治体运营的公立医院、日本红十字（日赤）医院、健康保险组合、济生会医院等，公共医疗机构的资金来源不一定是公共团体。理由是公共医疗机构“不仅承担医疗服务，还承担保健、预防、

培养医疗工作者等功能，此外还积极承担偏远地区的医疗服务等一般医疗机构无法承担的高难业务”，因此深受公众信赖。这些公共医疗机构中，农业协同组合（JA）设立的厚生连医院也包含在内，日本红十字会、济生会、厚生连这3个团体构成了中坚力量。这里着重介绍厚生连医院。厚生连医院是1919年解散无医村地区后，以向农村居民提供廉价医疗服务为目的而产生的医疗机构，现在日本的47个都道府县中33个设有厚生连，它具有重要的社会功能。

日本红十字医院是由日本红十字会运营的医疗机构，日本红十字会是国际红十字会成员。日本红十字会的前身是1877年创立的博爱社，创立契机是内战（西南战争）中出现大量死伤者。为救援负伤者，元老院议官（相当于现代日本国会议员）佐野常民与大给恒想要在日本设立类似于欧洲红十字会的团体，然而政府不认可该举动。议官们向身为皇族的政治家、军人有栖川宫炽仁亲王诉说实情后，得到亲王认可从而设立。经过上述原委，现在的日本红十字会名誉总裁由皇后出任，名誉副总裁由皇太子、太子妃等多位日本皇族担任。不过，在运营方面，日本红十字会理事主要由经济界的人士担任，活动资金由会员企业、团体出资，此外还有来自国民的捐赠和志愿者支持。

济生会与皇族也颇有渊源，该会起始于明治天皇（1867～1912年在位）恩赏无钱治病的穷困者。当时，明治天皇赐予总理大臣桂太郎的“济生敕语”内容如下。

依我之见，我国在世界大势下，以增长国运为急任。经济形势已见好转，然国民中多存偏见者。为政者，当体察人心动摇，以对策解之。劝业、教育皆留心用意，力保国民健全发展。

若国民中有无所依靠者，穷困至不能负担医药，以至有损天命者，我将备感痛心。我欲广泛开展“济生”活动，无偿向这些人们提供医药品。所需资金由皇室负担。望总理大臣深解我意，付之以善策，使国民永远康乐。

（来源：济生会官网）

这证明济生会最初是为了对快速近代化过程中没有跟上时代脚步的经济弱者进行医疗救助的社会福祉法人。该会现由天皇第二皇子秋筱宫文仁亲王任总裁（2018 年），各医疗福祉系大学的理事长以及各地济生会医院院长出任理事。

厚生连医院是日本农业协同组合（JA）出资设立的由农协厚生连运营的医院。厚生连医院始于 1919 年，岛根县青原村的农民筹集了很少的资金，在当时产业组合（农协的前身）之下开设了诊所。之后，在社会改良家贺川丰彦的影响下，医疗利用组合运动扩展至全国，贺川的业绩奠定了日本协同组合的基础。第二次世界大战后，国家实施农业协同组合法，该法整合农协事业，使其承担医疗、保健事业与老人福利事业。

农协以向农民提供农业、生活资料，农产品的集货、流通、贩卖等经济业务为中心，此外，还负责信用交易、保险等事业，是一种“综合农协”（见图 3－2）。这种运营机制起源于江户末期（19 世纪）以来的村落共同体，因此农协事业不仅限于农业生产范围内，还包括村落、

家族存续等事务以及连同非农家在内的全共同体互助系统。因此农协向农村社会提供医疗介护等福利事业也是顺理成章的事。进一步来讲，提到日本农村，其实不光是农业家庭，非农家庭也是农村的重要组成部分。因此农协规定农户会员为“正式会员”，非农如果出资赞助可成为“准会员”，从而在一定范围内利用农协的功能并参与运营事项。此外，没有出资的非会员也可以利用农协，尤其是农协厚生事业大部分已经成为地区定点医疗机构，实际上相当于对一般市民开放。

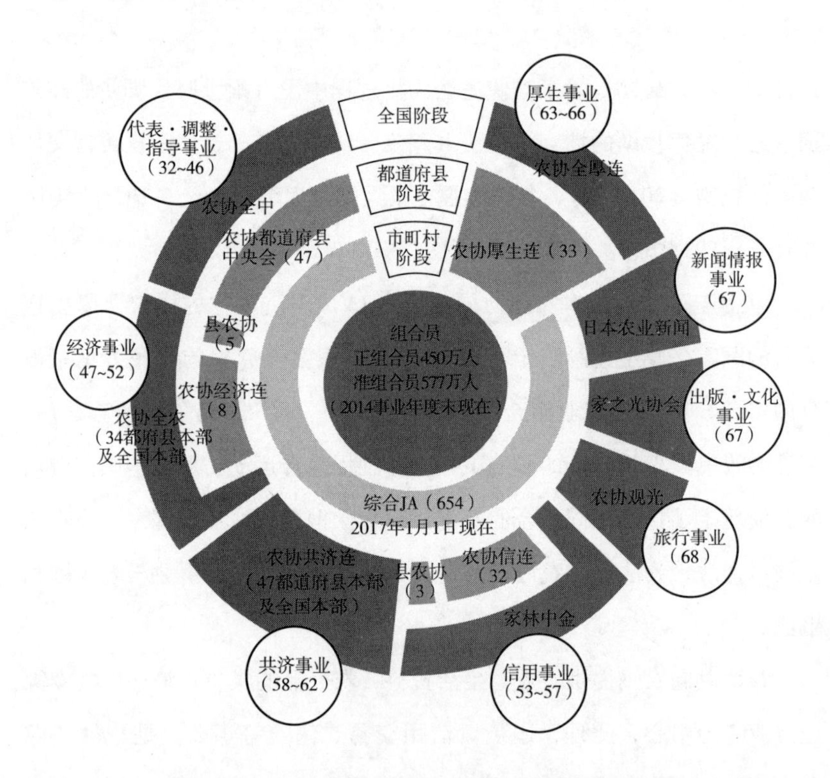

图 3-2　日本农业协同组合（JA）的事业领域

现在，这三个公共团体都在日本各地广泛提供高质医疗服务，不过它们的成立宗旨各异其趣，分别是人道主义、穷者救济、改善农村医疗。时至今日仍可看出，厚生连的医疗机构与日本红十字会、济生会相比多设在农村地区，尤其是偏远地区。

表 3－2 显示了上述三个公共团体在各都道府县开设的医院及诊所数目（由于笔者能力有限，日本红十字会诊所没有整理便览，未能进行统计）。列举的都府县名称都是各地方（东北、关东、甲信越、东海、近畿、中部日本、四国、九州）的经济人口中心。比较三个团体，可以看出厚生连设立医院数量最多，诊所数量高达济生会的四倍，可见厚生连医院深入到了人口稀少地区。此外，日本红十字会、济生会则遍布各都道府县，医院数量与人口数量成正比，而厚生连则主要分布在北海道、秋田县、新潟县、长野县这样的农业地区，除爱知县之外大多是不甚发达的地区。图 3－3 显示了医院所在地市町村人口级别与医院数量的相关分布情况。可以看出日本红十字会、济生会覆盖面广，不论人口多少均设有机构，而厚生连则倾向于人口数量较少地区。尤其是设立在交通、自然、经济、社会条件不便地区的“偏远地区医疗定点医院”中，日本红十字会有 17 所，济生会有 8 所，而厚生连有 24 所。这些是确保农村山村地区居民生活健康的重要设施。

以农村山村为中心设立的厚生连遍布 47 都道府县中的 20 个道县，包含 21 个医院经营团体。主要从事体检活动的厚生连也遍布 12 个都县。表 3－3 显示了除医院、诊所外的厚生连设施数量。正如其名称所表达的，这些设施不以治疗患者为目的，而侧重于提高地区居民医学

表 3－2　三个公共团体医院、诊所分布

	农协厚生连		日本红十字会		济生会		三个团体共计	
	医院	诊所	医院	诊所	医院	诊所	医院	诊所
北海道	11	4	10	—	2		23	4
青森县			1	—			1	
岩手县		1	1	—	2	6	3	7
宫城县			2	—		1	2	1
秋田县	9	8	2	—			11	8
山形县				—	1		1	
福岛县	6	2	1	—	2	2	9	4
茨城县	6	2	2	—	5	1	13	3
栃木县	2		3	—	1		6	
群马县		1	2	—	1		3	1
埼玉县			3	—	3	1	6	1
千叶县		1	1	—	1		2	1
东京都		1	4	—	2		6	1
神奈川县	2	3	6	—	6		14	3
新潟县	16	8	1	—	2		19	8
富山县	2		1	—	2		5	
石川县			1	—	1		2	
福井县		2	1	—	1		2	2
山梨县		1	1	—			1	1
长野县	14	13	6	—			20	13
岐阜县	7		2	—			9	
静冈县	4	1	5	—	1		10	1
爱知县	8	2	2	—	1		11	2
三重县	6	1	1	—	2		9	1
滋贺县		1	3	—	2		5	1
京都府			3	—	1		4	
大阪府			2	—	8		10	
兵库县		1	4	—	1		5	1

续表

	农协厚生连		日本红十字会		济生会		三个团体共计	
	医院	诊所	医院	诊所	医院	诊所	医院	诊所
奈良县				—	3		3	
和歌山县			1	—	2		3	
鸟取县			1	—	1		2	
岛根县		1	2	—	1		3	1
冈山县		2	2	—	2	4	4	6
广岛县	3	2	3	—	2		8	2
山口县	3	1	2	—	4		9	1
德岛县	4	1	1	—			5	1
香川县	2		1	—	1		4	
爱媛县		1	1	—	4	1	5	2
高知县	1		1	—			2	
福冈县			3	—	5		8	
佐贺县			1	—	1		2	
长崎县			2	—	1		3	
熊本县		1	2	—	2		4	1
大分县	1	2	1	—	1		3	2
宫崎县				—	1		1	
鹿儿岛县	1	1	1	—	2		4	1
冲绳县			1	—			1	
合计	108	65	97	—	81	16	286	81

资料来源：根据全国厚生农业协同组合连合会《厚生连事业概要》（2017 年版），日本红十字会社官网公布数据，济生会官网数据统计而成。

常识水平，从而预防或尽早发现疾病。此外，它还负责在患者结束治疗后辅助患者恢复正常生活，支援高龄者日常生活等，正如第二节中所讲的地区医疗的种种方针。这些地区保健活动有独立于公共医院的特色。

表 3－3　三个公共团体医院的设点条件

	总数	20 大城市圈（政令指定城市）	人口 30 万人以上市	人口 20～30 万人以上市	人口 10～20 万人以上市	人口 5～10 万人以上市	人口 5 万人以下市
农协厚生连	108	7	10	4	18	23	46
日赤	92	18	21	9	15	12	17
济生会	79	16	13	12	18	11	9

注：济生会医院总数与表 3－2 不同是由于统计方法不同，以及数据年份不同。

资料来源：全国厚生农业协同组合连合会《厚生连事业概要》（2017 年版）。

如上所述，厚生连医院承担着农村医疗服务，它不是小规模医院，而是能够提供高级医疗的大型医院。例如图片 3－1 中的土浦协同医院（茨城县）就是一所具备内科、外科、产科、口腔外科等各种科室的综合医院，全院有 800 个床位，重症监护室（ICU）也有 39 个病床。医院引进了 CT、MRI 等昂贵医疗设备。面对地区灾害，医院具备可利用直升机救护的条件。医院还与地区医疗机构和高龄者设施合作，在地区医疗中处于核心地位。图片 3－2 展示了佐久综合医院（长野县）举办的医院节。佐久综合医院也是一家承担从接待患者到急救、可提供高级医疗服务的综合医院，上述若月俊一医生在籍时，从“卫生启蒙”开始，以“公害问题”、“集体体检”、“有机农业”以及“在家护理”等多种主题在市民间开展活动。此外还开设了体检窗口、举办戏剧及卡拉 OK 大赛等活动、与商工会及农协合作开设土特产贩卖窗口等。因此，佐久综合医院不单单是治疗机构，还参与城镇建设（医疗政策构想，若月医生提出的概念）。因此被称为“地区医疗圣地”。

图片 3－1　土浦协同医院

资料来源：该医院官网“医院导航”。

图片 3－2　医院节

资料来源：佐久综合医院官网“佐久医院节”。

当然，厚生连并不能囊括整个农村医疗，民间医院、诊所也承担了重要部分。一孔之见没能搜集到农村地区的专门数据，不过截至 2017 年

1 月末日本的总计 8439 所医院中，民间医疗法人运营设施有 5757 所（68.2%），全国 101505 家一般诊所中医疗法人有 41445 所（40.8%）。由于各机构功能不同，所以不能单纯以数字衡量。可以看出，三大公共团体合计开设 275 所医院、334 所一般诊所，可见民间医疗法人运营的医院、诊所在农村地区医疗服务中的贡献之大。上述措施仍然无法囊括的无医村，则设立由国民健康保险直接运营的诊所，现在这种村子仍然存在。

表 3－4　其他厚生连运营设施数量（全国）

设施	设施数	设施	设施数
偏远地区巡回诊疗车	44	上门介护支援中心	5
特别养护老人之家	8	地域支援中心	18
介护老人保健设施	31	农村体检中心	21
访问看护站	101	生活习惯病诊查车等	200

资料来源：全国厚生农业协同组合连合会《厚生连事业概要》（2017 年版）。

（二）国家偏远地区对策

对于山村、孤岛这类现代医疗难以惠及的地域，1956 年起国家、自治体实行了偏远地区保健医疗对策。《偏远地区保健医疗计划》每 5 年策划 1 次（表 3－5），现在第十一次计划已经结束，第七次计划是作为“医疗计划”整体中的一部分开始实施的。每次计划的主要内容见表 3－5。第十一次计划中的偏远地区保健医疗体系见图 3－3。整个计划以设置医疗服务设施为开端，在第 3 次计划中就提出协作的重要性，成立了多种多样的支援体制。从地理空间上来看，如图 3－3 所示，是一种发动全国力量向偏远地区提供医疗支援的体制。

截至2014年初，包括国保直营诊所在内的“偏地诊所”共有1038所（运营者有各地道府县及市町村，还有日赤、济生会、厚生连等），向没有设立偏地诊所的无医地区提供巡回诊疗的“偏地医疗定点医院”有296家，参与各都道府县广域支援计划并向偏地派遣代诊医生的“偏地医疗支援机构”共有40所。通过建立以上体制，无医地区数从1966年的2920个减少到2009年的705个，无医地区居住人口从119万人减少到14万人（部分地区因自身人口减少，因而从定义划分上不再属于“无医地区”。无医地区的减少程度没有确切说法）。

表3－5　偏远地区保健医疗计划（只列举每次计划新增措施）

批次	时间	内容
第一次计划	1956～1962年度	在人口较多、交通不便的无医村地区设立诊所
第二次计划	1963～1967年度	除设立诊所外，实施利用患者运输车、巡回诊疗车等机动力设备
第三次计划	1968～1974年度	向为偏远地区诊所输送医生的医院给予补助。保健所、医疗机构、市町村等的有机协作是偏远地区医疗协作对策的一环
第四次计划	1975～1979年度	向无医地区巡回诊疗、偏远地区诊所等提供援助，资助偏远地区中心医院的建设。在交通不便的无医地区设立保健指导所
第五次计划	1980～1985年度	加强偏远地区中心医院整备建设，促进医生去往偏远地区赴任，通过设置FAX推进与偏远地区中心医院的协作
第六次计划	1986～1990年度	导入静止画像传送系统，加强偏远地区医生的研修培训学习
第七次计划	1991～1995年度	实施相关对策确保无医地区配有医疗服务。医科大学定期向偏远地区派遣医生
第八次计划	1996～2000年度	偏远地区诊所常任医生休假时，派遣替代医生出勤。设立补助，补贴通过画像传送支援偏地医疗的医院。充实口腔科保健医疗，保健、医疗、福利协同发展

续表

批次	时间	内容
第九次计划	2001~2005 年度	导入偏地医疗信息系统，设立偏地医疗支援机构，整备、运营偏地医疗定点医院群
第十次计划	2006~2010 年度	通过偏地医疗信息系统实行 24 小时商谈制度，向偏地医疗支援机构配置非常勤医生
第十一次计划	2011~2015 年度（延续至 2017 年）	在偏地医疗定点医院培养具备综合诊查能力的医生，推进偏地医疗支援机构的职业发展体系建设，设立医生联盟，设立全国性偏地医疗支援机构联络会议等

资料来源：笔者根据厚生省大臣官房政策课调查室（1997）《日本社会保障进程》修改而成。

四　社会保障与医疗、看护体制——从医疗模式到生活模式

（一）日本面临的问题

接下来将描述日本短期内的发展形势。2018 年日本总人口数约为 1.2 亿人，据国立社会保障人口问题研究所（社人研）的中等推算，2050 年日本人口将少于 1 亿人，降到 9708 万人，之后仍将快速减少。

昭和 36 年（1961）版厚生白皮书第一部第一章中已经提出人口减少、社会老龄化的问题，然而从结果来看政府并没有找到有效对策挽回这一局面。

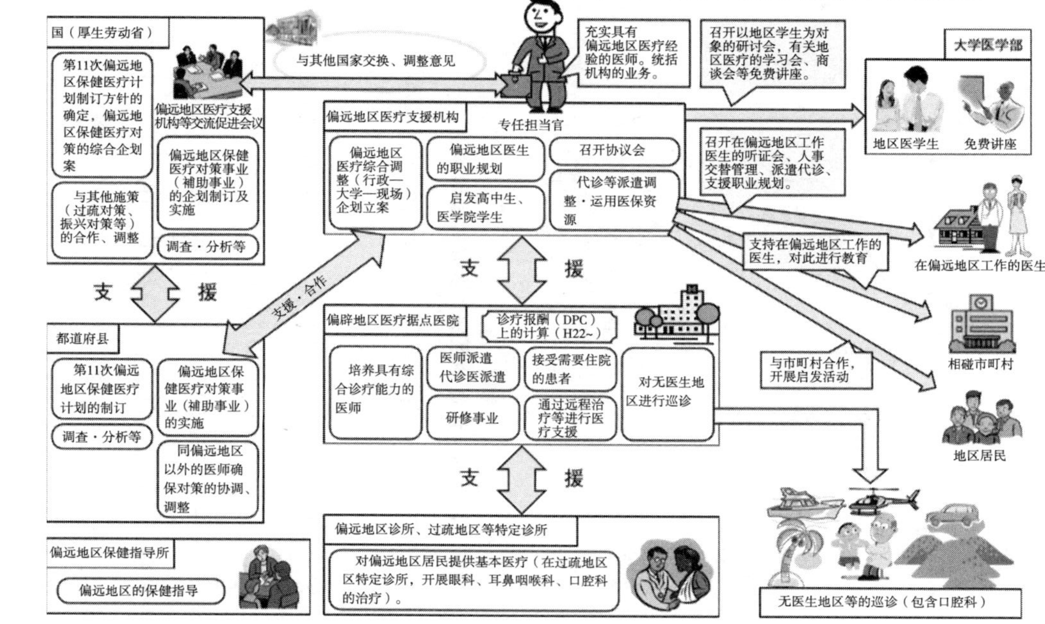

图 3－3　偏远地区保健医疗对策鸟瞰图

资料来源：厚生劳动省《第十一次偏远地区保健医疗对策鸟瞰图》。

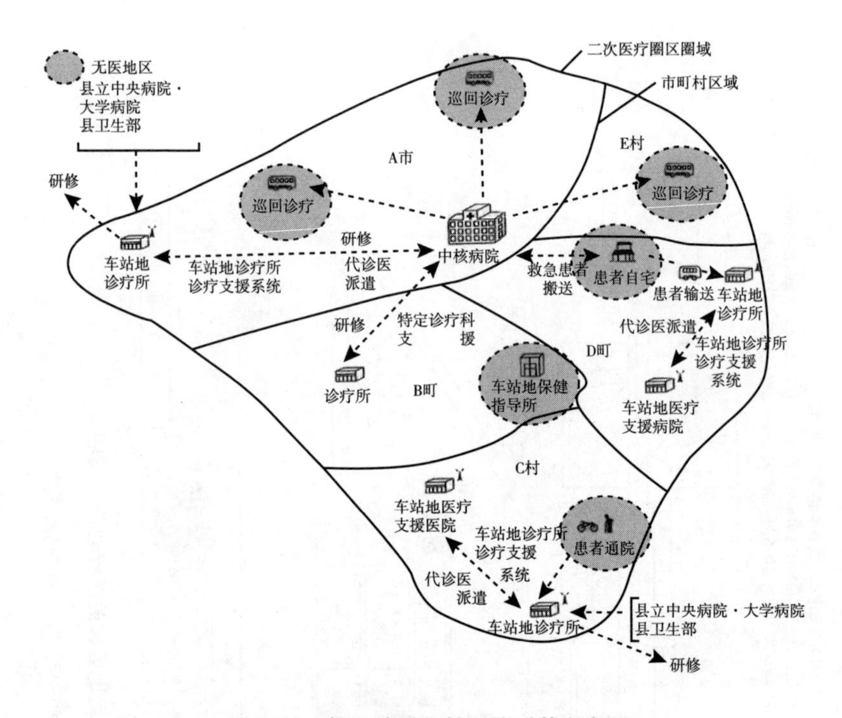

图 3－4　偏远地区保健医疗对策印象图

资料来源：厚生省大臣官房政策课调查室《日本社会保障进程》，1997，第78页。

根据世界卫生组织的定义，65岁以上人口比例超过21%的社会成为超高龄社会，日本为27.3%（2016年）。农村地区的比例显然更高，早已发展到超高龄社会之后的阶段。城市地区和农村地区虽然同样经历着人口减少、超高龄社会问题，然而具体情况有所不同。城市地区发展势头虽然有所放缓，然而仍能吸收大量年轻人口，目前来看人口减少比较缓和，然而高龄者却急剧增加。另外，地方及农村地区则常年向城市地区输送年轻人口。因此高龄者虽然数目上没有增加，但没有年轻人支撑，人口急剧减少。随着进一步发展，地方的供给能力越来越弱，城市地区也开始出现人口减少。讨论哪个问题更严重是毫无意义的，21 世纪以来人们仍持有某些传统价值观，城市地区高龄者的死亡场所成了问题。21 世纪以来，在养老机构的死亡代替了一部分医院死亡，然而随着人口急剧高龄化，医疗机构及设施能否足够容纳将死者成了新的问题。

总之，从社会保障制度的基本立足点来看，有必要促进居民进行良好的健康管理，并让地区居民都有一份营生，使居民能够住有所居、居有所安。此外，即使到了需要医疗介护的地步，也应改善地区社会制度及医疗看护体制，促进居民重返社会、自立生活，这需要政府部门和民众的共同努力。因此，医生、护士、介护人员不仅要在医院、药店等候患者，还要深入民众生活，努力推进疾病一次预防。当然，医疗现场工作繁重，体力、财力消耗都很大，这个事实很难改变。因此，还要在医疗从业者的工作方式上动脑筋、下功夫。比如，有的女护士生产之后会选择离职，这样她们的专业技能就白白浪费了。再者，有的护士非常关注农村生活，那么就可以调整工作方式，使她们一半时间在医院出勤，一半时间到当地居民中间实践工作，负责居民的健康管理，这是一种类似社区护士的想法。医疗从业者到社会中开展启蒙活动，促使居民在日常生活中自觉管理自身健康。人们普遍认为医疗服务由医疗机构提供，然而现阶段，要努力转变这种观念，建立新的医疗、健康观念。

这种医疗领域的向外扩张并不只是由宏观社会环境造成的，从微观角度来讲，作为医疗用户的一般居民的思想认识也产生了变化。猪饲指出，20 世纪是“医院的世纪”，西洋医学占尽上风，中医学遭到排挤，

患者向医生、医院强烈寻求的是“治疗价值”。在这种形势（治疗情况、内部因素）下医疗服务系统建立起来，医疗各个环节在医院、诊所中完成。然而随着时代的发展，到了20世纪90年代，生活质量概念一般化，并成为一种医疗目标。医疗不再只关注疾病治疗，而且关注治疗后患者的生活过程。生活质量与医疗科学不同，是一个主观的指标，而且评价基准不在医生方面，而在患者方面。所以，“医生具备的是医学知识，而不是患者生活质量信息库，因此无法理解治疗后的一些情况”。那么，要想追求生活质量，医生就不能只站在提供医疗服务的立场上，而要与患者建立信赖关系，进行紧密的交流。近年来，医院有这种变化趋势。医院经营吃紧，很多新的工作无法一下展开，然而这种新趋势已经萌芽。加上社会背景的变化，相信医疗终究会逐渐走进人们的日常生活。

（二）【挑战事例1】农协厚生连、足助医院

第一个事例是日本爱知县丰田市的足助医院。丰田市是丰田汽车本部所在地，也是很多相关企业的所在地，因此财政收入丰富。劳动者家庭较多，是一座拥有42万人口的中心城市。足助医院所在的足助地区曾是三州街道（盐路、海产品与林产品的运输通道）驿站而繁荣一时。从山地一侧望去，这边区域位于平原开端处，是典型的山间地域。地区内有片红叶景区名叫香岚溪，是著名观光地，每到秋天枫叶时节会引起交通堵塞。直到近年来，足助町一直是初级自治体单位，2005年足助町与周边町村合并编入丰田市。地区人口为7880人（2018年3月末）。

足助医院的早川富博院长曾担任日本农村医学会理事长，是农村医学的实践者。早川院长早年立志成为一名医学研究者，后来目睹无医村问题，遂投身农村医疗事业。

足助医院从2010年起每年面向市民举办“香岚溪研讨会”。前6次研讨会均从外地聘请讲师，举办学习会。第七次研讨会（2016年）主题为“可持续地区建设”，主办方断定“必须以地区居民为中心才有意义”，因此研讨会在内容上加入了社会福利协议会职员的基调演讲，接收自治会会长及当地任何团体代表有关地区建设的汇报，并进行讨论。

此外，医院还对地区居民的生活进行调查分析，并在丰田市及名古屋大学的支持下实施了“丰田市足助互助项目”。足助医院是生活调查的实施主体，通过对地区居民进行问卷调查，收集相关资料如：居住地与定点医院的距离等生活环境相关问题，外出频率，是否从事农业等生活方式相关问题。从而了解各地区的实际状况，并将其与居民健康状态进行关联研究。足助互助项目根据调查显示结果，有效利用图形终端设备向居民提供公交车预约服务，开展招收公共汽车系统的社会实践。

此外，由数家公司赞助，足助医院还在医院院内举办卡拉OK大会。赞助企业都是日本国内知名大企业，涉及卡拉OK业、食品生产企业、卫生制品生产企业等。日本市场饱和已久，企业不得不转变以往的大量销售收益模式，开辟新的商业模式。消费者的消费观念也发生变化，人们越来越关注伦理及环保。因此企业积极做出社会贡献可以提升自身品牌价值，从而提高收益，越来越多的企业转向这种经营理念。理想状态是建立一种企业、行政、大学、市民协同合作的创造共享价值

(Creating Shared Value)。资助足助医院的企业正是秉持这种理念。活动参加者从入院高龄患者到当地中小学生，活动中经常能看到小朋友给自己的亲人长辈送花等温馨画面。足助医院不仅是向患者提供医疗服务的场所，还是交流的场所。这些举措促进了良好地区社会环境的形成，使人们乐于外出活动。

目前为止虽然尚无明显成果，然而活跃地区社会，足助医院功不可没，它确确实实促进了地区居民参与地区社会建设。医院成了这里农山村地区的支柱。

（三）【挑战事例】长崎县对马市

长崎县对马市是日本九州岛与朝鲜半岛中间的一个远离本土的岛。面积708.6平方公里，与新加坡大小相当，有31066人居住（2018年9月末）。2015年高龄化率就已经达到33.9%，完善高龄者的医疗福利措施是紧急课题。长崎县医院企业团在市内经营着对马医院和上对马医院，这两所医院都具备二次医疗功能。但对马市南北狭长，地形多山，居民就医十分不便。该市还有100多个20～40人的小规模聚落，其中很多聚落几乎只有老年人，也就是所谓的“边界聚落”。就医的交通手段确实困扰着广大居民。此处要说的正是我们前面提到的，相比完善居民就医交通手段，本质上更应致力于使居民维持良好健康状况，以消除就医的必要性。因此，不仅是完善就医路径，还应刺激居民外出参与各种社会活动。

2016年，桑原直行医生出任对马市医疗统筹官兼严原诊所所长后，积极实践诊所门诊和访问诊疗。桑原医生是前任秋田县厚生连医院医生，为确立地区医疗做出了贡献。桑原医生的专长是脑神经外科，曾任秋田县灾害派遣医疗队队长。后来东日本大地震中，作为救援人员被派往灾区支援，接触大量遗体和死者家属以及受伤患者后，他深感医生的职责不能停留在医学治疗上。

其中，对马市高龄者中存在找不到生活意义、孤独、不安等心理问题。尽管财政吃紧，高龄者的医疗福利还是一味地依赖财政支出，整体呈现出消极灰心的气氛。此外，医疗人员、介护人员以及行政协作虽然已经制度化，但地区居民缺乏意识，健康长寿的最关键因素没有调动起来。不仅仅是对马市，日本大部分农山村地区都存在这种现象。桑原医生首先提出的是，在诊所院内种植葡萄，然后发动高龄者一起手工制作葡萄酒。

在开展活动的过程中，桑原医生从高龄者口中听说本地有种叫作“柄美”的野生山葡萄，他们小时候上学路上常摘着吃。对马是离岛，荞麦、黄芩卷丹等植物，日本蜂等昆虫，对马山猫及对马貂等哺乳动物，都是对马特有的物种。这些资源、生物与其他地区有着微妙的区别，由于人们生活方式的改变，人与自然环境的交往发生变化，这些物种越来越罕见，生态平衡面临危机。这种柄美葡萄一般被叫作蘡薁，对马的蘡薁与其他地区的蘡薁性状则有不同。然而这种野葡萄曾经长在山脚下，孩子们可以随处采摘，如今却很难见到。所以通过人工繁殖柄美葡萄，让它在岛内重新繁盛，这样能唤起高龄者对往事的回忆，同时也能让他们找到生活寄托和生活意义，还能让对马的生物种类继续繁衍。

随后，桑原医生召集当地农地所有者、植物博士等有识之士，讨论如何进一步推进这个项目。其间，作为大学教授常年从事农业经济研究

的长安六教授，对这种活用地区盈余资源改善当地居民生活健康的举措深感共鸣，他将手中闲置数十年的约66公顷农地全部提供给这个项目。

图3－4是一个土地利用理想图示，向一般市民公开展示。讨论当初，只是为了解决身体健康的高龄者的余暇生活问题，后来考虑对象扩展到介护设施入住者，最好是能够向所有人提供休闲娱乐的场所。为此，还必须倾听孩子们的声音。2018年的项目还在计划阶段，初步打算在附近森林里建造树屋，供人们游玩休息。

2017年3月，整备活动开始了。除了开垦田地，还要整备水渠，制作炉灶，修复、美化石墙，用一年的时间将掩没在杂草树木中的山间空地变成宜人的娱乐场所。这些活动都是自治活动，没有报酬，是生活的一部分。农机具由地区居民提供，大家亲手整备农地。此外，行政部门提供一些钢丝网（防鹿、野猪等），当地企业则承担一些使用重机械采伐树根的作业，农协负责提供一些化肥等农业材料。另外，这个活动引起了岛内各地社会福利协议会的共鸣，各协会纷纷派遣职员参与整备活动。土壤活化剂等一部分农业生产材料，通过向经营者回馈效能测评实验结果来免费获取，可以说是策划者精心想出的方案。上述内容主要以企业、团体的支援为主，之后的阶段则需要靠地区居民的共同参与。活动目的在于通过找到自身生活价值来增进居民身体、心理健康，社会参与还能加强居民间的联结，促进大家互相扶持。这个农业主题公园项目重视的不是金钱收支，而是互助功能的强化，桑原医师称之为“人情存款”。然而单方面谈精神唱高调不能起到持续作用。所以，还需要开发一种既能储蓄还能流通的地区系统，让居民切实看到，现在谁做出贡献将来谁就能得到回报。

现阶段虽然借助地区内外有志之士的力量继续活动着，然而仍有起码的费用，比如一定量的燃料费。因此，考虑出售农地的一部分作物。比如，据说软枣猕猴桃（小猕猴桃）对肺癌、大肠癌、皮肤癌可能具有预防效果。对马的岛上软枣猕猴桃跟一般猕猴桃在性状上有些差别，如果能够保全自身物种，并顺利销售，这个活动或许有可持续性。当然，要想导入市场附加价值高的作物，还需要当地农业指导者的帮助。

杂树清理和开垦作业告一段落后，开始播种作物，这时农地可以对外开放，供当地儿童（学龄前儿童）游玩。同时，笔者所属的农协共济综合研究所以明治大学为中心，发起项目调动首都圈大学生每月赴对马市实践。对马市内没有大学，升学后的大学生都得到外地上学，因此市内严重缺乏体力正盛的18～22岁群体。另外，当今日本首都圈大学的学生有相当一部分是土生土长的首都圈人，对农业和农村山村社会十分陌生，人情关系淡薄。不过，2011年3月东日本大地震后，明显可以看出社会中年轻人的意识发生了转变，他们开始关注人际关系（社交、社区）和可持续性（环境、生态系统），大地震前这些概念在都市社会中常常被忽视。也就是说，当代日本第一产业（primary sector）高龄化率严重的地方社会，对青年人来说还蕴藏着传统与现代的连接点，他们在这里寻找新的社会定位。事实上，附近居民也表示，自从开设这样的交流定点后，自己的生活变得比以往有生气了。11月举办丰收节，用农业主题公园收获的荞麦款待当地居民，包括儿童。

各方面都期待通过在岛内广泛开展这样的活动，给岛内社会带来活力，促进人们保持良好健康状况。2018年以来，以农业主题公园活动为范本，有地区开始了“贝口啤酒公园”活动。啤酒公园目前占地面

积较小，但其风趣又与坐落于河口湾处的农业主题公园相异。对马市聚落众多，每个社区各有特色。希望将来这些活动能够成为对马市的希望，承载起特有物种的传承和高龄者的寄托。

图 3-5　农业主题公园构想图

（四）日本农村医学会、生活习惯病分会介护同期群研究

下面简单介绍日本农村医学会的近期研究动向，这也是一项具有挑战性的研究。正如前面提到的，在日本高速经济增长期，城市地区与农村地区的疾病倾向几乎没有差别。然而，这并不意味着农业者完全从农机具灾害及农药中毒中解放出来了，农医会至今仍然设有相关研究分会，相关研究仍然活跃。日常生活负伤概率与生活态度间的相关性研

究、关于推进多重职业协作的研究、食品安全相关研究等不拘于农村固有领域内的研究也大量开花结果。

2007 年，农村生活习惯病分会成立。2017 年，在全国共济农业协同组合连合会（全共连）全国本部的支援下，全国各地厚生连医院与大学机构、NPO 法人等共同启动“针对农业、农村特性的介护同期群研究”（https：//www. jarmlsd. jp/index. html）。这项研究主要探讨农村生活者的生活态度（农业相关性等）、居住环境（与定点医院的距离等）、地区环境（社交资本等）与各种健康指标、疾患、介护服务利用状况的相关关系，收集 5 年的数据进行定量分析。那么，足助及对马市所做的一系列工作，实际上对农村山村地区居民健康改善有无贡献，就可以通过统计数据得到部分说明了。

在跨越超高龄社会的过程中，日本社会要在实践中探索建立健康长寿的地区社会的可能性，并进行研究佐证。

五　结语

本文依时间顺序简略概括了日本农村医疗的发展历程。猪饲所谓的“医院世纪的终结”之后，与当下社会情势相匹配的医疗的剪影与农村医学十分相似，即便这种医学立足点不能成为主流，但农村医学的经验的确是应对超高龄社会的医疗前哨。此外，文章还介绍了近 10 年来在日本农山村地区渐具规模的地域包括看护事例，以及农村医学研究者的相关工作。

日本农山村地区能否通过开展上述工作，克服眼前的困难，还是未

知数。然而各地区积极应对，行政部门与居民协力合作，却是有目共睹的。外部关注也是一种动力，所以希望社会各界多多关注这些问题。

（李雯雯 译）

参考资料

厚生省大臣官房政策課調査室監修（1997）「日本の社会保障の歩み」，中央法規。

猪飼修平（2010）「病院の世紀の理論」有斐閣。

栗田但馬（2011）「日本の地域医療問題と地方自治体の役割」。

足助病院（2016）「第6回香嵐渓シンポジウム「いつまでも ここに生きる」高齢化と過疎化が進む中山間地域におけるエイジング・イン・プレイス—協助型の移動支援と健康見守りサービスの構築を目指して—」（平成27年10月17日 いきいき生活支援公開シンポジウム 開催記録）。

JA共済総合研究所（2018）「平成29年度JA共済総研セミナー 超高齢社会における地域の対応と若者の還流による効果を求めて～対馬市における地域包括ケアと意気額連携の取り組みより～」。

第四章 **农村中的社会组织**

川手督也

一 日本农村社会的基本结构、特殊性及其与农协的关联

迄今为止，村落被认为是日本农村社会的基本单位（铃木荣太郎，1968）。日本农村在地域层面上存在三层结构：第一层面——村组和里巷，第二层面——村落，第三层面——行政村。铃木认为，第一层面的地方社会即村落是凝聚力尤其稳固的集团，处于特殊位置。即村落被设想为一定空间领域中的社会统一体。村落的集团凝聚力强大，以所谓的村落－自治组织为中心，构成地区社会，被视为一个完整的组织。可以说，这是日本农村社会的鲜明特征之一。另外，在所谓的旧式乡村，行政村范围大多与小学校区一致。农村社会的实际状况是多种多样的，农户数量也各不相同。

平均而言，第一层面的村组和里巷由几户至十几户构成，第三层面由8个左右村落构成。

村落是日本农村社会得以形成和维持的基础。在村落中，家庭之间通过共同进行田间劳动和使用农业用水，在地缘上构成一个集体。村落承担着地区的各种机能，除了在农业生产方面维护和管理耕地和农业水利设施，还负责集会场所的维持管理、传统文化的继承、地区居民间的相互帮助等。一直以来，学界对村落形成的过程和村落性质的界定，进行了各种探讨。普遍认为，村落是近世以来日本农村社会的基本单位。

二战后广泛设立的农业协同组合遍布日本，构成日本农村社会的基本结构。因此，农业协同组合从一开始就具有较强的地区协同组合的性质。农事执行组合（或农户执行组合等）是农业协同组合的地区基本单位。它以与组、巷或村落重叠的形式推进组织化，最初农协的管辖范围大多与行政区即旧式乡村的范围相同（图4－1）。

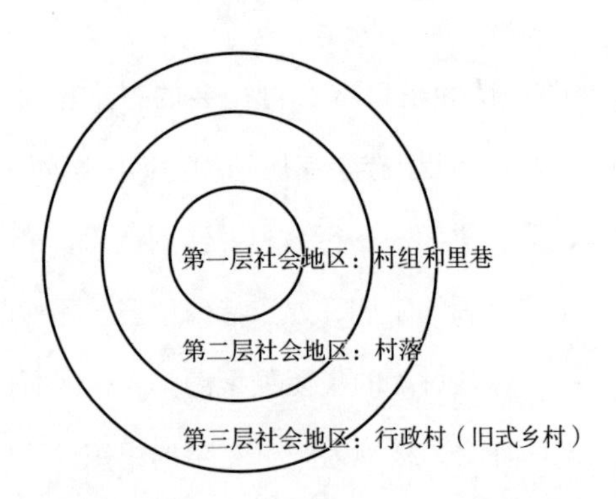

图4－1　日本农村社会的基础单位

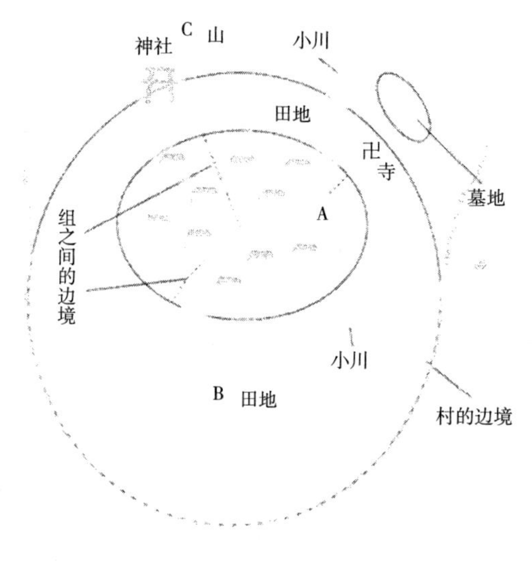

图 4－2　村落的空间配置

二　20 世纪 70 年代后地区活力（村落建设）的展现与农业组织（村落）的变化

20 世纪 70 年代，经济高度增长的影响波及农业和农村，产生了很多问题。全国各地开始以村落为单位，推动村落建设，实现地区重组。村落建设的主要内容是实现生产生活的现代化，如实现生活改善，包括田地整治、农业机械化、村落集体经营农业、产地形成等生产条件的改善，以及文化馆建设等生活环境的整治，推动对地域生活的重新认识等。

村落建设多被作为一项农业政策来实施，市町村、农协以及农业改良推广中心等相关机构发挥了较大作用。可以说，这些机构不仅在硬件方面，在引导地区发展方面也是非常重要的。村落建设包含多个不同方

面的工作，如结构改善事业、农协事业、协同农业推广事业以及农协事业等，各具特点，但在基本形态上是共通的。村落建设的目的在于，以村落为单位，实现农业农村的整体振兴。因此，这项运动需要极长的时间，而且在参与方式上，具有较强的地区整体参与性。

二战前“町村整顿”和“农村改革运动”的背景是农村经济困顿不堪，二战后“新农村建设”的背景是由粮食增产向适地适产转变，而这一时期村落建设的背景则是，兼业化和杂居化的加深导致居民构成异质化，造成农村居民间的连带性下降。在解决集中爆发的农业农村问题的过程中，促使居民达成共识是必不可少的，但在20世纪70年代以后，很多农村的实际情况是，由于居民间的连带性降低，导致居民间连沟通的机会也少之又少。由此，村落建设的基本步骤形成一种定型化的程序。

①相关机构（地区领导者）谋求村落的引导和合作，推动村落居民间主动进行协商。

②在协商基础上制定全面的振兴计划（愿景）。

③开展包括振兴生产和整治生活环境在内的必要辅助事业，谋求村落的全面振兴。不仅是村落居民，行政部门也积极参与了重新激发村落活力的过程。

在此过程中，村落作为农业农村振兴和村落建设的主体，发挥了巨大作用（川手督也，2009a，2009b）。

为了应对村落建设，行政部门创造出了各式各样的居民主导参与型调查和计划方法。典型的方法有环境检查地图、农用地一体调查等。这些方法有一个共通之处，即各层面的农村居民共同确认地区耕地以及其他地区资源，在此基础上制定地区的未来愿景（和田照男，1984；木下勇，三桥勇夫，1991；福与德文，2011；等）。

村落建设的相关措施首先是以县独立事业的形式起步，如秋田县的“村落农场化事业”（始于1972年）、茨城县的“村落经营农业模式”（始于1975年）和岛根县的“新岛根方式”（始于1975年）等。在国家层面，地区农政特别事业（始于1977年）、农山渔村地区环境改善对策事业（始于1976年）以及手工业村落整备事业（始于1978年）纷纷登场。农政审议会也在1980年10月的报告中把“村落建设”定为农村整备的一部分。在农协方面，岛根县发起“乡村重建运动”，全国性的地区农业振兴计划积极推进“村落建设”。在此背景下，农林水产省的表彰从1979年度开始增设“村落建设”名目。

在上述过程中，农政方面也通过处理减耕问题，“重新发现”了“村落”在调整农业农村中的作用。由此，从20世纪70年代开始，国家行政部门介入，推动村落集落机能重新焕发活力。在20世纪80年代，这种干预正式成为常态。

村落建设的目标是重组村落。其成功与否，与居民能否主动配合密切相关；因此，尽量发动各阶层居民参与其中是必要条件。村落建设的骨干力量首推网罗地区农户的村落自治组织。但鉴于其功能的弱化，实际的村落建设必须改革以村落自治组织等为代表的农村机构。

一般而言，日本村落的运营依赖于由每户代表即户主（大半为中老龄男性）构成的自治组织，而这种做法难以体现女性和青年人的意见。从自下而上的决议累积、各组织的统合及调整来看，根据①员工大会或代议员工大会的功能分化程度（是否通过设置部门会议制或委员会制，谋求功能的分担）以及②员工大会或代议员工大会的成员范围

(成员中是否有合作组织、传统组织以及功能团体的代表等)，村落自治组织的结构大致可分为4种类型。其中，为了吸收女性和年轻人的意见，有组织地动员和达成共识，促进地区活动和推动村落建设，设置部门会议制或委员会制、传统组织和功能团体代表等加入的Ⅳ型自治组织最为适合。其典型案例是“村落建设协商会方式”。在这种方式下，成员除了既有自治组织的员工，还纳入了传统组织和功能集团的代表等(包含女性和年轻人)，形成了超越既有自治组织的总括性组织。另外，日常工作由自治组织负责，而村落建设相关活动主要依托“村落建设协商会”进行。

“村落建设协商会方式”的特征有如下三点。

①原则上各类阶层可参与，而不限于户主层面，并推动女性和年轻人参与其中。

②采取部门会议的方式，促进功能的分化。

③多数情况下，依托既有组织构成，既有领导基本上自动成为“村落建设协商会”的领导。这一倾向非常明显。

如上所述，“村落建设推进协商会方式”逐渐被确立为面向村落建设的村落自治组织的重组形态。同时，它还存在如下一些问题。

第一个问题是组织的结构。由于“村落建设推进协商会”基本上属于村落内部组织的一个单纯集合，其功能局限于充实各个农户的活动，而且这类活动与既有组织的活动差别不大。另外，动员女性和年轻一代虽然具有可行性，但由于村落运营的秩序基本保持不变，女性参与决策的事例极为罕见。继而，组织的管理职能很容易集中于组织领导者一身，导致组织的领导者经常负担过重。

第二个问题是普及的方法。村落建设的许多内容局限于整顿和改善生产生活设施，未能充分地重新考察地区的生活状况。因此，虽然“村落建设协商会”和村落建设基本程序以及居民主导参与型调查与计划方法一道，得到了广泛的普及，但实际上，设施整顿和改善等偏重形式方面的应用在不断增加。

20 世纪 80 年代以后，由于①兼业化和杂居化的进一步加深，②作为提升生产率的经营合理化的必要性等因素，在谋求地区农业农村振兴时，以村落为单位的“村落建设协商会方式”逐渐不合时宜。随着兼业化和杂居化的加深，地区零星存在着全面且专业的农业经营。首先，农业人员的组织和网络、畜产和园艺产地的形成与重组，已经大大超越了村落的地理范围（川手，2009a，2009b）。

20 世纪 80 年代，在全球化背景下，资本主义的表现形式也实现了新的复兴。市场机制开始渗透农业农村的所有领域，同时在兼业化和杂居化进一步加深的过程中，村落机能明显下降，农业和农村日益分离。正如前川报告所言，寻求农业产业的自立成为当时的典型动态。另外，日本社会的整体城市化不断推进，人们根据“故乡遗失论”对农村进行重新评价，认为体验农业农村的机会非常珍贵，强调农村丰富的自然环境和生活文化是无法代替的。在此背景下，城市与农村的交流组织开始在各地出现，构成了村落建设的中心。由此，作为交流组织主体的村落显现出最后的辉煌。

进入 20 世纪 90 年代，村落机能进一步弱化。在振兴水田农业和推进改作等方面，村落逐渐失去基础地位，也不再发挥农业农村振兴的主体作用。即便如此，农政继续施行补救策略，结果导致村落更加依赖财

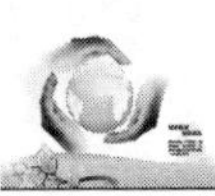

政补助金，越发丧失主体性和自律性。村落领导者自始至终参与“如何公平分配补助金”的倾向越来越强烈，加速了村落的恶性循环（大镰邦雄，2009）。同时，兼业化和杂居化程度进一步明显加强，农村社会的脱农化趋势愈演愈烈（表4-1）。21世纪的头10年，这一趋势更加显著。集落作为农业农村的振兴场所及其主体，其极限显露于表。

表4-1 日本农业集落的动向

年份	农业集落总数（集落）	平均农业集落概况							
		总户数（户）	农家户数	专业农家户数	兼业农家户数	第1种兼业农家户数	第2种兼业农家户数	非农家户数	农家率（%）
1960	152431	64	39	13	26	13	13	25	60.9
1980	142377	141	33	4	29	7	21	108	23.4
2000	135163	213	23	3	14	3	12	190	10.8

资料来源：农业普查。

三 农村社会变化催生的地区活力课题与构建新型中间组织（地区经营主体）的必要性

（一）作为村落建设场所及主体的村落的极限

面对当今村落机能的大幅下降，就村落作为农业农村振兴场所及主体所存在的极限，人们进行了大量的研究探讨（川手，2009a，2009b）。

可以说，超越村落的新农村社会的重组，对于村落机能明显弱化的山谷地区而言，是更为紧迫的问题。相关探讨从流域共同管理的视角出发，不仅关注下游山谷居民的问题，还指出为了在包括下游城市居民和渔民等的广域范围创造出人与自然的丰富性，必须构建新型框架即流域共同管理的必要性。主张流域共同管理必要性的人数不少，主要以大野等人为代表（大野晃，2005；德野贞雄，2007）。不言而喻，地区社会的扩大已经远远超过了村落和旧式乡村的框架。

总而言之，上述探讨暗示了一点，即村落无论是作为地理范围或是作为村落建设的主体，都不再像此前那样扮演主要角色。

下面，笔者就近年农村社会重组的课题进行考察和分析。

（二）地区建设的广域化与农村社会重组的必要性

第一，为了应对今日生活圈的扩大，有必要构建多重农村社会体系，即地区建设的范围是从近邻（组）、村落、小学校区直至市町村、多个市町村。

如前所述，村落是非常发达的地区机能共同体，具备强大的凝聚力和主体性，是体现世界上无与伦比的地缘凝聚性的地方自治团体（德野贞雄，2007）。可以说，它以紧密的组织结构为基础，有力地推动了地区农业以及村落建设的发展。与此相对，近年来备受瞩目的旧乡村虽说在历史上的确发挥了地方自治团体的机能，但与村落的组织结构相比，其特征是始终过于松散。因此，不能先入为主地认为村落采用的重组原理和方法论在旧式乡村，甚至在超越旧式乡村的多重性且机能分散

的农村社会体系，会产生效果。此前，家庭村落论是把握农村社会的基本理论。它的分析手法是，假设家庭和村落是一个封闭系统，以探究内部关联结构为前提（北原淳，1983；鸟越皓之，1985；大镰邦雄，2006）。这种理论基本上不适用于超越村落的多重农村社会体系（围绕现代日本农业农村振兴的讨论中，以旧式乡村为焦点的内容不多，如小田切关于振兴山地地区的论述，但几乎没有触及确立地区经营体多重性质与城市方面关联的必要性）（小田切德美，2011）。

大镰（2009）指出，在新展望下形成的共同性可以说是“目标指向型”的，与之前村落的共同性不同，参加者未必具有同质性。因此，村落体系曾拥有的稳定性很难得到维持。

由上文可知，随着地区建设范围的广域化，我们有必要构建地区经营主体即新中间组织和新农业社会体系。它们是旧式乡村甚至市町村地区的核心。

（三）基于“场所逻辑”的新地区建设原理确立的重要性

确立基于岩崎“场所逻辑”的村落建设，以此作为农村社会重组的前提，具有重要意义。

岩崎把最大限度发挥“场所丰富性”的逻辑定为“场所逻辑”。他认为，场所的三个层面和“场所丰富性”的关系如下：①空间上，指土地生产力的丰收、美丽的景观、多种多样的生态系统；②关系上，指人与人、人与社会、人与自然关系的多样性；③时间上，指存在不能倒退的平行时间。与村落逻辑不同，①空间上的场所不是范围概念，不可划分；②关系上，存在超越村落的物理性延伸，同时共有目标意识的集团所占比重较大，如以“生命”为共同理念的、普遍性较高的集体和网络大量存在；③时间上，立足过去，放眼未来，构想其应有的价值规范。在这样的前提下，历史和传统是面向未来、应该有效利用的资源，而不是漫不经心继承的对象。与单纯的共同体复权主义不同，这种逻辑与普遍理念相结合，在时空上具有广阔性。它也与抽象的普遍主义不同，拥有具体的立足点即所属地区。岩崎（2000）进一步指出，作为宜居地域的必要条件，认可自身的存在、承担责任、具有耐心地维持各种关系和小型封闭小场所的存在等是非常重要的。

为了提高场所的丰富性，关键因素是，重新审视地区生活，抗住“任何地方/任何时间/任何人/同一性”等全球化背景下的统一化和标准化等社会压力，确立地区的身份认同。但需要注意的是，拘泥于地区性反而可能获得超越地区的共有普遍理念。

另外，在以“场所逻辑”为基础的地区建设原则下，有必要在多种主体之间构建新型合作体系。此处展望的不是家庭和组织单位，而是以个人单位参与为基础的组织；不是整体地区性的紧密组织，而是以机能性网络型组织为主体的体系。另外，这个体系是丰富多彩且个性鲜明的框架孕育、发展的场所，是以互相发挥彼此个性为基础的母体。那时，女性将成为关键人物。在家庭单位或村落建设的过程中，女性是最大的支柱，但长期处于配角地位。正如岩崎（2000）所言，实际上女性极少参与村落建设和地区农业的决策，而是常常与村落和现有秩序之间产生摩擦和纠葛。相反，也正因如此，她们多次为与现有方式不同的灵活网络活动锦上添花，可以说能够成为农村社会变革的主体。

未来，和农村外部的联系将变得非常重要。正如内山节（2010）

所言，人们曾认真探讨第一产业和地区、生产者和消费者的联系，不再将一切都委托给市场，而是自己动手，反复尝试创造新型农业和流通的理想状态。作为城市的消费者而认真思考农业农村问题等，拥有一些不单纯依赖市场来获得农产品的方法。可以说，这暗示着农村与城市以农业和粮食为媒介组织化和网络化，同时拥有共同生活区域的人群共同体即农村地方社区，与拥有共同关心和思想的人群共同体即城市主体中心社区之间，有必要结合在一起。① 另外，地方社区有必要以"场所逻辑"为基础，重组具有多重性和机能分散性的农村社会。在地理范围上，目前第三社会地区即行政村，也就是旧式乡村是焦点。

此外，农村与城市的媒介不仅是农业和粮食，还涉及生物多样性、农村景观（风景）、文化等所谓的农业农村的多方面机能。

援用经济人类学框架，町与村的财产和服务分配大致可分为市场交换、互惠、再分配和自给（町村敬志，1986）。按照这一分类，在20世纪70年代以后的村落建设过程中，国家通过再分配体系，介入面临市场交换渗透的村落，推动了村落传统式互惠体系的发展。今后的课题是，在农村与城市间建立基于"场所逻辑"的互酬系统即连带经济，以此对抗市场交换和国家的介入。另外，生活自给被定位为连带经济②的前提，为此获得生活能力很重要。正如宇根丰（2008）等所言，自给不仅仅指食物的自足，更不是特指国家的食物自足。自给的价值，只有在人们想要保护因

① 在日本，社区多指拥有共生活区域的群体。其原意指拥有共同利益、宗教、国籍、文化、价值观和思想等的共同社会和共同体，也指类似主题社区等超越生活区域的共同体。关于这一点，参照石田正昭（2008）。

② 参照赛奇·拉图什（2010）。另外，在理解近期常被提及的社区商业和小型商业等话题时，必须结合连带经济的视角。

近代化而破坏的自给时才能意识到。也就是说，当下的生活自给是作为对“近代化”的抗拒和反对概念而诞生的，处于支撑新互惠体系的位置，是靠自己创造、自己使用来实现美满的“自创自足”。正如发明这一概念的栗田和则（2008）所言，如果以能过上怎样的生活而非以金钱作为衡量标准，农村是不贫穷的。频繁提及的实现“农村般的生活”，是农村计划的目标，其本质就在于“自创自足”。

将来，农村生活不同于城市，是在与自然直接接触的基础上形成的，与自然的联系方式非常重要。但有一点必须重新认识，即自然并非共生的对象，给予人类恩惠的同时，也是让人畏惧的存在。先前发生的大地震表明，自然作为“共生”的对象，其威胁实在太大。其中，为了从让人畏惧的自然得到恩惠，生活自给处于最基础的地位。

四　新型中间组织即地区经营主体激发地区活力的事例

可以说，上述内容揭示出，有必要在现代日本农村构建成新型中间组织，即多重性地区经营主体。为了探究20世纪90年代以后村落建设新形势下的农村社会重组的具体方式，笔者试就以下两个先进事例进行分析。

（一）岩手县远野市绫织村地区建设联络协商会

第一，地区概况与村落建设的开展。

岩手县绫织地区位于岩手县远野市西部的田园地带，地势平坦，拥有335公顷稻田，斜地部分有175公顷农田和35公顷采草地。它包括7个村落（行政区），在旧式乡村范围内有人口2216人总户数558户，农

户户数为407户，其中专业农户为59户。农业以水稻为主体，专业经营的类型是水稻+蔬菜、花卉、水稻+畜产（奶酪畜牧业、肉牛）、水稻+烟草等（依据2000年农业统计调查及人口普查）。

在绫织地区，以1979年新建地区中心（旧式乡村单位的公民馆）为契机，各行政区长和地区内组织负责人等作为成员，设立了“绫织町地区建设联络协商会”，以此作为地区建设的新组织。在“建设幸福宜居的富饶家园”的目标下，该组织开展了活动。

进入20世纪90年代后，绫织地区提出了整备大区划农场和设立道路车站的计划，迎来了建设新型村落的时机。在农业经营方面，大区划农场整备的受益者们组成了“绫织地区农业经营组合”，以村落为基础，推行地区内耕种计划的制订和土地利用的调整，并将其委托给土地利用型中坚集团即“21世纪梦想编织与实现会”，从而确立了有效的农业经营体系。另外，以渴望设置“田间公共厕所”为契机，地区女性组成了“美梦成真女性会”，展开丰富多彩的活动（图4-3）。

下面，围绕绫织地区新型村落建设的中坚组织即“21世纪梦想编织与实现会”和“美梦成真女性会”，笔者一一进行阐述。

第二，21世纪梦想编织与实现会。

绫织地区在推行大区划农场整备的时候，地区20多岁到40多岁的农业从业者聚集起来，于1993年组成了绫织接班人会。之后，通过多次去先进地区研修和开展记账等学习，1994年发展为21世纪梦想编织与实现会。会员有15人，主要业务员有8人。组织成立时的平均年龄为28岁。2004年，该组织接受水稻种植的委托，包括耕地45.3公顷、耙田（插秧前平整水田）57.1公顷、插秧61.8公顷、收割66.5公顷；

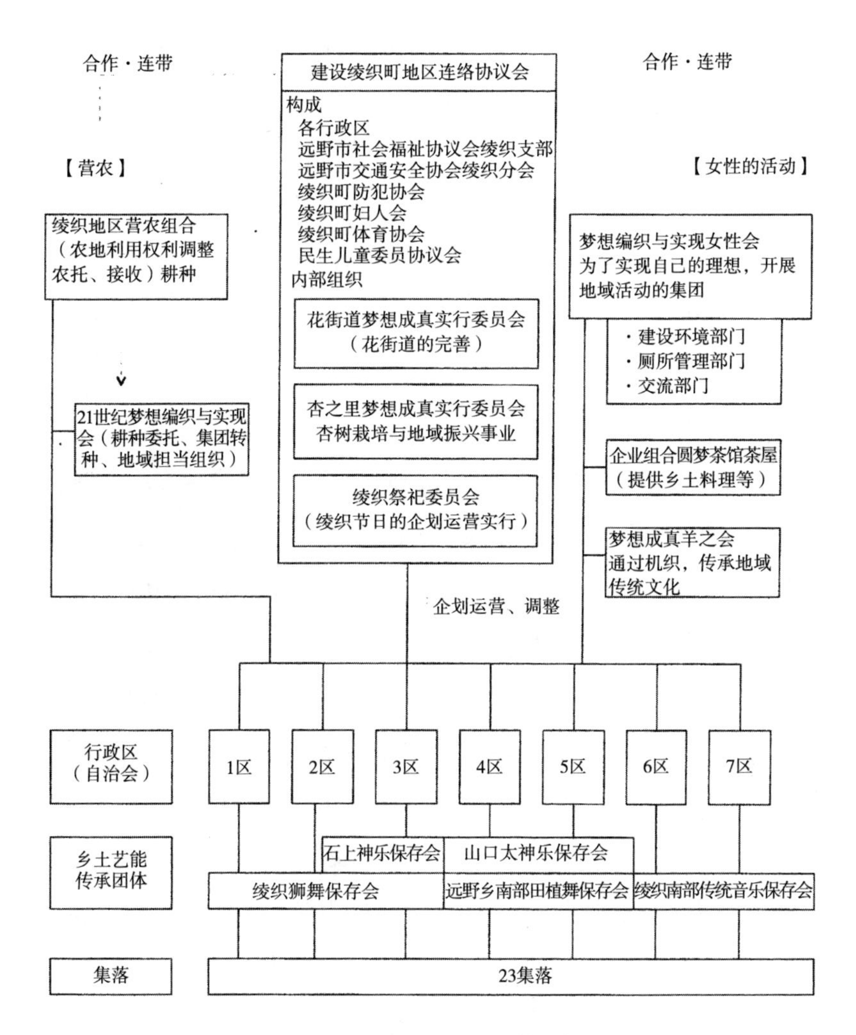

图 4－3　远野市绫织区的村落建设推进机制

同时接受改种的委托，包括大豆 23.9 公顷、小麦 11.0 公顷、荞麦 3.8 公顷。生产的小麦、荞麦面被加工成挂面和荞麦面，送到道路车站的餐馆，同时在附设的直营店销售。另外从 1998 年开始，该组织与地区内

外的畜牧业经营者合作，积极进行以稻草换混合肥料的土地改造。成交面积逐年增加，2002 年供应稻草 22 公顷，施用混合肥料 154 公顷。将来，接受水稻和改作委托的同时，组织也引入蔬菜、花卉栽培，实现自主销售，并争取法人化。

其中特别值得一提的是，21 世纪梦想编织与实现会的成员中，有 5 人的耕地面积从 1 ~ 2 公顷扩大至 5 公顷，更有 2 人经营的耕地面积扩大至 10 公顷。

第三，美梦成真女性会。

在大区划农场整备事业的事前说明会上，以“想在农场上厕所”提案为契机，农场内水洗式公共厕所得以建立，同时“为使自己的居所更加宜居，向团体和行政部门提出建议，一起参与村落建设”的氛围在地区女性中间日益高涨。在远野市等相关机构的支持下，她们于 1994 年成立了美梦成真女性会。刚成立时的会员有 18 人，2004 年增加至 33 人。该组织每月召开例会，热烈讨论组会活动和地区事项。在开展实际活动时，该组织分为 5 个部门：①“企业组合圆梦茶馆”，负责农家乐；②“公厕管理部门”，负责管理农场厕所；③“环境建设部门”，负责盂兰盆节期间在街头设置手工照明灯，以及使用湿垃圾混合肥种植蔬菜等；④“交流部门”，负责引导中小学生织布、农活体验与交流等绿色农家游；⑤“梦想成真羊之会”，负责复兴织布，喂羊吃田埂杂草以减轻拔草劳力，推动从剪羊毛、染色再到织布的体验和学习。

其中，采用独立核算制的企业组合圆梦茶馆是在建设地区道路车站的过程中，根据“销售传统食物的饮食店”的理念，于 1997 年在远野市和道路车站运营主体的第三部门支持下成立的。在探讨顾客需求的基础上，茶馆把荞麦、饭团、传统乡土点心等商品化，提供给来往的顾客。茶馆的成员为 16 人，4 名理事实行 3 人在岗、1 人休息的轮休体制；其他会员交替出勤，繁忙时段 5 ~ 7 人上班。报酬方面，理事按月结算，其他会员分为月薪制或日薪制。茶馆年营业额从 1997 年的 1800 万日元顺利提升至 2003 年的 5000 万日元。每月客流量为 200 ~ 300 人。店里所用食材除来自自家的农产品外，还通过地区间的合作，如从 21 世纪梦想编织与实现会购进大米等。

2001 年，茶馆向东北北部 3 县发出呼吁，策划运营了火锅食材的业间交流会即“火锅论坛”。此后，茶馆开始主办广域交流活动，如每年召开岩手县单独参与的论坛等。

第四，小结。

在绫织町，在旧式乡村范围内设立的“绫织町地区建设联络协商会”主导地区建设，以此为基础，确定了农业的骨干力量，并推进协同发展。具体而言，以大区划农场整备及道路车站的设立为契机，在农业经营方面确立了高效的农业经营体系，培育了土地利用型的农业骨干，同时构建了地区女性网络，激发了包括“6 次产业化”活动在内的地区活力。

总而言之，“绫织町地区建设联络协商会”以大区划农场整备为契机，在地区内推进新型机能开发和机能分担，同时进行骨干培养，在地区共同努力下促进农业农村焕发活力。可以说，这一事例极具示范性。从男女共同参与策划的角度来看，女性参与地区建设的策划值得予以高度评价。

关于农业骨干的接班人，从年轻人脱离农业分离来看，未来形势很严峻。甚至“21 世纪梦想编织与实现会”的成员也无法保证拥有接班人。可以说，接班人的确保和培养是当务之急。特别对于土地利用型农

业而言，相关人员感到不安，担心今后的国家政策会导致个体的经营努力荡然无存。笔者以为，必须促使政策制定者出台措施，为土地利用型人才的培养提供有效支持，同时消除农业从事者的不安。

另外，在地区共同努力的基础上，有必要加快速度实现城镇建设的构想。这一构想不仅涉及农业，还囊括了生活、文化、教育、福利等多领域的举措，因此各行政部门之间的灵活对应和调整可以说非常重要。

（二）大分县日田市大山町（大分大山町农业协同组合）

第一，地区概况与村落建设的开展。

大分县日田市大山町是在筑后川源头的大山川河岸台地形成的山地地区。年平均气温为 15.8℃，是冬季有降雪，气温达到零度以下的典型山地地区。2015 年的总人口为 2835 人，总户数为 959 户，其中农户数为 428 户。基础产业即农业的基础是，散布在大山川沿岸的狭窄水田与陡峭河岸台地上的旱田及林园地。各类土地的面积为：水田 43 公顷、旱地 46 公顷、林园地 92 公顷以及山林 1223 公顷。每户的平均耕地面积少，约为 40 坪。当地形成了以梅子和金针菇为主，包括香草等的多品种的农业经营形式和加工产业。

1889 年，日本实施町村制。大分县原西大山村和原东大山村合并为大山村。二战后，随着 1968 年町制的施行，大山町成立。2005 年，依据所谓的平成大合并，大山町成为现在日田市的一部分。另外，大山町农协的前身即大山村农协于 1948 年设立，1982 年改名为现在的大分大山町农协。它没有加入 2008 年县内 16 所农协合并后新设立的大分县农协，而是作为独立农协延续至今。图 4－4 展示的是大山町农协。

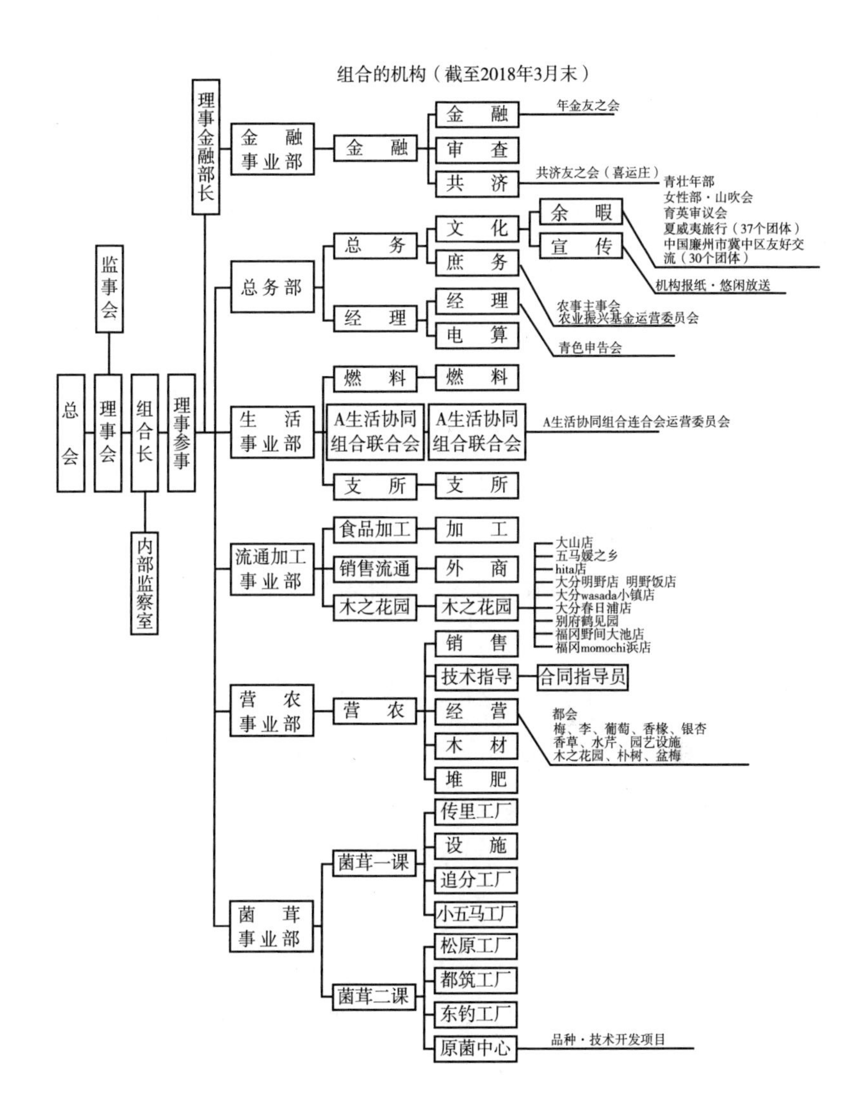

图 4－4　大山町农协的结构

资料来源：大山町农村资料。

在1961年成立的大山町农协主导下，大山町采取各种措施激发地区活力，如发布“种栗子发大财，去夏威夷旅游吧!”等激动人心的口号和开展“一村一品种”运动，这些运动逐渐成为内生型发展的典型而崭露头角，直至声名远播。以“大山町农协”（现大分大山町农协）成员为核心的“木之花园分会”（以下简称花园会）在全国率先生产和加工小量多品种产品，涉及微小蔬菜等120个种类，并在直营店出售。另外，开展了以农协为核心的城市农村交流型“6次产业化”活动，如在福冈市等地开设农家餐馆和直营店分店，开展新务农人员培训事业，建立作为消费者交流中心的“五马媛之里”等。

第二，木之花园分会。

大山町在1990年接受农民要求，在町内开设了当时罕见的大型直营店“木之花园总店”，同时在福冈市开设了“超级商店一号店”。1993年，大山町成立了农协木之花园分会，形成参与“木之花园事业”这一直营体系的生产者团体。初创时成员不足50人。随后，“大分大山町农协木之花分会”成立，囊括了各种产品，形成9个部门，并建立了供货体制。现在，农协正式成员达578人，其中353人为木之花园分会会员。

在山地小町农业条件无法适应大型流通体系的背景下，木之花园直营店的出现具有必然性。直营店激发了分会成员的生产热情，有效利用了农协涉外部门的经验，从而很快增加了店铺数量，提高了销售额。每天，直营店将新鲜的应季农产品提供给城市居民，包括野菜、山珍和手工咸菜、包子等。

目前，在要求开设店铺的福冈市和大分市等地区，农协木之花园项目运营着 10 家直营店铺（含超级商店一号店）和 3 家农家餐馆。尤其是大山町总店，已经具备了美食特卖会的功能。

353 名分会成员中约 70% 是女性，8 名董事中也有 4 名女性。这些女性成员从女性（主妇）视角出发，开展各种活动，如农产品制造及包装的差别化、城市店铺的试吃宣传、与生意伙伴举行交流会和学习会等。她们坚持不懈的探索热情和各种各样的商品开发支撑着木之花园事业。商品种类已经扩大到 180 多种（蔬菜水果和加工产品的合计）。整个项目每年迎来消费者 240 万人，营业额（2015 年度）上升到 17 亿日元。其中，农产品和加工品的销售额为 10.4 亿日元，其余 6.7 亿日元为农家餐馆和境外项目销售额。而且，木之花园分会承担了农协蔬菜水果等寄销产业中的 46%，其品牌影响力大大提升了大山町所产蔬菜水果的市场销售价格。大山町农协的农产品生产总额约为 30 亿日元，相当于每名组合成员贡献了 505 万日元。

分会成员中有 25 户农户以食品加工业为中心，实现的销售额从 1000 万日元至 5000 万日元不等。在“梅栗”世家、“花园创造”世家之后的第三代中，曾经一度离开大山町的年轻人中最近每年都有多人回町支持“木之花园事业”。

农产品直营店的竞争激烈，从 2005 年开始出现了营业额下降的分店。其中，2003 年采取有机自助餐形式的农家餐馆“农家料理　百味盛宴”店开业，引领全国。当地农家的主妇们使用应季农产品和野菜制作地区流传的农村传统料理，大受好评。2004 年，农家餐馆“开花吧！花馆”被改建成咖啡店和交流场所，提供大量使用蘑菇等特产的咖喱。2011 年，使用红米烘焙的面包工房“田苑”问世。生产餐馆使

用的新鲜蔬菜成为部会成员的主营业务。

在主要产品梅干方面，分会于1991年开始举办“全国梅干大赛”，这一赛事成为钻研梅干加工技术的平台。该赛事每4年举办一次。在2015年第七届大会上，来自全国47个都道府县的1302例作品参与比赛。即便大山町内，以比赛为目标而努力提高技术的人也增多了。现在约有80户从事梅干的加工和销售。其中，一些会员已经法人化，销售额达数千万日元。

第三，农业从事者创造的主题公园——木之花园五马媛之里。

2015年4月，为了推动城市和农村的交流、体验和学习农业，日田市天濑町建造了“农业从事者创造的主题公园——木之花园五马媛之里”。7年前，组合成员开始开垦和整备40多名当地土地所有者出让的26公顷山林和田地，种植和栽培了约450种35000株开花的树，包括梅树、樱树、碧桃、山茶、绣球树、枫树、杜鹃等，创造出了能够全年欣赏的农村原初风景。创造者的目标是，将日本自古以来的农业和山林样态传达给世界，建成农民独创的主题公园和世界的世外桃源。另外，以“构建城市和农村居民展开多方面快乐交流的平台，让乡村生命向城市生活延续”为主题，公园方面持续策划了各类活动。迄今为止，公园举办了丰富多彩的体验活动，如摘梅子制作梅干和梅子酒，捣碎李子，古式插秧、收割，捣年糕，挖白薯，采香菇等。每次活动都有大约100名城市消费者参加。今后，公园将继续推出吸引更多城市居民的活动。

第四，小结。

在“种栗子发大财，去夏威夷旅游！”这一口号的指引下，大分县大山町（当时）和农协组织紧密联系在一起，率先在山地地区开展振兴村落的活动，已经历时 50 多年。除日田市大山町外，作为今天组织核心的“大山町农协与木之花园分会”（以下简称“大山町”），发展成为农产品和农产加工品直销部门的生产者分会，涵盖了设于福冈市、大分市等地区的农产品直营店以及农家餐馆。

虽然详情不得而知，但各地的农产品直营店是日本的产物，直至最近尚未在其他国家出现。近年来，木之花园事业在韩国成为典型，成为该国前总统朴槿惠农业政策的核心，并伴随“6 次产业化”的推进，迅速在整个韩国普及。中国台湾地区也有 4 家直营店，预计还会增多。鉴于国内外众多视察者的到来，直营店今后将会扩展至亚洲各国。

必须注意的一点是，大山町的组织大大超过了一般农产品直营店的框架。其特点是：第一，同时设置餐馆和体验设施等，形成功能集聚型的农产品直营店；第二，在福冈市和大分市等地开设农产品直营店和农家乐，形成多品种少量生产的生产体制和直营型流通渠道相结合的直营型地区农业体系。由此带来的影响是，尽管人均耕地面积仅为 40 坪且面临耕地零散等不利条件，花园事业已经成为相当程度上确保农业骨干的主要因素之一。可以说，随着营销部门的革新，始于“一村一品”运动模式的大山町村落振兴活动已经取得了飞跃性的发展。

在发展过程中，女性的作用不可忽视。在大山町，女性从很早开始就是主干力量。今天，女性占分会会员的 70%，占董事会成员的 50%。可以说，女性正逐步参与决策，同时女性发挥能力的平台也在日益完善。

2015 年，大山町迎来新挑战，开设了五马媛之里主题公园，让城市居民能够体验农村收获活动和游览山林。五马媛之里除了销售以“传递安心、安全、健康”为口号的农产品和加工产品，还为城市居民

提供农村体验的新式服务。正如“没有血缘关系的亲戚往来”一句中所体现的，建立主题公园一大目的就是强化城市居民与农村居民之间的联系。如果这项挑战成功，大山町的活动将会取得更大的飞跃。

五 构建新型中间组织即地区经营体的条件与适用于中国农村的可能性

（一）两个先进事例的定位与评价

可以说，远野市绫织地区是20世纪90年代以后典型的村落建设成功事例。在旧式乡村的地理范围内，绫织地区建设联络协商会成为地区中心的核心。在远野市支持该联络协商会的过程中，多重的地区经营体即新型中间组织得以形成。

与之相对，大分大山町农业协同组合是二战后设立的农协维持原貌，作为独立农协存续的一个案例，可以说本身就是在旧式乡村中形成的地区经营体。与城市方面的联系也包含了新的挑战，是极具先驱性意义的举措。从这个意义上说，虽然本文介绍了多重性地区经营体的示范性案例，但是二战后设立的农协原封不动地作为独立农协而继续存在是极为罕见的。

通过分析上述两个先进事例，总结出构建新型组织即多重性地区经营体的三个条件。

第一，制定具备长远眼光的措施。

第二，实施综合性的农村振兴计划。正如吉元哲郎（2001）所言，迄今的村落建设之所以在部分地区外遭遇失败，是由于未能在把握地区固有文化和地区特点的基础上创造出生活文化，在地区建设或村落建设方面，如果不去思考如何在日常生活中创造出地区生活，尤其是地区文化，必然会导致整齐划一、缺乏魅力。

第三，来自公共机构的大力支持。必须注意的是，在思考农业振兴时，切忌脱离地区振兴，而应在综合性的地区建设中，精确地定位农业，同时在推行经营政策等结构政策时，必须把结构政策纳入地区政策的框架，使双方产生紧密联系。佐藤了（2004）指出，只有综合性共同体的形成才是不断革新地区农业的内生原动力。可以说，不仅是硬件层面的支持，包括市町村和农协等相关机构对地区的引导等在内的强力支持也是必不可少的。

（二）适用于中国农业的可能性与关注点

笔者认为，对于中国农村的发展而言，本文中提及的日本乡村建设的经验、技巧及各种方法具有充分的适用性，是非常有益的。村落建设的基本步骤，即①相关结构（地区管理部门）等引导村落，与之展开合作，推动村落居民自主协商。②根据自主协商结果，制订村落的综合性振兴计划（愿景）。③除了生产振兴，实施包括生活环境改善在内的必要辅助事业，谋求综合性的村落建设，基本上这些步骤对于中国农村也是有效的。为了构建新型中间组织即地区经营体的组织化和网络化、旨在促使多阶层居民参与的居民主导参与型调查和计划方法也具有适用可行性。另外，来自公共机构的支援方式也存在不少可供借鉴的地方。

但是，日本农村社会的集体凝聚力之强，是中国农村所不具备的特

性。因此，在中国农村构建如日本的文化馆、农协等充当社区纽带的组织和网络，是不可或缺的。这类组织在构成地区政策实施基础的同时，也会在产业政策方面，发挥培育中坚力量的重要作用。在激发共同活力方面，中国农村应该对这些问题给予特别关注，并采取强化措施。

（殷国梁 译）

参考文献

鈴木栄太郎（1968）『日本農村社会学原理』未来社。

川手督也（2009a）「農業集落の動向と地域活性化」生源寺眞一編著『改革自体の農業政策』農林統計出版。

川手督也（2009b）「80年代以降のむら論」坪井伸広・大内雅利・小田切徳美編著『現代のむら　むら論と日本社会の展望』農文協。

和田照男（1984）農地一筆調査の意義と実践，全国農協中央会

木下勇・三橋伸夫（1991）「ワークショップによるむらおこし」，『むらとひととくらし』第38号。

農村生活総合研究センター、宇都宮大学工学部/里計画研究会編（1994）「村づくりワークショップのすすめ」，『農村工学研究』第57号

農村開発企画委員会、福与徳文（2011）『地域社会の機能と再生—農村社会計画論』日本経済評論社。

大鎌邦雄（2009））「序章課題と要約」（『科学研究費補助金（基盤研究（B））研究成果報告書自治村落的農村社会の変貌と新たな農村行政・団体組織構築の条件解明に関する研究』。

大野晃（2005）『山村環境社会学序説』農山漁村文化協会。

徳野貞雄（2007）『農村の幸せ、都会の幸せ 家族・食・暮らし（生活人新書）』NHK出版。

北原淳（1983）「村の社会」松本通晴編『地域生活の社会学』世界思想社）。

鳥越皓之（1985）『家と村の社会学』世界思想社。

大鎌邦雄（2006）「昭和戦前期の農業農村政策と自治村落」『農業史研究第』第 40 号。

小田切徳美編著（2011）『農山村再生の実践』農文協。

岩崎正弥（2000）「安城地域における近代化過程の意味－場の変容と再生－」『年報村落社会研究第 36 集日本農村の「20 世紀システム」－生産力主義を超えて』農文協。

内山節（2010）「市場の時間、むらの時間」農文協編『TPP 反対の大義』農文協。

石田正昭編著（2008）『農村版コミュニティ・ビジネスのすすめ1－地域再活性化とJAの役割－』家の光出版。

町村敬志（1986）「都市生活の制度的基盤－資源配分の社会過程－」吉原直樹・岩崎信彦編著『都市論のフロンティア』有斐閣。

セルジュ・ラトゥーシュ（2010）『経済発展なき社会発展は可能か？－<脱成長>と<ポスト開発>の経済学－』作品社。

宇根豊（2008）「「自給」は原理主義でありたい」山崎農業研究所編『自給再考』農文協。

栗田和則（2008）「自創自給の山里から」山崎農業研究所編『自給再考』農文協。

吉元哲郎（2001）「風に聞け、土に着け－風と土の地元学－」『現代農業 2001 年 5 月増刊号地域から変わる日本地元学とは何か』農文協。

佐藤了（2004）「コミュニティ形成型地域農業の担い手づくり」田代洋一編著『日本農業の主体形成』筑波書房。

第二部分 都市与农村新型关系的构建

第五章 传承文化

涩谷美纪

一 前言

在日本的农村，传承着节日庆典、民俗技艺等各式各样的传统文化。而其中大部分乃是当地居民长久以来在日常生活中所形成的民间信仰。这种信仰并不具有特定的教义、教团或教祖，而是居民在生活中所流传的民俗宗教与从外部传入的神道、佛教等外来宗教相调和的产物。由于这种信仰主要是在特定的区域社会这种单位中流行，而不是个体间的信仰，因此，传统文化也以村落等地区社会为基础进行传承。

一直以来，日本农村形成了因地缘血缘所结成的社会关系、因地区群体的累积所形成的村落以及旧村等自然村落。[①] 婚丧嫁娶时需要互相帮忙，生产劳动上需要协作，农村的社会关系和地区集团弥补了独门独户下所无法实现的这一类功能。而且这不是暂时的、变动的，而是具有固定化、结构化的特征。因此，从传统文化的传承中可以看出作为传承载体的地区结构和它的变化。

其中，作为具体案例一直为人们所关注的，是在二战以前广泛分布于日本西部的、被称为“宫座”的祭祀组织。宫座大体分为：由当地有名望、有权有势、家世显赫的特定家族组成的株座，以及全部住户都能参加祭神仪式的村座。但不论是哪种形式，成员们都要按照年龄辈分发挥各自的作用，轮流担任祭祀的负责人。

然而，战后在农村家庭不断走向平均化的同时，进入经济高速增长期以后，由于年轻劳动力的流失、举家迁徙造成的农村人口减少和老龄化问题也越发突出。因此，用战前那种方式去传承传统文化的地区并不多了。当文化传承的基础变得薄弱时，如何继承传统文化成为各地的课题。

另外，文化传承活动不仅受到地区内部结构的影响，也受到外部环境特别是国家政治的影响。同传统文化相关的二战前和二战后的政策可归纳为如下。

二战前产生重大影响的是明治政府对神社的管理，因为它将神社看作“国家的宗祀”，所以其规定了作为民间信仰基础的神社和神道的存在形态。在明治时代，政府实施了去除神社中佛教元素、区分神道和佛教的神佛分离政策，并对神社进行分级以确定神社规制，诸如此类的种

---

① 参照本书第四章。

种政策都影响了民间的信仰。而其中，明治末年的神社合祀可以说是对地区和神社关系产生了重要影响的政策之一。与此相对，在提出政教分离政策的战后，作为重要的施行政策，文化遗产方针将农村的祭祀典礼、民俗技艺等传统文化，以及其中所使用的物品规定为民俗文化遗产予以保护。同时还出台了旨在振兴包含农村在内地区的国土方针和农村计划。

在本章，我们将探讨在施行了以上种种政策的背景下，在人口缩减和老龄化不断加剧的当下农村，人们是怎样传承传统文化的。由于在多样的传统文化中，民俗技艺如实反映了传承活动中国家政策的影响和农村结构的变化，因此本章以民俗技艺为研究对象。故而，我们首先需要整理战前神社合祀的政策和当地居民的反应，以及二战后文化遗产方针、国土与农村政策的概要与特征。这里我们先明确结论中的部分观点。首先，民俗技艺不仅是民间信仰的表现形式，还是实现农村振兴的地区资源，因为它可面向游客进行表演，或是用于城乡间的交流。其次，我们将通过重视游客观感的舞台表演和城市居民参与文化传承活动的事例来考察传承活动的实际形态和开展状况。流传于岩手县大船渡市三陆町的念佛剑舞与流传于远野市的早池峰神乐是我们进行分析的对象。最后，作为本章的总结，我们将考察当今农村中文化传承活动的意义。

二　农村的传统文化和农村相关措施的实施

（一）二战前与农村传统文化相关的措施——“神社合祀”和居民的应对

明治政府为了快速实现中央集权化和近代化，作为教化国民的政策，实施了神社合祀等一连串管理神社的政策。所谓神社合祀，就是把某一神社所供奉的神放到其他神社进行合祀，它包括神社的搬迁、合并、废除这些过程。在神社合祀中政府更具体的目标为：首先是减少神社的数量，其次是统一和团结这些神社周边地区的居民（樱井，1992）。

首先，全国各地开始正式推动神社合祀、削减神社数量是在公布了①“关于府县社以下神社祭祀用供品币帛之规定”；②“神社寺院佛道合并，旧址土地无偿转让之规定”这两项敕令的1906年（明治39年）以后。在这之前的1871年，太政官已经宣布全国的神社按级别依次分为官社—府县社—乡社—村社—无级别神社。但敕令①之颁布使得府县社、乡社、村社可以使用公费购买祭祀用的供品币帛（村上，1907）。受此影响，府县郡市町村逐渐认为，应该就神社的渊源、是否有本殿拜殿等设施、财政基础等要素，确定能进行祭祀的神社的条件，由此清理无级别神社和小神社。敕令②则允许将神社内因合祀而产生的闲置官有土地转让给已合祀的神社。在日本，由于人们相信树木是神灵降临与依附的对象，所以神社种满了树木。故而，神社的废止不单是对社殿的拆除，也意味着对树木进行处理转让。于是，想在神社废止中获利，也是一些人积极推进神社合祀运动的原因。[①]

其次，以神社为中心来统合民众的运动，其目的在于推进日俄战争后萧条地区的振兴。同时，该政策与内务省神社局的合祀方针——整顿疏于祭祀、不够规制的神社，以及地方局实施的通过强化国民来重建地方自治体财政的“模范町村”政策相结合而不断发展（森冈，1969）。

① 参照森冈（1966）、樱井（1992）、鹤见（1981）。

一直以来，日本每个自然村都有供当地人祭祀的本土神社，它以祭典和集会等形式象征性地对当地居民进行社会统合。[①] 在这种情况下，作为官方运动，以市町村为单位整合神社，以神社为中心团结居民，从而改善农业、增强町与村的财力的合祀加强了这一作用。

因而，以无级别神社为主要对象，全国性地推进了其与府县神社、乡神社的合祀，从 1903 年到 1913 年，全国的神社减少了 37%。但是，由于该政策的施行是委托给县知事和郡市町村的长官，因此从具体情况来看，合并撤销的情况存在地区性差异。同一时期各个都道府县的神社减少率为，青森县与熊本县保持在 4%、10%，而三重县、和歌山县分别达到了 88% 和 87%。[②]

神社合祀造成了居民极大的混乱和反抗，尤其在强力推行该政策的三重县和和歌山县等地。植物学者同时也是民俗学者的和歌山县民间研究者南方熊楠，正是这种反对运动的一名急先锋。南方熊楠所担忧的不仅是神社合祀所导致的对神社的破坏、乱砍滥伐对大自然生态系统的破坏，以及由此对农业和渔业造成的不良影响；而且担心合祀农村而失去信仰之地，从而会使村民的宗教感、道德感与集体感变弱。南方熊楠尤其极力反对的是在其田野调查地之一的神岛上进行的森林采伐，为此他多方奔走，请求当局把神岛上的森林设为保护林，给学会中的权威人士散发抗议书。他倾尽家财投身反对运动十多年，当他因此遭受逮捕拘留时，农民们蜂拥至警察署为他抗议（鹤见，1981）。

---

① 作为社会统一象征在发挥作用的，不只是祭神和神社设施，还包含覆盖神社的“镇守之林”的整个空间（樱井，2010）。

② 参照森冈（1996：3－4）。

不愿失去本地神的各地村民，不仅发起了公开反对合祀的这种反对运动，而且还在神社合祀后以各种形式维持、恢复本地神社和村中的祭祀活动。具体措施为：重建已拆毁的神社，重新设立类似于遥拜所等神社的设施，在村里保存挂轴、狮子头等公共祭祀的对象物，维持和复兴以往其他的祭礼，使其作为村落的祭典（樱井，1992）。虽然伴随二战的结束，国家对神社的管理也停止了，但村民的这些应对举措在二战结束之前就开始了。神社在有着协同互助关系地区社会，成为民众团结的基础以及地区的象征，正因为如此，意味着村落消亡和地界变动的本土神社合祀政策并不容易为村民所接受。以本土神社和檀那寺为依靠的祭典和民俗技艺，也多被认为是地区的象征而得到传承。

（二）农村的传统文化和二战后日本就农村所施行的政策——文化遗产管理和国土、农村政策

1. 文化遗产保护法的变迁

文化遗产保护法是日本文化遗产制度的根本，由文部科学省和文化厅负责管理。国家来指定和选定拥有重要价值的文化遗产，采取保护措施。该法将农村的传统文化分到了“民俗文化遗产”中，除民俗技艺外，还包含风俗习惯、民俗技术等无形的民俗文化遗产，以及用于此的服装、器具、房屋等有形的民俗文化遗产。对于被指定为重要无形民俗文化遗产的，其使用工具的修理和置办、传承者的培养、发布会的举办等事项将会得到必要的经费补助。此外，对于其他无形文化遗产也提供记录、编写、调查上的辅助服务。

文化遗产保护法自1950年制定以来，经过了7次修订。修订主要

是要在两个方向扩充和强化文化遗产保护体系（中村，2013）。第一个方向是，从地方自治体的层面扩充强化文化遗产保护制度。在当今的日本，仿效国家的体系，从都道府县到市町村都基于各地的条例设立了文化遗产指定制度。在文化遗产保护法制定之初，地方自治体拥有的指定权限，只限于"对史迹名胜天然纪念物的临时指定"这一有限的范围。但在1954年的第三次修订中，地方自治体可以在文化遗产的管理、修复、公开等方面进行经费资助，可以对国家指定之外的文化遗产采取保护措施。在1975年的第四次修订中，进而规定可以设立文化遗产保护审议会，以及设立就文化遗产保护进行指导和建议的文化遗产保护指导委员制度。

另一个扩充方向是，扩大文化遗产认定的类别。在最初制定文化遗产保护法时，只有"有形文化遗产"、"无形文化遗产"、"史迹名胜天然纪念物"3个类别。但经过多次修订后，现在增加到了"有形文化遗产"和古典技艺等"无形文化遗产"、有形与无形的"民族文化遗产"、"纪念物"、"文化景观"、"传统建筑物群"这6大类。而且，在这个过程中，从绘画和工艺品等这样的文化遗产的单个保存，发展到对"文化景观"和"历史风土"，即文化遗产所处空间进行的全面保护（才津，2010）。

2. 民俗技艺在文化遗产管理上的定位

从文化遗产保护法中"文化遗产类别的扩大"倾向，和其后文化遗产管理的开展可以看出，围绕包括民俗技艺在内的无形民俗文化遗产的政策，其重心从对文化遗产本身的"保存"转移到了为振兴地区而进行文化遗产的"公开"即"利用"上。

首先，关于如何“保存”无形民俗文化遗产，其变化在文化遗产保护法第三次修订与第四次修订（1975 年）之间相当明显。在第三次修订中，新设立了有形文化遗产、无形文化遗产、史迹名胜天然纪念物以及民俗资料这些部门，包括民俗技艺在内的无形的民俗文化既可以归入无形文化遗产这个部门，也可以归入无形民俗资料这个部门。于是，对于民俗文化遗产导入了指定制度，而无形的民俗资料则被认为是“以它原本的形态来保存，违反了民俗资料自然产生与自然消亡的性质，是毫无意义的行为”，故而导入了旨在编写记录的选择制度。也就是说，无形民俗文化根据它所属部门的不同，其被保护的内容也不同（菊地，2001）。但是，在第四次修订时，国会议员和有关人士认为民俗技艺等民俗资料乃是“日本人心中的故乡”、是“日本的大规模习俗”，“希望将优秀的古老样式固定化从而进行保存”。由此，在设立包含有形、无形的民俗文化遗产的“民俗文化遗产”这一类别的同时，确立了指定制度（才津，1996）。

接下来，推动“利用”的文化遗产管理，在 1990 年以后，是通过文化厅等众多政策和提议而得以开展的。其中最典型的就是“通过利用地区传统技艺等的活动振兴观光和特定地区工商业的法律（俗称‘祭典法’）”的制定（2002 年）。祭典法试图通过民俗技艺的实际表演和展示表演服装等道具来振兴观光和地区的工商业。故而，以民俗学研究者为代表的团体认为，这种表演的方式有损民俗技艺的“本质”。时至今日，人们还在不断探讨如何在“利用”中“保存”文化遗产。意在推动文化遗产保护法第八次修订的 2017 年文化审议会的报告中，市町村提议：将地区所继承的、包括未被指定的文化遗产，与民间收益经

营相结合，此计划由国家进行认定，即通过在地区的持续发展上“活用”文化遗产来保护文化遗产。

3. 国土政策和农政中的农村政策

基于国土综合开发法（1950 年）的 1962 年的全国综合开发计划，标志着日本基础性、综合性的国土政策的形成。在经济高速增长中制订的全国综合开发计划，采取了将作为增长产业的重化学工业聚集于枢纽区域的“枢纽开发方式”。借此，人们不仅期待实现枢纽区域的经济振兴，也期待带动周边农村的经济发展。但在这期间，年轻劳动力的流出导致农村人口变少，周边的劳动市场由于欠发达，外出打工的现象越来越多。另外，曾是农村主产业之一的制炭业的衰退导致地区间收入差距加大。新全国综合开发计划（1969 年）实施过程中，旨在完善农村和城市间的交通通信体系、激活地区特色的大型开发项目得到推进的同时，也开始完善“广域生活圈”的生活环境设施以解决地域差距问题。新全国综合开发计划是第一个注意到农村人口稀少化问题的计划，而大规模开发项目在国家财政紧张和石油危机等的影响下遭遇挫折。

在 1977 年发表的第三次全国综合开发计划中，为了应对人口稀少（人口过密）问题，提出了以完善生活环境为条件的定居构想，即确保地方的劳动力雇佣场所、完善住宅与生活相关设施，确保教育、文化、医疗的水平。这一时期，在农政上也开始了农村综合完善示范工程——重点在完善村落道路和排水、农村公园等生活环境，以及被称为“农村地区结构改善对策”的新农业结构改善工程（1978 年）。不仅是进行农业的振兴，还开始着手完善农村、农户的环境。

接下来的第四次全国综合开发计划（1987 年）中倡导构建多极分散型国土，通过和城市的交流来搞活农村。实际上，在这些政策实施以前，1970 年代已经出现了城乡交流活动，即在各地开展姐妹城市交流、产地直销交流以及山村游学等（佐藤，2010）。但是，第四次全国综合开发计划提出了“通过定居和交流来振兴地区”、“交流网络构想”，使得城乡交流成为地区振兴的主要政策。而且，第四次全国综合开发计划中设想通过利用包括“乡土技艺、传统祭典等”在内的具有地区特色的资源，来满足城市居民闲暇娱乐上的需要，由此振兴娱乐产业。在这之后从“21 世纪国土宏伟蓝图”到“第二次国土规划”，一直采用着这样的战略性利用方针，即盘活农村的有形和无形文化遗产，由此扩大与城市的交流、增加移居者人数、振兴产业、实现地区发展。

在城乡交流上，1984 年开始的“城乡交流促进工程”和在 1980 年代后半期设立的“故乡信息中心”等，成为 1980 年代农政上的主要农村政策。接下来的 1990 年代，从制定的“为方便游客在山村渔村进行逗留的完善基础设施促进法”（1994 年）中可以看出，让游客在山村渔村逗留，体验学习当地的自然和历史文化，享受人际交流的这种绿色旅游和环保旅游成为实施城乡交流的主要手段。2002 年为了确保食品的安全安心，作为施行农林水产政策改革的设计图，公布了“食品和农业的再生计划”，政策的重点是倡导“城市和山村渔村的共生和交流”。政策内容中列举了绿色旅游和自产自销等活动，旨在通过地区振兴来搞活经济。像这种利用历史文化等地区资源的交流工程，其中一个主要目的在于经济效益。但不仅如此，近年人们还盼望形成促进定居、促成城

市和农山村合作的架构。[①] 2008年开始的“农村振兴人才培养派遣支援模范工程（‘乡间劳动队！’工程）”可以说是其中之一，即农村引进城市人才，使其从事激活地区资源的工作，来支援人才的培养和创造出进一步的事业。“乡间劳动队”在2014年统一更名为总务省的“地区振兴合作队”，并作为总务省的工作继续开展下去。

如此，民俗技艺等农村的传统文化，无论是在日本战后的文化遗产管理上，还是在国土、农村政策上，通过“公开”和在城乡交流上的应用，作为在地区建设中发挥作用的区域资源不断受到关注。具体来说，人们期待它活用于观光业和绿色旅游上，由此产生经济效益；并期待它能吸引游客在山村渔村度过更长的假期、进行更多的交流，以及在“地区振兴合作队”工作中接收城市的人才，形成促进人口定居和城乡合作的框架。和这些政策相并行，总体上在城市人口当中，对农村丰富的自然和文化的关心程度也不断提升，从地方自治体、观光协会和相关团体举办“民俗技艺大会”可以看出，在各地“公开”传统文化的势头正在加速。

三　形成“舞台舞蹈”的民俗技艺
——岩手县大船渡市的念佛剑舞

（一）念佛剑舞和传承地的概要

在位于岩手县沿岸、大船渡市三陆町的越喜来U地区流传的念佛

---

① 筒井（2013）认为城市－农村的交流带来的不只是像绿色旅游那样的直接经济效益，为人关注的是，它还作为一种机制促进着城市和农村社会的互相认识与协作。

剑舞，是一种在供奉亡灵的盂兰盆节里跳的念佛舞蹈。[①] 该地区的特点是会开展一些重视民俗技艺的活动，即为了在众多观众聚集的乡土技艺祭典上进行宣传，会表演与古时候流传下来的节目不同的“舞台舞蹈”。

“剑舞”这个名称源自阴阳道的咒法“反闭”，即用脚踩住大地，封印邪气。它在被收入修验道的过程中发生了变化。其正式的舞蹈形态为，在宅邸的庭院里舞者围着笛子、太鼓的演奏者绕着圈跳舞，需要约13名表演者。现在，有7个剧目流传了下来。整个剧目由“打入”、“中间舞”、“引羽”三个部分构成，根据剧目的不同，在跳“中间舞”时会咏唱被称为“拜南无”和“流”的词。跳完舞的时候，作为对所租借的表演场地之感谢，会表演“礼舞”。舞蹈最大的特点是在“念佛舞蹈”这一剧目的“和赞”部分加入了烧香仪式。当地的志愿者组成了传承会，负责舞蹈的传承。

作为传承地的越喜来，位于大船渡市中心街区盛以北的14公里处，西北方延绵着北上山地的支脉，散布着一些住宅和农田，东临太平洋，是公共设施、小学、铁路车站等集中区域的中心。在2011年的东日本大地震中，该中心区域因海啸遭受了极大损失。越喜来的居民户数1995年有1479户，2000年有1442户，2005有1407户，2010年变为1425户，户数虽有上下浮动，但基本超过了1400户。然而，灾后的2015年户数大福减少了30%，降至1000户（据人口普查结

① 念佛舞蹈是一边颂唱南无阿弥陀佛名号一边跳舞的一种舞蹈。有两种类型在各地传播：一种是通过跳舞来获得自我的解脱喜悦；另一种是对死者进行祭奠，以平息会带来天灾地祸疫病的怨魂。

果）。2015 年农林业普查表明，总农户数为 100 户，这当中从事农产品销售的农户有 31 户。销售型农户的平均经营面积为 73 公亩，未满 65 周岁农业专业人员的专职农户有 7 家，总体而言农业发展状态低迷。然而，大船渡市的裙带菜、扇贝等养殖渔业发展兴盛，2013 年大船渡市的渔业经营个体户数是岩手县市町村中最多的，为 685 户。虽然相较 2008 年的 877 户个体户数减少了 22%，但还是岩手县内减少率最低的①。

（二）演出机会的变化

U 地区的念佛舞蹈在二战后的 1948 年虽然得到复兴，但在 1958 至 1971 年间曾一度中断。1972 年再次复兴后表演者人数不足的状况虽然持续了很长一段时间，但在 1990 年当地小学的学生参与到舞蹈中后，后继者人数有了飞速增长。U 地区的居民对于念佛舞蹈时断时续的状况并未曾有什么不满，但当 1972 年再次复兴后，传承会把继续开展活动和在活动中培养后继者作为自己的使命，坚持每年演出。

在此将 1948 ~ 1957 年作为第 I 期，1972 ~ 1989 年作为第 Ⅱ 期，1990 年以后作为第 Ⅲ 期，将各个时期每年的演出次数和观众层进行整理，则如表 5 - 1。在地区有所谓“盂兰盆节要持续到 8 月底”的说法，定期的演出机会集中在 8 月份。其中“新茶”是到当地拜访过第一次盂兰盆节的各家各户，在宅邸庭院中跳的舞蹈。因为与念佛剑舞原本的

---

① 根据岩手县政策地区部（2015）《2013 年（第 13 次）渔业普查海面渔业经营者调查结果的概要》。本节中关于传承活动的记述乃基于 2003 年的调查。另外，U 地区的念佛剑舞在东日本大地震发生后也未曾中断，一直延续至今。

目的——供奉亡灵相符，所以“初茶”被认为是比“舞台舞蹈”还更加重要的演出机会。

表 5－1　主要的公演机会和观众层

时期	定期/不定期	公演的机会	公演場所				公演月日	观众层			
			地区	町	相邻市町村	他市町村		地区居民	町居民	相邻市町村	其他市町村
第Ⅰ期	定期	施饿鬼	○				8.5	○	○		
		初茶	○				8.7	○			
		盂兰盆节供奉	○				8.14～16	○			
		盂兰盆节供奉	○				8.20	○			
		神社例行祭祀	○				8.21	○	○	○	
	不定期	神社例行祭祀		○					○	○	
第Ⅱ期	定期	施饿鬼	○				8.5	○	○		
		初茶	○				8.7	○			
		盂兰盆节供奉	○				8.14	○			
		港祭	○				8.16	○	○	○	
		乡土技艺节		○			隔年·秋季	○	○	○	
	不定期	北上技艺节				○					○
		全国民俗技艺大会				○					○
第Ⅲ期	定期	施饿鬼	○				8.5	○	○		
		初茶	○				8.7	○			
		盂兰盆节供奉	○				8.14	○			
		港祭	○				8.16	○	○	○	
		乡土技艺节		○	○		隔年·秋季	○	○	○	
	不定期	北上技艺节				○					○
		全国民俗技艺大会				○					○

注：公演场所以及观众层中的“町”指的是三陆町，“相邻市町村”当中包括三陆町以外的大船渡市。

比较各个时期的演出机会，第Ⅰ期是20天的盂兰盆节和神社例行祭祀，只在地区的盂兰盆节活动上演出。第Ⅱ期以后，尽管盂兰盆节活动衰退，但这一时期是一个由传承会自发创造演出机会的时期。传承会开始承担新的盂兰盆节活动——“港祭”和当地乡土技艺节的运营。由此来保证传承地内外的观众数量。在全国范围内大型民俗技艺活动不断增加的同时，U地区的念佛剑舞也获得了参加极具人气的“北上技艺祭”和首都圈全国民俗技艺大会的机会。到了第Ⅲ期，在盂兰盆节活动和当地乡土技艺祭上继续演出的同时，随着技艺知名度的提高，在全国性舞台上演出的次数多于第Ⅱ期。

不过，这些公演与演员的收入并无关系。演员的收入大多只是参加一系列盂兰盆节活动和其他公演的酬金，没有来自自治体等机构的补助或援助资金[①]。这些收入都作为备用金被用于公演时的交通费和伙食费、公演后的慰劳会、服装和乐器、道具的维修（表5－2）。

表5－2　保存会的年度收支决算（1998年）

单位：千日元

收入		支出	
经费项目	决算	经费项目	决算
公演酬金	357	公演备用金	160
来自各家的酬金	166	初茶·盂兰盆节供奉(8/14)	29
盂兰盆节活动	39	盂兰盆节活动	11
其他	152	其他	120

① U地区的念佛剑舞在2000年被指定为大船渡市的无形民俗文化遗产，2006年被指定为岩手县的无形民俗文化遗产。

续表

收入		支出	
经费项目	决算	经费项目	决算
慰劳会参加费	71	慰劳会费	110
		伙食费	24
		零用花费	86
		道具维修费	89
		其他	33
合计	428	合计	392

注：①收入中“来自各家的酬金”这个经费项目是在初茶和8月15日的盂兰盆节期间，于访问各家时，各家各户对先祖供奉所给的酬金。

②收入中“盂兰盆节活动”这个经费项目是对施饿鬼供奉和在港祭上进行的表演所给的酬金。

（三）念佛舞的“本质”与“原型”

基于供奉亡灵这一念佛舞的本质，传承会最为重视的是“初茶”和檀那寺的施饿鬼供奉等，在宅邸庭院中跳舞的、本地传统庆典上的演出机会。另外，他们将全国性的舞台公演视为宣传念佛剑舞的机会，编排了“舞台舞蹈”。如此一来，重视以往样式和为配合新的演出场所编排舞蹈，这两种姿态乍看起来似乎相互矛盾；但是，传承会认为，任何场合的表演都是坚持着念佛剑舞的“本质”和“原型”，不存在矛盾。

那么，传承会所谓的“本质”和“原型”是什么？

首先，“本质”指的是供奉亡灵。而最能表现出这个“本质”的就是“念佛舞”剧目中包含的烧香仪式。因此，无论在哪一家表演“初茶”，第一个剧目都是跳“念佛舞”（表5-3）。“念佛舞”和“礼舞”是基本的剧目。与此相对，“舞台舞蹈”是配合演出的时间

和空间，将各个剧目的构成部分相互衔接组合而成。“舞台舞蹈”要坚持“念佛剑舞”的“本质”，必须要加入有烧香仪式的“念佛舞”中的“地藏和赞”。表 5 - 4 是 2003 年全国民俗技艺大会上“舞台舞蹈”节目的构成，可知在“念佛舞”的“打入”之后，表演了“地藏和赞”。

表 5 - 3　初茶期间在各家各户的演出剧目（2003 年）

家庭№（拜访顺序）	剧目（上演顺序）	家庭№（拜访顺序）	剧目（演出顺序）
1	念佛,礼舞	13	念佛,礼舞
2	念佛,一把扇子,礼舞	14	念佛,礼舞
3	念佛,高馆,礼舞	15	念佛,礼舞
4	念佛,一把扇子,礼舞	16	念佛,高馆,礼舞
5	念佛,高馆,礼舞	17	念佛,礼舞
6	念佛,礼舞	18	念佛,礼舞
7	念佛,礼舞	19	念佛,礼舞
8	念佛,长刀,礼舞	20	念佛,礼舞
9	念佛,十五,礼舞	21	念佛,礼舞
10	念佛,十五,礼舞	22	念佛,礼舞
11	念佛,高馆,礼舞	23	念佛,高馆,礼舞
12	念佛,礼舞	24	念佛,十五,礼舞

注：演出剧目中的“念佛”是“念佛舞蹈”的略称。

表 5 - 4　全国民俗技艺大会上的“舞台舞蹈”

演出顺序	演出剧目	构成部分
1	念佛舞蹈	打入
2	念佛舞蹈	地藏和赞
3	花棍舞蹈	中间舞
4	花棍舞蹈	打入

续表

演出顺序	演出剧目	构成部分
5	两把扇子	打入
6	高馆,一把扇子	拜南无
7	一把扇子	打入
8	长刀	打入
9	长刀	引羽
10	高馆	打入
11	一把扇子	引羽
12	高馆	打入
13	高馆	流
14	两把扇子	引羽
15	高馆	引羽
16	礼舞	

其次，“原型”指的是“使演出者演技一致的基准”。“原型”比起传承至今的剧目本身，可以说是舞蹈“以往的形式”。不仅要求演出者掌握各个剧目，挥太刀的手法、转动头部的方法、下腰的程度等，每一个动作都要按照“原型”来学习。只有全体演出者统一按照“原型”来舞蹈，才能提高技艺的水准，从而得到观众的好评。

因此，“舞台舞蹈”是基于以下三条原则为基础来编排的。第一，必须加入显示念佛剑舞“本质”的烧香仪式。第二，把各个剧目各自的组成部分相衔接，不编排新的舞蹈样式。第三，全体演出者都要按照“原型”来展现演技。在地方宅邸庭院进行演出时，观众能从四个方向观看。与此不同，进行舞台公演时，观众只能从一个方向观看。舞台公演不是为了显示创作技艺，而是为了广泛宣传作为传统文化的念佛剑舞，所以采用了坚持“本质”和“原型”的“舞台舞蹈”编

排方法。

传承会之所以对念佛剑舞的“公开”采取如此积极的态度，并不是出于对经济效益的考虑。近年，他们利用不断增多的舞台公演机会，在提高念佛剑舞知名度和口碑的同时也在培养剑舞的继承人，从而把前人传下来的技艺传给下一代。U 地区的传承活动可以说是在人口持续减少的农村，通过和城市的合作来构建传承基础的一种努力。

四 城市居民参加的民俗技艺
——岩手县远野市的早池峰神乐

（一）早池峰神乐和传承地的概要

早池峰神乐是在岩手县远野市、早池峰山麓的 O 村落传承的早池峰神社例祭前宵宫的献纳技艺。进入经济高速增长期以后该地的村落人口户数减少，虽然导致技艺传承陷入了危机，但通过城乡交流等地区振兴措施，来自城市的演出者变多了，从而使技艺传承活动变得活跃了。

早池峰神乐是以早池峰近郊为“檀那场”进行加持祈祷，由修行者们所传承下来的山伏神乐。舞台是两间四方的铺木板的房间，舞台正面里侧悬挂着神乐幕，舞者从幕后进入舞台。表演被称为公演最开始的“式六番”的 6 个剧目，需要包括太鼓、笛子、手平钲的演奏者和出声的演唱者在内约 10 人。舞蹈由神乐继承负责人“庭元”来指导。

在O村落，自称是早池峰开山鼻祖的S1家族曾一直担任早池峰神社的祢宜和神乐的庭元。但现在神社的宫司转为由S2家族担任，庭元由S3家族担任。[①] 早池峰神社是古老的村社，祭祀该神社的居民遍及整个远野市。因此，例祭和例祭前宵祭的举办除了宫司外，以旧村T地区为中心的居民代表也参与。但是，为神社院内、祭祀场所的清扫、树立旗帜等准备工作，以及祭祀上的神舆启行提供所需劳动力的，是来自O村落和相邻两个村落（K村落、D村落，下文中将这3个村落合称为“本地村落”）的本地自治组织。

农业普查结果显示，2000年时，村落总户数O村落为17户，K村落为18户，D村落为23户。2015年时，总农户数为21户，其中从事农产品销售的农户有15户。拥有未满65周岁农业从业者的专业农户有4家，位于二战后所开发的D村落，他们都是畜产养殖户。由于本地村落位于山坳处，因此兼营林业的农家达到13户。本地村落中，加上生产原木的远野地区国有木材生产协同组合（以下简称“国胜协”）作业班，组织了香菇部分林原木合作社和香菇分收造林合作社，进行榾木的生产。在1970年代以后，本地村落的户数从1970年的72户减少至1990年的49户，但就像后文中将要讲到的那样，1990年以后地区振兴活动不断高涨，有4户人家从远野市外迁到本地村落定居，人口稀少的情况得到了抑制。

① 以前O村落里担任神职的家族采用的是世袭制。但是现在掌握全国众多神社的神社本厅对神职采取的是资格制，O村落的S1家族到1982年为止一直担任早池峰神社的神职。之后从1983年开始的3年间由其他神社的神职来兼任，1986年开始由O村落的S2家族继承。庭元现在依然采用世袭制，但曾传闻在大正年间神职曾从S1家族转移到了S3家族（年代、经过均不详）。

（二）地区振兴的努力

作为以本地村落为中心的地区振兴活动，若干集团和网络各自所开展的活动在1990年代变得活跃。主要包括：①自治组织举办文体活动；②发行地区信息杂志；③绿色旅游。

该地区的自治组织是本地青年会（成立于1985年）于1991年改组而成的。青年会从成立之初就以协助早池峰神社例祭和例祭前宵祭、参加体育大会为活动中心，所以重组成为自治组织后依然致力于这些活动。另外，以自治组织名义曾经号召过青年一起努力学习早池峰神乐。

该地区出版信息杂志的目标是，把远野的自然和文化，从古时开始的生活智慧传播开来，提升作为远野文化代表的早池峰神乐等各式各样的民俗技艺的知名度。该杂志的发行契机，是1992年移居到本地村落的T氏，凭借自己在基建事业地区振兴研究会的工作经验，在志愿者的协助下开始编写信息杂志的。其发行份数约为500份，有的人因为在信息杂志上看到富有魅力的远野，甚至前来考察定居问题。

绿色旅游是开展产地直销和地区振兴研究会的T地区的志愿者从1997年开始的活动。本地村落的自治会会长乃是核心成员。迄今为止，面向首都圈居民，组织了欣赏早池峰神乐以及烧炭体验等激活地区资源的旅游项目。参加者当中还有人因为对神乐和早池峰神社产生兴趣，而再次到访本地村落的。

举行这些活动的居民都想通过对本地文化资源、自然资源的再评估和交流，来增加外来移居者、抑制人口的稀少化。因此，包括本地村落在内的 T 地区志愿者，对于有迁入意愿的人，在介绍住宅和宅基地等方面积极进行服务。[①] 1990 年以后，T 地区总共迁入了 19 户人家。但这种移居者的增加，正如后文中提到的那样，也使得早池峰神乐发生了改变。

（三）给祭祀提供劳动力的人和神乐的演奏者

早池峰神社在 7 月 17 日的前宵祭上举行祭神仪式和供奉神乐，在第二天的例行祭祀上举行祭神仪式和神舆启行、马场巡回、鹿舞等活动。例行祭祀的准备和执行主要由宫司、同祀此神社的居民代表以及自治组织（本地居民）进行，神乐殿的准备和整理等与神乐有关的部分则由“神乐众”来负责。5 月要开始准备神符，6 月居民代表开始碰面，由宫司和居民代表进行的准备工作最先开始（见表5－5）。而自治组织在前宵祭之前只需要对干事会、神社院内和祭祀场所进行打扫，但前宵祭当天需要竖起旗帜、制作神社的稻草绳、烹饪饭菜等，还有例行祭祀中参道上店铺的开设和神舆启行、例行祭祀后的整理清扫，这些和劳动相关的工作基本上都由自治组织来承担。同时，正如表 5－6 所示，众多来自本地各个村落的居民也都参与了进来。

与此有着鲜明比照的是，神乐众中的舞者是来自首都圈等地的移居者和从县厅所在地盛冈市和近郊的城镇中前来参加的人，本地居民基本上没有担任舞者的。表 5－7 整理了参加神乐的 5 名移居者的移居理由

① 志愿者进行了各种形式的协助活动，比如为了使有移居本地意愿的人能入住公务员宿舍而举行了署名活动，为将农业用地转为住宅用地而四处奔走等。

和他们接触神乐的原因，表 5－8 则整理了来自远野市之外地区的 3 名演出者接触神乐的原因。发行地区信息杂志的 T 氏也是演出者之一，在他的邀请下 3 名移居者参加了活动。除此之外，1 名移居者和远野市外的两人以绿色旅游为机缘参与进来，城乡交流成为振兴一度陷入传承危机的早池峰神乐的一个契机。

表 5－5　根据工作内容分类的主要劳动力提供者

时期	工作		第Ⅰ期				第Ⅱ期			
			宫司	氏子代表	○集落居民	神乐演奏者	宫司	氏子代表	○集落居民	神乐演奏者
5 月中旬	准备	制作传单					◎			
		印刷神札	◎				◎			
6 月上旬		责任干事会					○	○		
中旬		旧村氏子代表					○	○		
下旬		氏子代表全体大会					○	○		
7 月上旬		散发传单						◎		
		散发神札		◎				◎		
		制作邀请函、寄送					◎			
		最终预备会					○	○	○	○
		自治组织干事会								
7 月中旬		清扫神社院落和祭坛	◎		◎		◎		◎	
上午 12 时 00 分 00 秒		前殿内祭神仪式的准备	◎				◎	◎		
		插旗帜			◎				◎	
		做饼							◎	
		准备饭菜							◎	
		准备摊位							◎	
		准备好神乐殿				◎				◎

续表

时期	工作	第Ⅰ期				第Ⅱ期			
		宫司	氏子代表	○集落居民	神乐演奏者	宫司	氏子代表	○集落居民	神乐演奏者
上午 12 时 00 分 00 秒	宵祭　接待来宾					◎	◎		
	摊位营业							◎	
	清扫神乐殿				◎				◎
上午 12 时 00 分 00 秒	定期祭祀　接待来宾					◎	◎		
	摊位营业			◎				◎	
	抬神轿					◎		◎	◎
	准备祭祀后的会餐			◎				◎	
上午 12 时 00 分 00 秒	片付け　清扫神社院落和祭坛	◎				◎		◎	
	盘点香钱					◎	◎	◎	◎

注：①○表示碰头开会，◎表示伴随劳动的作业。

②在第Ⅰ期中未标注○，◎符号的，表示未进行此种作业。

③所记载的日期属于第Ⅱ期，第Ⅰ期无此限制。

④“地区居民”中包括作为自治组织所进行的作业。

表 5－6　自治组织所参与的作业中各聚落提供的劳动力数量（2000 年）

单位：人

作业	集落			
	O 聚落	D 聚落	K 聚落	其他
插旗帜	12	8	6	1
做饼	6	3	3	0
准备饭菜	6	2	2	1
摊位营业	8	7	7	1
抬神轿	4	3	2	5
准备祭祀后的会餐	6	1	2	0
清扫神社院落和祭坛	5	4	3	0

表 5－7　移居到此的理由与开始参与神乐活动的缘由

№	出生地	居住地	移居到此的理由	开始参与神乐活动的缘由
7－1（T氏）	岩手县	O聚落	被早池峰的自然所吸引	对地区文化感兴趣
7－2	岩手县	D聚落	原本就因为登山等活动来过此地，且这里有适合移居的土地	在№3－1的邀请下
7－3	东京都	O聚落	有闲置的房屋，当地居民很热情	在№3－1的邀请下
7－4	千叶县	T聚落	通过乡村绿色体验游，感受到了地区的自然风光和当地居民的热情	参加了乡村绿色体验游的朋友的邀请
7－5	东京都	O聚落	环境适合养育孩子	在№3－1的邀请下

表 5－8　远野市外的人员开始参与神乐演奏的原因

№	居住地	开始参与神乐演奏的时间	开始参与神乐演奏的原因
8－1	盛冈市	1995	因工作原因到访过远野市，在某神社的定期祭祀上让神社演奏神乐进献给神
8－2	紫波町（岩手县）	1999	在乡村绿色体验游时观看过神乐
8－3	紫波町（岩手县）	1999	在№4－2邀请下

只是现在出现了所谓“两者共存”的状态，即祭祀活动由全体本地居民承担，神乐由移居者和来自远野市以外地区的人来承担。神乐的传承除了掌握舞蹈和进行祭祀以外，每年还有十几次公演，所以比起进行祭祀其需要更多的劳动力和时间。在以农林业为主业的二战前，排练都是在农闲时进行，由继承家业、作为当地生力军的各家长子来传承。但现在，本地的青壮年多半都在市区工作，同时还加入了地区组织的各种活动，故而能分配给神乐的时间和劳力都很有限。自然而然地，对农村的传统文化很感兴趣且从事自由职业的众多移居者就成为传承神乐的

主力。

对于这种状态，世代生活于本地村落的居民有人表示："因为现在跳神乐的都是外地人"，所以"实际上还是我们自己也参与到神乐中去更好"。而移居者则担心："文化是各家各户父辈传给子女的东西，光由我们来演，无法传递本地的特色。"但当地居民中也有人认为，只要还有参加过青年会活动和在小学体验过神乐的人，即便移居者和来自远野市以外地区的演出者离开了，他们自己也能把神乐传承下去，现在的状态乃是在当地居民中产生出后继者之前的过渡时期。

正像这样，该地区将神乐活用于城乡交流活动中，由此吸引移居者，从而振兴神乐的传承。对于本地村落和T地区来说，交流活动促使城市居民移居于此，是在本地演出者不断减少的情况下，将神乐传递给下一代的一种手段。而且，移居者与原住居民二者一同传承神乐，将更有利于神乐传承基础的增强。

五　结语

农村祭典和民俗技艺这种传统文化，乃是居民所持民间信仰的表现形态，地区寺院与神社则是民间信仰乃至传统文化的根据所在。对于传统文化尤其是民俗技艺，本章在整理相关行政政策变化的基础上，考察了近年所施行政策的重点。然后根据两个地区的事例，探讨了在人口不断减少、老龄化不断加剧的当前农村是如何进行传承活动的。

二战前的政策中，神社合祀的目的是以市町村为单位合并神社、强化居民的统合。因为合祀而失去了作为地区象征的本土神社，导致很多

地区出现重大混乱和抵抗。在以政教分离为原则的战后，给民俗技艺的传承产生重大影响的乃是以文化遗产管理和地区振兴为目标的国土、农村政策，其指定了民俗文化遗产的种类并进行保护。由此，民俗技艺通过在观光业和绿色旅游上的活用给地区带来了经济效益；同时，还通过城乡交流形成了与城市合作的架构，成为服务于农村振兴的地区资源。

作为本文研究民俗技艺传承的事例，我们考察了岩手县大船渡市的念佛剑舞和远野市的早池峰神乐。念佛剑舞在“全国民俗技艺大会”这样的全国性舞台公演上，广泛地向观众展示异于古典剧目的“舞台舞蹈”，试图培养念佛剑舞的后继者。念佛剑舞若要提高技艺的知名度、吸引当地居民的关注，则必须得到城市观众的好评。早池峰神乐以绿色旅游等城乡交流为机缘，增加了移居者等来自城市的舞者。早池峰神社祭祀作为上演神乐的机会，在全体本地居民的支持下，神乐得以复兴。但是，神乐本身的传承，由于舞蹈的掌握、祭祀活动以外的公演等在时间和劳动力上造成了很大负担，因此能持续参与神乐传承活动的本地居民很少。在这种情况下，对传统文化很感兴趣、一如既往地参加舞蹈排练和每次公演的城市居民，成为神乐传承中不可缺少的一部分。

在各项政策的作用下，推进了传统文化的“公开”和在城乡交流中的活用。即使是在农村，也积极进行着传统文化的“公开”和活用。但是，和各项政策的意图不同，居民们并不一定是以经济成效和形成新的合作架构为目的，也就是说他们致力于文化的“公开”和活用并不是将其视为地区振兴的一种手段。面对人口稀少和老龄化造成的传承危机，他们让城市居民充当观众、演出者以及其他角色，从而使传承继续下去。加入了城市居民的这种传承活动，传承本身乃是其主要目的。

不过，这样的传承活动不单意味着传统文化的传承。一般来说，所谓传承，就是把从前代流传下来的东西传给下一代的行为。但是，当以民俗技艺的传承状况为例进行分析时可以发现，仅仅是传承地以外的人们学习技艺的样式且成功再现，很多时候并不意味着民俗技艺在当地居民那里得到了传承。民俗技艺原本就是由生活在传承地的人们，在举办寺院和神社祭祀活动的同时在祭祀上进行奉纳，而且有的地区，乃是通过各家各户的喜事和当地小学的活动，这种经常性的内部群体或小规模的庆祝行为来传承的。总之，农村的传统文化传承是一种限定继承者和继承场合的行为。扎根于当地的信仰，伴随和家人、亲戚、邻居、同学一起生活的记忆得到传承，只有这样，传统文化作为地区象征实际内容才能产生，这才是传承的原动力。因此，传统文化的传承，其本身作为一种努力具有使地区存续下去的意义。传承活动中与城市居民的协作，可以说是在他们的协助下维持地区形态的一种尝试。

（高伟 译）

参考文献

会田博子（2010）『宮座と当屋の環境人類学』風響社。

森岡清美（1969）「明治末期における集落神社の整理（2）その全国的経緯」『社会科学論集 東京教育大学文学部紀要』16：1－118。

森岡清美（1966）「明治末期における集落神社の整理——三重県下の合祀過程とその結末——」『東洋文化』40：1－50。

櫻井治男（1992）『蘇るムラの神々』大明堂。

鶴見和子（1981）『南方熊楠』講談社。

村上重良（1970）『国家神道』岩波書店。

櫻井治男（2010）『地域神社の宗教学』弘文堂。

中村淳（2013）「日本における文化財保護法の展開」岩本通弥編『世界遺産時代の民族学　グローバル・スタンダードの需要をめぐる日韓比較』風響社：61－85。

才津祐美子（2010）「近代日本における人文景観を中心とした「空間」の保存と活用の歴史的展開　文化財保護制度を中心として」『国立歴史民俗博物館研究報告』156：123－135。

才津祐美子（1996）「「民俗文化財」創出のディスクール」『待兼山論叢日本学篇』30：47－62。

菊地暁（2001）「闘争の場としての民俗文化財——宮本馨太郎と祝宮静の民俗資料保護——」『柳田国男と民俗学の近代——奥能登のアエノコトの二十世紀——』吉川弘文堂：21－67。

植木行宣（1994）「文化財と民俗研究」『近畿民俗』138：1－16。

筒井一伸（2013）「地域自立の政策」小田切徳美編『農山村再生に挑む——理論から実践まで』岩波書店：55－79。

筒井一伸（2008）「農山村の地域づくり」藤井正・光多長温・小野達也・家中茂編著『地域政策入門——未来に向けた地域づくり——』ミネルヴァ書房：191－209。

佐藤真弓（2010）「グリーンツーリズム農政の展開と農家民宿」『都市農村交流と農家民宿』農林統計出版：85－106。

大森亮尚・織田紘二・宣保栄治郎・小林勇・田中英機・仲井幸二郎・中村茂子・西角井大・星野紘・三隅治雄・山内登貴夫（1981）「念仏踊」仲井幸二郎・西角井大・三隅治雄編『民俗芸能辞典』東京堂出版：345－346。

附图 5－1－1　岩手县大船渡市的念佛剑舞

附图 5－1－2　岩手县大船渡市的念佛剑舞

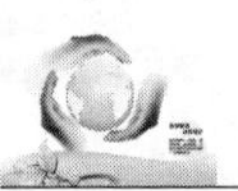

附图 5-1-3　岩手县大船渡市的念佛剑舞

第六章　农村产业化

友田滋夫

一　本章课题

日本农村曾出现大量“过剩人口”。通过将这些“过剩人口”吸引至城市工业地带，日本的经济高速发展获得了所需的劳动力。笔者认为，消除农村“过剩人口”，与消除零碎的农业结构、提升伴随耕地集中出现的农业生产性、提高农业收入、消灭农村贫困问题等，存在密切联系。换而言之，农村“过剩人口”由农村移动至城市，可以同时解决两个问题，即消除农业农村问题与确保城市制造业所需的劳动力。

此后的实际情况是，随着“过剩人口”流出以及工业对农村的渗透，农户收入增加了。尽管如此，大量人口依然从农村涌向城市。当

然，人口从城市回流到农村的趋势强于以往。然而，这并非因为农村收入具有吸引力。现在，农村早已经没有“过剩人口”，反而面临农村“劳动力不足”、“骨干匮乏”等问题，但农村收入依然低于城市。因此，从城市回流农村的人们是被收入以外的各种农村魅力所吸引。话虽如此，没有任何收入是无法生存的。因此，创造在农村居住时能够从事的工作，成为重要的课题。这样的大规模人口流动及其所产生的问题，不仅发生在日本，完成经济“高度增长”的许多国家都有着相似的历程和问题。

在中国，支撑制造业发展的也是从农村流出的打工人员即“农民工”。中国拥有广阔的农村和庞大的农村人口，正迎来伴随农村老龄化和过疏化产生的各种问题。在人口规模和农村面积均远大于日本的中国，如果农村的过疏化、老龄化以及人口向城市集中不断增加，由此引发的问题严重程度将远不是日本能相比的。对此，中国提出新型城镇化的课题，筹划推动地方中小城市的发展，以及向农民工提供在地方中小城市的就业机会。

日本从20世纪70年代初期开始推行农村工业化政策，尝试向农村居民中的主要劳动力提供就业机会。从当前日本农村过疏化和老龄化加重、工业撤离农村等动向来看，农村工业化政策在农村人口定居化、保证年轻人就业岗位等方面，尽管在短时间内取得了成功，但从长远来看，遭遇瓶颈是必然的。现在，日本农村的主要活动是，充分利用农村地区的资源，提供相应的商品和服务。

1991年以后，中国经济几乎年年以10%的速度增长。但在2012年之后，增速降到了6%～7%。2014年，中国政府公布了《国家新型城镇化规划（2014—2020 年）》。这类似于日本在 1973 年结束高速增长，转向“低速增长期”（增速为 3% ~6%）。而在此之前，农村工业化开始发展起来（1971 年制定《农村地区引进工业促进法》）。可见，在农村人口流出与回流以及支撑回流的产业特征等方面，中日两国间也存在很多相似之处。在本章中，笔者阐述的问题包括：日本农村人口流出与回流动向、农村工业化政策的瓶颈、近年地区资源的利用与农村产业的发展等。

二　农村工业化的进展——从打工到在家兼业

与中国的经济高速增长相同，日本在 20 世纪 60 年代和 70 年代初期的经济高速增长，也是由制造业引领的。当时，日本制造业的就业人数稳步增长，根据《劳动力调查》，20 世纪 70 年代初期拥有 1400 万就业人员。

制造业就业人员的最大来源是农业就业人员。当时，制造业中心位于东京横滨工业地带等大都市工业区域，吸引了农村人口大规模涌向城市。尽管中日两国在有无“农村户籍”制度上存在很大差异，但毫无疑问的是，在中国从农村涌向大城市的农民工确实为制造业的发展提供了大量的廉价劳动力。日本《劳动力调查》显示，农林业就业人员自 1955 年以后一直在减少，尤其在 1972 年之前的减少程度十分显著，男女均持续每年减少约 20 万人。当时，渔业和矿业的就业人员也在不断减少，但男女合计在内的减少数量每年最多约 5 万人，远远不及农林业就业人员的减少量。

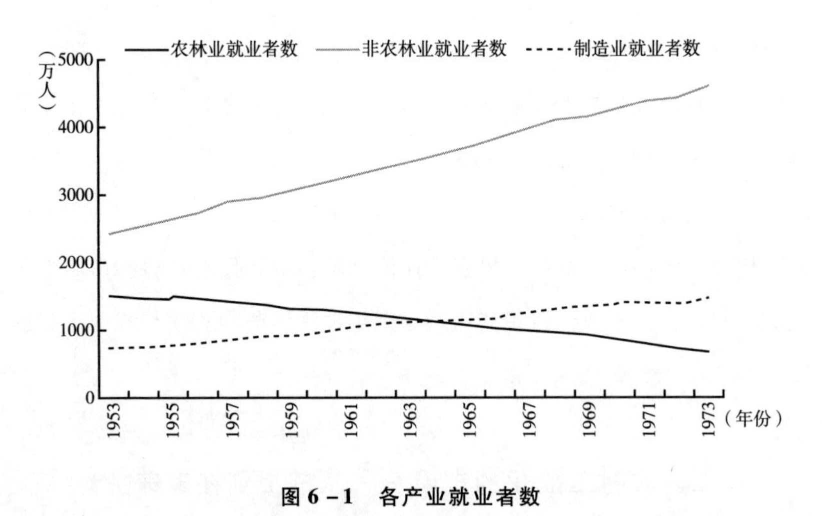

图 6－1　各产业就业者数

资料来源：《劳动力调查》。

20 世纪 60 年代和 70 年代初期，非农林业就业人员中，男性每年增加约 70 万人，女性每年增加约 50 万人。从制造业就业人员来看，男性每年增加 30 万人，女性每年增加 10 万人。在制造业的带动下，物流行业也不断发展，使得这一时期批发、零售业及餐饮店等领域的就业人数不断增加。

仅靠农林业流动出的劳动力，不足以满足当时的劳动力需求。非农林业中就业人员的增加量，大大超过了农林业就业人员的减少量。填补这一差距的重要劳动力来源是刚刚毕业的学生群体。20 世纪 50 年代后期至 60 年代前期，是“在战前多生多死型人口结构向少生少死型人口结构转变过程中出生、培养的劳动力的供应时期”，是“出生于多生时代、成长于少子时代的孩子们毕业后进入劳动市场的时期”（氏原正治郎、高梨昌，1971）。

新毕业的劳动力也大多从农村流出。根据农业人口普查，1960 年 16 ~ 19 岁人口与 1965 年 20 ~ 24 岁人口相比，16 ~ 19 岁人口在 1960 年至 1965 年间大约减少了 21 万人。1965 年 15 ~ 19 岁人口与 1970 年 20 ~ 24 岁人口相比，大约减少了 18 万人。这一时期的高中毕业生大学升学率是 20% ~ 30%，因此大学入学导致了农村人口迁入城市，造成了农村人口减少。往多了估计，那一代农村人口减少了三成。因此，从农业人口普查掌握的数据看，20 世纪 60 年代农村青壮年减少的相当大一部分是由应届毕业生在城市就业导致的。

在上述背景下，劳动力的调配方法开始发生变化。此前是人口从农村向现有工业地带转移，此后是农村地区开发而导致的向农村的工业转移。

在 1960 年前后，现有工业聚集地的过度工业集中暴露出各类问题，如“产业和人口过度密集、交通瘫痪、用水不足、工业污染等弊端集中爆发”（经济企划厅，1962），加速了工业向地方分散。初期，依据《新工业城市建设促进法》（简称《新产都法》，1962 年）、《工业整顿特别地区整顿促进法》（简称《工特法》，1964 年），工业向地方分散政策的重点被设定为开发少数据点。如果从劳动力转移政策的视角来看，这一政策的目标是推动劳动力的广域流动，即将劳动力从衰退的农业和煤炭等产业，引导至因开发新型据点而需要劳动力的地区和行业。

关于人口从农村向现有工业地区、新型工业城市以及工业聚集地的流出结果，工业人口普查显示，19 岁以下的农民人口（各都府县统计数据）从 1955 年的 15231190 人降至 1970 年的 8516300 人。

另外，农民就业动向调查显示，来自农村的就业人数在 1970 ~ 1971 年前后维持在 80 万人的水平。在这一阶段，来自农村的劳动力供

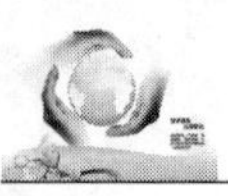

给尚有剩余，但从农村年轻人口的减少程度来看，维持1970年从农村到工业聚集地带的人口外流水平是很困难的，将农村流入城市的年轻阶层作为劳动力基础的做法已经临近极限。这样一来，劳动力供给源的萎缩将迫使开发新的劳动力供应源。

从雇佣指标来看，劳动力调查显示，1964年以后的完全失业率继续维持在1.1%～1.3%，说明劳动力供求相对吃紧。20世纪60年代中期的有效招聘比例约为0.7，而在1967年至20世纪70年代，开始超过1.0，在1973年达到1.73。其中，考虑到升学率上升，初高中毕业的应届毕业生就业人数呈现明显不足的趋势。从1960年至1970年，初中应届毕业者的招聘比例从1.94上升至5.76，高中应届毕业者的招聘比例从1.46上升至7.06。由于劳动力供求的紧迫性，现金工资总额也在1969年至1974年期间几乎每年以15%的速度增长。

面对上述情形，仅将地域间分布不均的过剩人口引出工业集聚区域，难以解决劳动力“不足”问题，因此工业进入农村地区显得越来越必要。在这样的背景下，日本政府制定了《二次雇佣对策基本计划》(1972年)、《农村地区引进工业促进法》(简称《农工法》，1971年)和《工业再配置促进法》(简称《工配法》，1972年)。

如其名称所示，1971年制定的《农工法》主要对象产业是工业即制造业。其目标是：“为积极有序地推动工业向农村地区的转移，并鼓励农业就业人员在……引进的工业中就业，出台相应举措……在谋求农业和工业均衡发展的同时，推动雇佣结构升级。”《农工法》的对象范围包括《农业振兴地区整顿相关法》规定的农业振兴地区、《山村振兴法》规定的振兴山村、《过疏地区自立促进特别措施法》规定的人口过疏地区。另外，《首都圈整顿法》规定的首都圈区域、《近畿圈整顿法》规定的近畿圈区域、《中部圈开发整顿法》规定的中部区域等，城市地区的一部分，被排除在《农工法》对象范围之外。可以说，《农工法》与《新产都法》、《工特法》是不同框架下的法律。

另外，1972 年制定的《工配法》的目的是：“采取措施，推动工厂从工业集聚地区转移至工业集聚程度较低地区，并在后者地区增建工厂……由此来促进工业的重新部署，谋求国民经济的健全发展，同时促进国土均衡发展和国民福利提高”（第一条）。另外，将“大城市及其周边区域中工业集聚程度极高，需将该区域内工厂转移的地区”设定为“迁移促进地区”；将“工业集聚程度低、人口增加率低”的地区设定为“诱导地区”（第二条）。围绕前者向后者转移工厂、后者新建工厂等事项，制订了《工业再配置计划》（第三条）。如此，《农工法》推进工厂在农村地区布局，《工配法》则推动工厂从城市转移至农村。这些法律扩大了劳动力的基础。对制造业而言，地域间移动不便的农户户主、长子以及家庭主妇等都可以成为新的劳动力基础。

另外，向农村地区提供就业机会的目的是，促进耕地流动和改善农业结构。将劳动力引导至农业外部，是《农业基本法》的规定路线。在此路线的指导下，《农工法》的作用是，继续将流出形态由举家离村型转变成在村型，在满足资本要求的扩大劳动力基础的同时，切实推动农业结构的改善。

以《农工法》为中心的农村工业发展措施，完善了资本主义发展所需的必要条件，不仅有利于实现农业构造改善的政策目的，而且通过解决外出打工、防止农户继承人流失村外等问题，极大地改善了农民的

生活及其经济状况。另外，工业转入农村增加了土地需求，提高了耕地价格，使农户资产获得了增值。虽然已就业劳动力在地域间和产业间的移动往往伴随社会秩序的动摇和摩擦，但农村工业发展措施兼顾了劳动力的流动化和农村经济状况的改善，从而将社会秩序的动摇控制在最低限度，成功地实现了劳动力在全社会的配置和转换。

三　农村工业的衰退

即使在1975年以后的低速增长期，劳动力需求依旧在慢慢扩大，而农户兼业人数在1975年以后，男女均呈现减少的趋势。因此，农户兼业劳动力已经无法像60年代般对劳动力需求做出贡献。

为了应对从农村流入非农业的廉价劳动力的减少，非农业部门将在农村以外领域寻求劳动力。最初的措施是雇佣女性。

在经济高速增长开始前，日本家庭的就业结构是，在以“家庭劳动力的彻底消耗”为目标的自营业家庭，不论性别均需参加劳动，因此女性就业率非常高。但在高速增长期以后，大量雇佣劳动者家庭出现，导致自营业家庭比例下降。在经济高度增长初期的20世纪50年代中期至60年代前期，雇佣劳动者家庭形成“雇佣男性劳动者的户主+专职主妇”的模式，使得女性劳动力的比例一再降低。伴随雇佣劳动者家庭就业模式的确立和自营业家庭的减少，女性的整体就业率也呈现下降趋势。《劳动力调查》显示，受升学率提高等的影响，20世纪70年代中期的男女劳动力人口比例（15岁以上人口占劳动力人口的比例）均低于20世纪50年代中期。女性劳动力人口比例下降更多，20世纪

表 6-1　就业人数以及农户兼业人数的增长率和兼业率

单位：%

		1965～1970 年	1970～1975 年	1975～1980 年
男女合计	非农林业就业者增长率	15.2	8.2	8.6
	就业者中雇佣者增长率	15.0	10.3	8.9
	第二、三产业就业者增长率	17.5	7.6	8.8
	农户兼业从事者增长率	11.3	0.1	-5.7
	雇佣兼业从事者增长率	17.0	2.0	-4.7
	主要从事非农业的农户家庭成员增长率	16.1	7.3	-1.2
男	非农林业就业者增长率	13.9	10.5	5.4
	就业者中雇佣者增长率	12.6	12.2	5.6
	第二、三产业就业者增长率	15.9	8.9	6.1
	农户兼业从事者增长率	5.3	-2.2	-5.9
	雇佣兼业从事者增长率		-1.1	-5.0
	主要从事非农业的农户家庭成员增长率	10.0	4.3	-2.2
女	非农林业就业者增长率	17.6	4.5	14.6
	就业者中雇佣者增长率	20.0	6.5	16.0
	第二、三产业就业者增长率	20.6	5.2	13.8
	农户兼业从事者增长率	24.8	4.3	-5.5
	雇佣兼业从事者增长率		8.1	-4.3
	主要从事非农业的农户家庭成员增长率	30.4	13.2	0.4

注：①第二、三产业就业者数据出自《国情调查》。

②兼业从事者数据出自《农业人口普查》。

③就业者中雇佣者的数据包含农林业雇佣者。

④5 年间的增长率。

⑤1965 年的农业人口普查数据中不含冲绳县。因此，1965 年至 1970 年的兼业从事者增长率高于实际情况。

资料来源：《非农林业就业者及就业者中雇佣者的劳动力调查》。

50 年代中期为 55% 左右，在 1975 年后则下降至 45.7%。另外，男性劳动力人口比例在 1965 年以后未出现下降倾向，而女性劳动力人口比例在 1965 年以后持续下降。再者，已婚女性劳动力比例在 20 世纪 60 年代前期大于 50%，但在 1975 年减少至 45%。

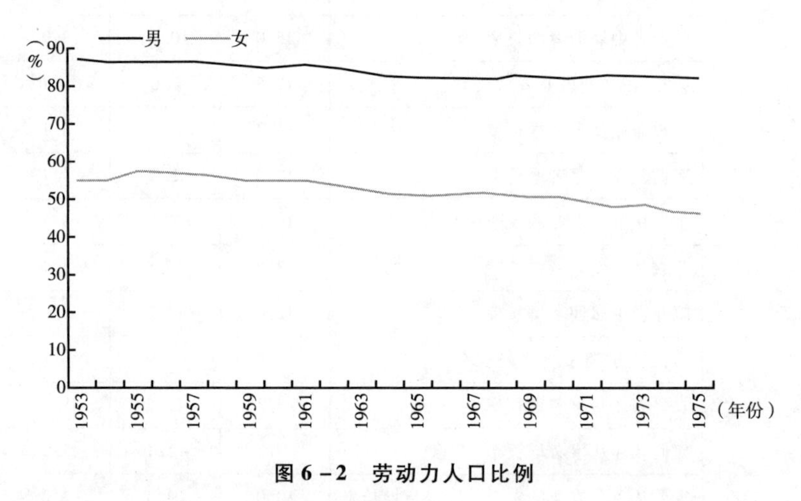

图 6－2 劳动力人口比例

注：1972 年之前的数据均不含冲绳县。

资料来源：总务省《劳动力调查》。

1975 年以后，“雇佣男性劳动者的户主＋专职主妇”模式开始发生变化。女性劳动力人口比例从 1975 年后开始上升，在 1990 年恢复至 50.1%（同期男性劳动力人口比例由 81.4% 下降至 77.2%）。从劳动力人口增加数量来看，1975 年至 1990 年，男性劳动力人口只增加了 455 万人，而女性劳动力人口则增加了 606 万人。

在女性劳动力人口比例上升的过程中，雇佣劳动者家庭中已婚女性劳动力人口比例也在不断提高，但未婚女性劳动力人口比例在这期间没有增长，维持在 52%～54%。另外，女性劳动力人口比例

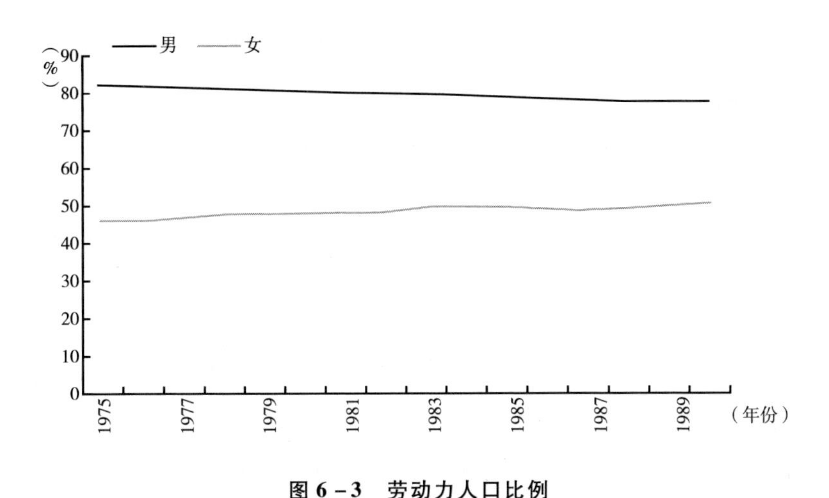

图 6－3　劳动力人口比例

资料来源：总务省《劳动力调查》。

上升速度在城市里很高。1975 年以后，在数量方面体现劳动力基础发展的是城市雇佣劳动者家庭的已婚女性。同时，城市雇佣劳动者家庭的已婚女性作为比较容易调整雇佣量的劳动力，还发挥着劳动力供求调整阀的功能。

在供求调整容易且流动性高的已婚女性劳动力基础不断扩大的过程中，20 世纪 70 年代后期，以造船、纤维、矿业等结构性萧条的行业为代表，制造业陷入困境，导致这些行业中的中老年男性大量离职。国家开始寻求解决这一问题的对策。另外，机械器具制造业的从业人数从 20 世纪 70 年代后期开始增长，电机、电子、机械等行业支撑了 1980 年前后开始的制造业的复苏。此后，经济状况和就业形势在伴随地域差异的过程中不断恢复，“结构性萧条”地区与机械、电机、电子相关产业新布局地区之间的差异越来越明显。这反映了“结构不景气”地区的

失业者，以及机械、电机、电子相关产业等新布局地区的就业者，均很难在区域之间流动。

在依赖结构性萧条行业的地区和非依赖结构性萧条行业的地区之间，雇佣机会的地区差距不断扩大。如何纠正这种不平衡，成为研究的课题。为了向雇佣机会不足地区“移动困难”的劳动力提供雇佣机会，雇佣机会扩大政策被提了出来。

进入20世纪80年代后，雇佣机会不足地区的雇佣机会扩大政策正式落实。1982年至1986年，地区雇佣开发推进事业得到实施。所谓“雇佣开发”，是指根据地区实际情况，在雇佣机会不足的地区，开发稳定的雇佣机会。

在继续推动地区雇佣开发事业的同时，1987年出台了《地区雇佣开发等促进法》，指定“求职者大量居住、雇佣机会不足的地区”为“雇佣开发促进地区”，并决定对指定地区的雇佣行为给予工资补助。另外，为了应对雇佣机会不足，《农村地区工业引进促进法》也扩大了覆盖对象。1988年，追加道路货物运输业、仓库业、包装业、批发业等为促进法的覆盖对象，并将法律名称改为《农村地区工业等引进促进法》。当地产业、“6次产业”等也在“雇佣开发”流程中占据一定位置。所谓“6次产业化”，由今村奈良臣在1992年提出，在日本已经成为常用词。最初的含义为，“一次产业＋二次产业＋三次产业”即构成“6次产业”。后来，今村奈良臣认为，“6次产业”的基础是一次产业，没有一次产业就不会有“6次产业”，因此赋予“6次产业”新的概念内涵，即“一次产业×二次产业×三次产业＝6次产业”。今村比较了中国农业产业化和日本“6次产业化”，主张“6次产业化”是以农业为主体，农户等一次产业从事者不将农产品等直接卖给流通者，而是一次产业从事者自己对农产品进行加工和销售，或是提供一次产品和其加工品等方面的服务。今村反复强调，日本的情况与中国“农业产业化”是由农业相关企业以及食品企业来组织农民是不同的。但在日本，近年来作为国家政策形成的“6次产业化”推进措施，包含了现在今村所说的“6次产业化”和农工商合作，可以说与中国农业产业化的不同之处已经变得不明显。

不论如何，在“6次产业化”成为政策课题之后，农村产业的形势是，由将部分工业从工业集聚区转移至农村，演变为农村独立发展当地产业、利用原有地区资源发展新产业。

另外，为了应对1985年广场协议导致的日元升值造成的经济不景气，日本采取了金融放宽和财政援助等对策。以此为契机，对土地和股票等资产的投机活跃起来。日本经济从1988年以后快速进入泡沫经济时代，表现为资产价值的上升超越了实体经济。受泡沫经济的影响，有效招聘比例超过1.0，失业率也随之下降，制造业就业人员不断增加。在这样的劳动力供求关系下，《农工法》所涉行业扩大，发挥了不同于当初意图的作用。

在泡沫经济时期，不仅是制造业，甚至连便利店等零售业都施行无库存生产方式，交货时间更加细化。另外，快递业也获得迅速发展。根据《国情调查》，从1990年前后运输及通信业就业人数的变化来看，道路货物运输业和仓库业就业人员数量的增长非常大，二者合计在1985～1990年5年间增加25%，在1990～1995年5年间增加约15%。

运输相关行业对劳动力和土地的部分需求，转移到了拥有广阔土地

的农村。《农工法》所涉行业的扩大解决了运输业劳动力不足的问题，也在日本经济向泡沫经济转变的过程中，推动了农村劳动力向非农产业的最后流出。

表 6 - 2　运输业及通信业就业人数的增长率

单位：%

	1985 ~ 1990 年	1990 ~ 1995 年	1995 ~ 2000 年
运输业、通信业合计	4.9	7.3	0.2
运输业			
铁路业	-26.0	-1.2	-10.0
公路旅客运输业	-4.9	-0.1	-7.3
道路货物运输业	22.7	14.5	3.3
水运业	-14.0	-11.9	-21.8
航空运输业	25.7	7.8	-2.5
仓库业	26.8	16.7	6.7
运输附带服务业	9.6	13.8	-2.6
通信业	-2.6	-0.4	9.3

资料来源：《国情调查》。

非农产业越是吸引农村劳动力，来自农村的劳动力外流余力就会越小。另外，随着少子化加重，劳动年龄人口的增长一直停滞。鉴于农村劳动力基础的枯竭和劳动年龄人口增长的停滞，创造新的劳动力基础显得很有必要。日本国内新劳动力基础的创造，包括加大从对非劳动力中发掘劳动力的力度（高龄者、学生、主妇等），以及扩大对非正式雇佣劳动力的使用；国际方面新劳动力基础的创造主要依靠鼓励企业进军海外和扩大对外国人劳动力的利用。非正式雇佣者有数千万人，外国人劳动者数量为 100 万人。进而二者人数不同，但如表 6 - 3 所示，二者的增加过程为，20 世纪 90 年代后期至 2005 年左右非正式雇佣发展迅速，

2005 年以后非正式雇佣的增长受限，为了弥补雇佣人数的不足，2005 年以后外国人劳动者数量急剧增加。

表 6－3　非正式雇佣者比例的变化

单位：%

	1982	1987	1992	1997	2002	2007	2012	2017
合计	15.8	18.4	20.0	22.9	29.6	33.0	35.8	36.0
男	7.6	8.3	8.9	10.1	14.8	18.0	20.3	20.5
女	30.7	35.7	37.4	42.2	50.7	53.1	55.7	54.9

注：①正式、非正式的区分是依据职场称呼的分类。正式中包含部分临时雇佣和按日雇佣。

②该比例是相对于包括公司股东在内的雇佣者总数的比例。

资料来源：《就业构造基本调查》。

在上述背景下，农村工业陷入困境。农村工业发展的前提是，农村拥有廉价优质的劳动力，但随着农村少子高龄化加重，农村的劳动力基础逐渐衰退。如果非正式劳动者、外国劳动者以及企业进军海外等成为取而代之的新劳动力基础，并发挥重要的作用，那么农村工业的优势将持续削弱。这是导致农村工业衰退的重要原因。

根据《工业统计调查》，电气机械器具制造业从业人数在 1993 年至 2003 年全国平均减少了 69.0%，其中减少率较高的都道府县是岩手、秋田、山形、福岛、鹿儿岛。2003 年至 2014 年，全国平均减少率为 15.8%，其中减少率较高的都道府县是青森、岩手、冈山、长崎、大分。可见，减少率较高的都道府县大多分布在东北和九州。东北和九州曾是农村工业盛行的地区。在这些农村地区，由于农民在企业就业弥补了农业收入的下降，工厂撤离造成的影响非常大。另外，部门企业面临

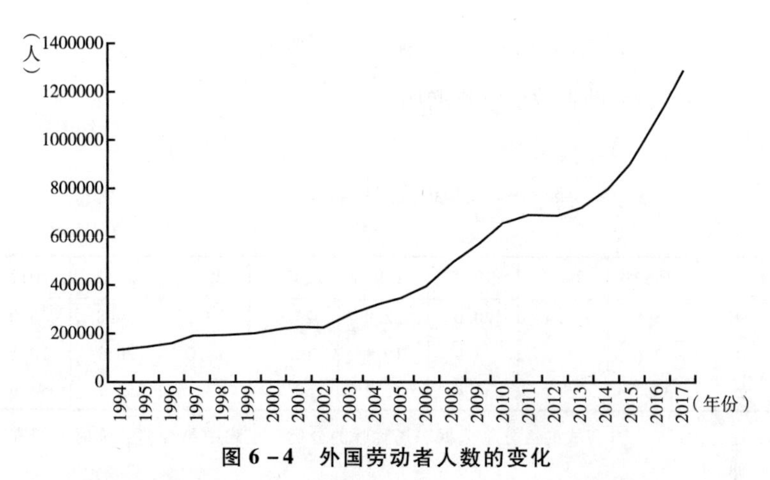

图 6－4　外国劳动者人数的变化

注：①直接雇佣和间接雇佣的合计人数。

②《外国人雇佣状况报告》是公共职业稳定研究所汇总的任意性报告，对象涉及从业人员 50 人以上的所有行业单位、从业人员 49 人以下的部分行业单位（根据各地实际情况和行政上的必要性进行选择），并未全部掌握雇佣外国劳动者的行业单位。

③《〈外国人雇佣状况〉的呈报情况》规定全部企事业负责人具有申报义务，因此全数掌握了雇佣外国劳动者的行业单位。

④因此，2006 年之前和 2008 年以后的数据没有连续性。

⑤关于非法就业等情况，考虑到企事业负责人忌讳申报，所以两项调查结果都可认为是除去非法就业人数后的数据。

资料来源：2006 年以前，依据厚生劳动省（2000 年以前为劳动省）《外国人雇佣状况报告》（6 月 1 日）。2008 年以后，依据厚生劳动省《〈外国人雇佣状况〉的呈报情况》（10 月末）。

农村过剩劳动力枯竭的状况，因此将之前从承包商采购的零件转为内部生产。从事内部生产的劳动力是非正式雇佣劳动者。这种方式获得了制度层面的支持，如制造业领域劳务派遣的解禁（2004 年）、外包劳务的大量使用以及外国人技能实习生制度的扩充（1990 年“研修”型在留资格出台，1993 年一年研修后技能实习 1 年的技能实习制度问世，1997 年技能实习期延长至 2 年，2010 年“研修”制度废除，“技能实习”得到认可，2017 年有条件实习期限变为 5 年）。

如上所述，农村工业的衰退导致农村就业岗位减少，就业机会不足导致农村青壮年流向城市，进一步加重农村劳动力的不足和农村工业的衰退，由此形成一个不断萎缩的循环。

四　农业农村的回归与地区资源利用型产业的发展

如上所述，在经济高速增长和泡沫经济时期，人口移动从农村流向城市，脱离了农业与农村。这一过程伴随着意识层面对农业农村的否定，即农业与城市工作相比具有“3K”（辛苦、肮脏、危险。此三个词语的日语发音均以“K”开头。——译者注）特点，而且收入也很低。同时，城市居民的收入提高，也带来城市居民消费行动中的价值观变化，即由注重数量转变为重视质量。饮食题材的漫画《美味之乡》（雁屋哲·花咲安其拉著）荣获小学馆漫画奖，正反映了当时的美食家热潮。获奖年份是 1986 年，即日本经济快速进入泡沫经济的那一年。另外，经济高速增长和泡沫经济提高了国民收入，使得生产食材的农业农村的存在价值得到重新审视，自然环境得天独厚的农村获得高度评价，并导致在城市人工环境中为追求经济增长和收入提高而 24 小时连续工作的做法遭到质疑。以能实现这种价值观的经济力量为中心，追求饮食的安全、安心和农村安乐的动向逐渐扩大。可以说，正是在强烈否定农业农村的经济高速增长时期和泡沫经济时期，人们对农业农村产生共鸣。因此，受需求侧的影响，对利用农村地区资源生产的，具有安全、安心、手工、传统等特点的商品的需求越来越强烈。

除了上述需求侧意识发生变化，供给侧情况也发生变化。以前，发展农村工业的前提是，在一定地理范围的农村中存在具备工厂工人资质的劳动力阶层。这是由农村工业的使命决定的，即农村工业作为承担大规模制造业流水线的最末端的外包工厂，需要经常持续性地定量生产大批零部件。所谓农村拥有很多雇佣机会，实质是指农村分布着多种多样的工业。它们能在农村立足的前提是，具备适合各类商品生产资质的劳动力，在劳动市场中，这些劳动力达到一定数量。但随着农村人口的减少，拥有特定资质的劳动力阶层在劳动市场中很难存在。因为，人的资质和希望就业的领域是多元的。在各类人群中，为了在某个特定工厂工作且具备一定资质和就业期望是存在的，这就要求达到工厂所需劳动力数倍的人群都必须居住在该劳动市场区域中。反而言之，在人口减少地区，因就业人员规模大而追求规模利益的企事业是难以存在的，但如果是雇佣一个或几个人就都能有效开展的企事业，就很容易生存。如此，从地区劳动能力方面来看，发展地域资源利用型产业的必要性越来越大，因此这种产业可以利用农村资源和农民技能，少数人也能开展工作，而且在人口减少地区也能发展下去。

在上述背景下，今村提倡的“6 次产业化”引起关注，并被政策所采纳。2008 年 5 月，《促进中小企业者和农林渔业者联合开展事业活动相关法》（简称《农工商联合促进法》）出台，并于同年 7 月 21 日起施行。该法律规定，“中小企业者和农林渔业者有机地联合，促进基于有效利用各自经营资源的经济活动，谋求提高中小企业的经营状况、改善农林渔业的经营局面，以此实现助力国民经济健康发展的目的”（第一条）。在此原则下，针对中小企业者和农林渔业者共同从事新商品开发与拓展销路，国家通过了《农工商等合作事业计划》，而纳入计划的中小企业者和农林渔业者将会得到低利率融资和债务担保范围扩大等援助。

在《农工商联合促进法》出台之前，2008 年 2 月宣传册《农商工联合 88 选》公开征集合作案例，并于同年 4 月公布了选定结果。

2010 年 12 月，政府公布了《利用地域资源的农林捕鱼业者创造新事业以及利用地域农林水产物的促进相关法》（“6 次产业化”法、本地生产本地消费法）。该法律规定，就“6 次产业化”而言，国家认可农林渔业者为了提高农林水产物的价值，可一体地进行生产、加工、销售等事业活动，并可获得制度资金贷款方面的优惠措施，同时在耕地改作手续的简洁化方面予以支持。另外，关于本地生产、本地消费，国家和地方公共团体出台了各种措施予以鼓励。

2013 年 2 月，为从资金上支持“6 次产业化”，国家与民间出资设立“农林渔业增长产业化支援机构”，向“6 次产业化”事业单位出资和开展经营指导。

此外，修订《农村地区引进工业等促进法》，名称改为《促进农村地区产业导入相关法》（农村产业法），并于 2017 年 7 月起施行。在修正法案中，对象产业的限制被取消，农产品直销处、农家食堂、木质生物发电等“6 次产业化”行业也适用于该法。

从 1990 年开始，由于泡沫经济崩溃，农村工业从业者的减少越来越明显，对地域资源利用型产业的关注也越来越高。进入 21 世纪头 15 年，政策也发生相应变化，现在“6 次产业”和“农工商联合”等说法的认知度可谓相当高。

五　地域资源利用型产业的具体事例

（一）小规模林业中利用当地森林资源的“土佐森林救援队”

日本是一个产业发达的国家，但大片国土被山林覆盖。据林野厅调查，2012 年国土面积的 67% 为山林。与中国“退耕还林”目的之一即防止土壤流失类似，日本如果在人工林的山林管理出现懈怠，则会成为引发泥石流的原因之一。然而，林户和农户一样，受老龄化影响，面临管理困难的山林在不断增加。

为此，高知县组织了“土佐森林救援队”，在管理山林的同时，谋求有效利用森林资源中的间伐木材。

日本的林业工作者主要由森林工会等职业团体和森林志愿者组成。二者之间曾存在许多小规模自伐林户，但现在却很少了。从林业志愿者直接转为专业的林业工作者是很难的。从 2003 年开始，“绿色雇佣”计划开始实施。森林工会接受国家补助，开展林业方面的研修活动，确保培养新的林业工作者。结果，“绿色雇佣”开始前的新入职林业工作者为每年两千人左右，而现在增加至每年三四千人。但是，因“绿色雇佣”而产生的新林业工作者中，有九成想放弃。因为“土佐森林救援队”的努力方向并不是直接培育林业专家，而是首先振兴具有副业性质的小规模自伐林户。

相对副业性自伐林户的大规模集约化林业的情况是，每隔 20 ~ 40 年实施一次间伐，一次间伐六成左右的成木。被砍伐的是成木中较粗的木材。间伐木材没被丢弃，而是作为木材向外销售。许多森林所有者会将业务委托给森林工会，由森林工会实施前文所述的大规模作业。但是，这种间伐方法容易产生风倒木。相比每隔 20 ~ 40 年间伐一次，全部砍伐显得更有效率。但是，全部砍伐对森林造成的负担是最大的。如果全部砍伐，林山会一时变成秃山；一旦下雨，土壤就会流出，成为泥石流产生的源头。

过去，副业性自伐林户在间伐时，是每年间伐一少部分，因此森林负担较小，下层植被丰富，不易产生风倒木。腐殖土层积累很厚，土壤也很难流失。在土佐森林救援队管理的山林中，林间栽培了香菇，并将小径木制成木桩出售。自制的木质种植箱被销往生协，已成为经典商品。依据这类方法，上班族通过在周末从事林业活动，可获得每年 200 万 ~ 300 万日元的收入。

无须过多的设备投资，也是副业性自伐林户的优势。不需要高性能机器，需要的是林内作业车、剪锯、电铲以及 2 吨卡车。由于是自己拥有的山林，可以频繁地进入林中，所需投资少，故无必要加急回收资金；由于认可每年持续性获得少量收入，故可以克服木材价格低迷时期，顺利进入长伐期阶段。

专业的林业生活需要 100 公顷以上的山林，但如此大规模山林的所有者人数很少。2015 年关于不同山林面积规模经营体数量的调查显示，100 公顷以上的林业经营体比例只占 4.1% 。大规模专业化经营需要高性能机械。如果引入高性能机械，则 1 人 1 日需产出 10 立方米木材，否则不合算。为了核算定额工作量，现场作业必须严格进行。相比之下，低投资的副业性自伐林面积小，可以随意地进行现场作业。20 世

纪80年代以后，木材价格一直下降。近年来，杉木价格约为1万日元/立方米，丝柏价格为2万日元/立方米。通常，山林中1公顷约积蓄木材300立方米，若能够合理地间伐三成，则每公顷的间伐量约为100立方米左右。如果其中的70立方米成为木料，则林户可获得杉木70万日元、丝柏140万日元的毛收入。若水稻单收8袋、单价14000日元，则水稻的毛收入是1公顷112万日元。可见，木材收入几乎可与水稻匹敌。1公顷间伐所需时间约为1周，如果搬运间伐木材需2~3个月，则仅凭木料部分就能获得上述收入。土佐森林救援队收集砍伐后木材的方式是，较大木材需要架线，然后用起重机和钢丝绳运至作业道路，再由搬运车运走。因此，无须在建造作业道路上花费太多精力。架线所需

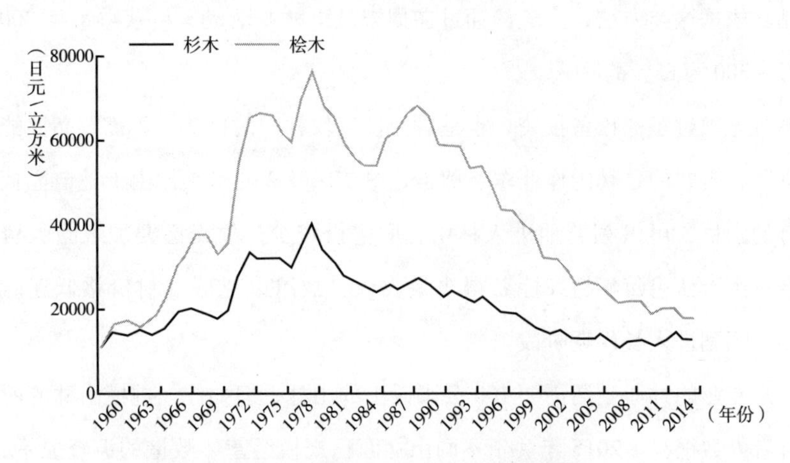

图6－5　杉木、桧木的价格变化趋势

注：①由于2013年调查对象等被重新设定，2013年以后和2012年之前的数据不具有连续性。

②杉木和桧木规格一致，即直径为14~22厘米，长度为3.65~4.0米。

③数据不受JAS（日本农林规格协会）的等级限制，包含了所有类型。

资料来源：根据农林水产省《木材供需报告书》制成。

时间为20~30分钟。起重机和钢丝绳的购买费用为20万日元，林间作业车的购买费用为150万日元。因此，合计需要投资不到200万日元，就能保障副业性林业经营。这些工具是成套出售的，可以与其他森林NPO之间进行交易。

除了木料收入，无法用作木料的残料也可以作为木质生物资源加以利用，取得收益，出材料的可能性也会很大。因此，即使是不能作为木材使用的材料，也可以作为木质生物的材料。由于林场产出木材，故而存在各种可能性。以此项收益作为基金，发行了“森林券”这种地区货币。“森林券”的发放对象是，参加由土佐森林救援队组织的间伐等森林整备志愿活动的人员，在当地商店可与现金同样使用。这种方法作

图片6-1　被起重机和钢丝绳运至林道的木材

为小规模林业支援政策，发挥了应有的作用。

成为专门的林业从业人员的门槛很高，但如果作为副业的话，开始和结束都比较容易。从事副业性林业的过程中，木质生物的收入也被纳入其中。不能用作建材和胶合板的C材（细材和曲材）价格便宜，因此无法作为主要收入。但对于作为副业的林业工作者而言，该项收入是其副收入。

对国民而言，大规模林业生产遥不可及。而像森林志愿者那样的外行人聚在一起从事副业性林业生产的话，林业就会接近国民的视线。如何拉近林业与国民及山林所有者的距离？承担这一角色的便是小规模林业。土佐森林救援队的退休人员每月可收入10万日元。对于依靠养老金生活者而言，如果获得10万日元的额外收入，足以满足生活需要。

在进行木材搬运作业时，现场指挥员是不可或缺的。成为现场指挥员需要经验。在土佐森林救援队，当指挥员成长起来后，就会让他们独立形成另一个团体，即所谓的“分家”。即使相邻地区采取同样的“分家”做法，彼此之间也不会互相竞争。这是土佐森林救援队的活动特征。在利用地区资源的过程中，特征越明显且商品生产越特殊的话，一旦相邻地区出现同样商品，则双方会构成竞争关系，有时会导致两败俱伤。这时，先发地区必须以专利形式来保护其特殊商品不被仿制。但土佐森林救援队的做法是，即使相邻地区从事相同活动，双方也能够共存，任何一方都可以对商品进行仿制。可以说，这是一种将个性商品扩展其他地区的“模式”。

（二）推动本地产品荞麦面发展的女性企业“安心今庄”

“安心今庄”位于福井县的旧今庄町（现为南越前町），是制造荞麦面和经营荞麦面店的女性团体。创立的契机来自对过疏化的危机意识。为了解决今庄地区人口稀少的问题，在20世纪80年代后期，町中主要人物会聚一堂召开会议，探讨以什么主题来振兴城镇。今庄地区拥有多个山谷和两条大河，雾多，温差大，自古以来就是粒小、质佳、味香的荞麦产区。另外，在1962年北陆隧道开通前，旧北陆铁路干线的今庄站至敦贺站之间被称为日本第一铁路难关，需要依靠辅助机车以Z字形路线通过倾斜度为千分之二十五度的陡坡。今庄站是装卸辅助机车的车站，停车时间较长，因此旅客在车站月台站立食用的“今庄荞麦面”渐渐出名。鉴于“今庄荞麦面”广为人知，且本地盛产优质荞麦，当地决定依靠荞麦来振兴今庄。

既然决定充分利用当地所产优质荞麦，那么就定下了追求高品质的发展目标。当时，今庄地区拥有改作耕地60～70公顷，全部被用来种植荞麦。但对生产者来说，种植荞麦的收益低于种植大米，因此町政府（旧今庄町）与农协决定给予每袋荞麦五千日元补助金，鼓励农户完成改种荞麦的义务，切实推动以荞麦振兴本地的战略。1987年，今庄在全国率先建立荞麦道场（体验道场）。同年，农协成立荞麦和西红柿加工中心。在町和农协的共同努力下，荞麦以邮局包裹的形式开始在全国配送。

在上述过程中，考虑到农协女性部也应发挥作用，于是1988年17位女性成立了“手工团体”。“手工团体”的业务不仅仅限于制作荞麦

面，还涉及传统料理等的手工制作。1992年，为进一步发展，“手工团体”获得农业改良普及中心的支援，着手开发荞麦茶点。耗时1年完成创作的荞麦茶点在县级大赛中展出，斩获各类奖项。1995年，荞麦茶点参加国家资助的全国性“食品口感大赛”，首次荣获最高奖“国土厅长官奖”。这次获奖告诉人们，社会对“手工团体”活动的评价之高，远远超过了她们自己的想象。

1996年，农协开始推动农村女性创业。“手工团体”17人举行会议，决定留下12人进行创业。选择这12位女性，是因为她们举手表达了创业的愿望。不想创业的女性则继续留在农协女性部学习，最后举行了“手工团体”的解散仪式。

虽然创业不需要资金，但为了让参与者坚定创业意志，决定每人出资20万日元。

4年半后的2000年春季，农协总部考察了1987年建成的荞麦加工中心，探讨是否将其投入商业运营。当时，中心承担着荞麦加工与全国配送的业务。今庄女性对自己能否实现全国配送感到不安。对此，农协表示“如果你们无法承受的话，中心将会转让给其他地区的从业人员”。最后，今庄人达成共识，认为必须把今庄荞麦守护在今庄地区，承接了荞麦加工中心。此后，中心不仅向全国配送荞麦面，还提出本地也应建设美味荞麦面店的设想，决定建立荞麦面食堂。后来，它演变为如今的“安心今庄”。

安心今庄原本起源于农协女性部，对技术和经营的学习很上心，这种学习的积累起了很大作用。

“手工团体”成员与刚成立时相比，更换了半数以上。12名女性在

图片 6 – 2　今庄本地荞麦“阿姨荞麦”

团体成立时的平均年龄是 64 岁。2000 年 7 月成立时的成员在 2010 年仅剩下 5 人。为了确保团里后继有人，当地希望今庄町居民能加入进来，经常收集哪家女性辞职了等相关信息，并联络她们。然而，确保招入新成员并非易事，需要经常有意识地努力。

在从农协手中继承现有设施时，最困难的莫过于利用机器制作麦面。“手工团体”时期自然是“手工擀面”。其最初的想法是，怀着让

家人吃上美味食物的念头去认真学习。因此，虽然已经掌握了手工作业的农产品加工技术，但使用机器却是头一次。可是，如果农产品加工成为企业经营的一部分，那么单凭手工制作是来不及的。安心今庄继承了农协的设施，因此其中设置了大型机器。

在农协运营属于安心今庄的设备时，男性负责操作制粉机。在设备被“安心今庄”继承后，单凭女性能够操纵这台机器吗？如果男性参与，这台机器将无法发挥作用，有时会出现 5 ~ 6 名员工罢工的情况。但是，1 名男性能拿动的东西，2 名女性合力也可以拿动；如果实在拿不动，由于农协就在对面，把男性从那边叫来就行了；由于按下某个开关就可以启动机器，那么男性可以操作的话，女性也应该能够操作，因此需要努力学习操作机器。1 年之内无法决定各自岗位，就由全体人员一起操作机器。在这样的过程中，最终自然就决定了由谁负责操作机器。

最困难、最重要的作业是，使用石臼研磨荞麦、制作荞麦粉。如果荞麦粉不能变成便于击打的粉末，则无法制作出高品质的荞麦粉。但有人能够轻松顺利地研磨荞麦，通过分辨石臼的声音，就能知道石臼状况不好的原因在哪里，如果石臼的传送带松弛一些，就能够自己动手断开和连接。

近年来受鸟兽害的影响，今庄荞麦的亩产量下滑。一般来说，每 10 公亩可收获 2 大袋荞麦，但今庄现在一袋也收不到。这导致荞麦面的价格飞涨。但在安心今庄，因为从荞麦粉研磨开始是一连串作业，所以即使高价出售荞麦面也能以味道取胜。无须廉价出售，即使贵一点也很畅销。

如上所述，成功的因素之一就是，在安心今庄达到现在的规模之前，已经与农协、町政府、农业改良普及中心取得密切联系，并得到极大的支持。

另外，持续性学习也非常重要。农协女性部和普及中心创造了学习机会，而安心今庄的成员们都参与其中。从 1996 年决定创业至开设店铺的 4 年半期间，由于存在农村女性创业学习会，女性意识到了具备职业意识的重要性，如遵守约定的交货期等。店铺设立前的这些学习，对设立后的店铺经营起到积极作用。同时，安心今庄从不勉强地扩展事业，而是结合自身实际开展经营，更加重视持续性而不是扩张。它意识到不能一味谋利。因为既然是在本地做生意，就必须为地方发展做出贡献。它所重视的不是刻意扩张事业，而是细水长流地在本地展现存在感和做出贡献，并持续性创造就业岗位。

（三）利用当地废弃物鳗鱼骨制成的“鳗鱼薯”的品牌化

静冈县滨松市是有名的鳗鱼产地。“鳗鱼薯”是在滨松市将鳗鱼加工过程中的废弃物作为肥料加以利用，主要由滨松市企业“绿色宇宙庭好”生产的红薯品牌。

绿色宇宙庭好是 1913 年创立的造园公司。现在除造园业外，公司业务还涉及废弃物（草木类）处理、红薯种植、肥料（使用修剪树枝的堆肥、利用鳗鱼骨的肥料）生产以及红薯点心等加工产品。

2009 年，公司开始研究参与农业，一边接受当地农户指导，一边积累经验。除红薯外，还栽培洋葱、黄瓜、番茄、萝卜、茄子和青椒等。但造园是主业，用于农作业时间很少，经常错失收获时节，导致红

薯之外等作物种植几乎完败，一无所获。虽然收获了白薯，但由于形状不好、有虫蛀、断折等，几乎难以进入现有的流通渠道。尽管如此，公司对于暂时的收获充满自信，感受到了农业的魅力，决定推动现有尝试的事业化。恰逢《农地法》被修订，普通企业参与农业具有了可能性，并使之成为一项事业。

但是，能够用于栽培红薯而租借的土地只有荒废的耕地和闲置的农田。现在，绿色宇宙庭好公司的“鳗鱼薯”栽培面积约为 10 公顷，全部为荒废的耕地和闲置的农田，其中约 5 公顷利用了农林水产省“荒废耕地再生利用紧急对策”提供的交付金。其余土地不属于再生利用交付金的资助对象，因此只能依靠自身力量进行经营。交付金是用于荒废耕地振兴费用的补助，国家承担 1/2，县承担 1/4，静冈县下辖市承担 1/4，合计补助 100% 。

绿色宇宙庭好公司拥有的农业机械和设施包括 1 台拖拉机、1 台红薯专用收割机以及 1 个红薯育苗大棚，而劳动力有 2 名日本正式职员、1 名长期兼职员工、2 名中国研修生以及 4 名印度尼西亚留学生。

早期，栽培技术不太成熟，而且气候风险超出预料。2011 年的台风完全摧毁了育苗大棚，同时遭受冻害、酷暑、日照不足等。另外，即使制作出优质产品，一旦进入正常的流通渠道，价格抬不上去，会导致亏本。耕地分散达 150 多处，也加剧了收支平衡的恶化。

这里需要注意的是，“6 次产业化”与原创品牌化，以及为之成立的组织。关于“6 次产业化”，当时正施行农林水产省的“6 次产业化”地产地销法规，“构建利用滨松产红薯加工品的开发与销售体制”获得该法认定，从而得以运用补助金来完善储藏库和酱料工厂。关于补助率，储藏库和工厂补贴 1/2，构建销售体制的讲师费用补助约 2/3。

储藏库可以调控温度和湿度。完善储藏库的目的是，通过长期保存红薯，延长销售和加工的时间。当地原本就盛行栽培红薯，但此前全部以红薯干的形式推向市场，区域内不存在储藏库。

另外，酱料工厂的设备由烤箱、皮分离机、筛网过滤机、真空包装机、快速冷冻机等构成。通过完善这些设备，加工迄今作为规格外产品流通的红薯，从而提高其附加价值。如上所述，由于栽培技术不成熟以及行业间劳动竞争，该公司产出的红薯中存在大量规格外产品，但经过加工设施的完善，包括规格外产品在内的所有红薯都能够满足经营需要。

关于构建销售体制，其目的是完善卫生管理体制，制造安心安全的加工品，扩大产品的销路。为此，该公司充分利用了派遣“6 次产业化”设计员的项目，接受卫生管理专家的建议，进行职员教育和整理账簿，从而逐渐具备了与大宗客户进行交易的实力。

该公司的酱料是烤制红薯形成的酱料，而其他公司几乎都是蒸熟制成的酱料。由于烤制红薯时汁液会飞溅，因此和蒸制酱料相比，产品产量会减少，但味道很好。如此，该公司产品形成与其他公司产品的差别化，从而即使是小规模企业，也能实现收支平衡。价格也比蒸制酱料便宜 1/5 左右。

另一个特色商品是上述酱料干燥后制成的酱料粉。一般的红薯粉末是使用生红薯制成的，但该公司产品是采用烤制红薯的酱料来制作，味道截然不同。

该公司还生产冷冻烤制红薯切条。它在超市等场合被用作红薯家

常菜。

红薯品牌化的契机来自网络销售的经验。在网上销售红薯时，即使形状不好也卖得不错，但网络消费者很重视价格，如果价格低于其他产地就会购买。即便质量上乘，单凭产地来自滨松，也难以卖出高价。于是，厂家决定生产只有滨松才有的红薯即“鳗鱼薯”。滨松是有名的鳗鱼町，因此利用鳗鱼加工时留下的鱼头、骨头等废弃物，作为肥料来栽培红薯，形成了只有滨松才有的红薯这一特色。

图片 6－3　普通红薯因品牌化而能卖出高价

尽管发明出了“鳗鱼薯”，但实现品牌化需要扩大在消费者中的知名度。由于该公司不是大企业，无法花费巨额广告费。因此，为使整个地区参与其中而不是一家企业单枪匹马地运作，在与政府合作的同时，启动“鳗鱼薯项目”，并招募成员。

“鳗鱼薯项目”的成员包括“鳗鱼薯”生产者、“鳗鱼薯”业务相关企业、支持“鳗鱼薯”的个人。年会费为生产者 3000 日元、企业 12000 日元、个人 3000 日元。会费被用作开展活动的原始资金，制造出了用于宣传的商品即“鳗鱼薯布丁”。在此过程中，酒店厨师进行食谱开发，公司负责进行加工和销售，材料是本地所产手工布丁。虽然批发销售不获利，但作为提高“鳗鱼薯”品牌力的工具，目前仍在生产和销售。

企业吉祥物也是以公开募集的方式来选定。官网主页公开征集吉祥物的名称。一旦被采用，则会向提出者赠送 1 年（365 个）的“鳗鱼薯布丁”。该活动在推特和脸书传播很广，受到广播电视台的关注，并在全国广播节目中被报道，吸引了约 500 名应征者参与。最后选定的名称是在应征提案中出现次数最多的“うなも”。

为了提高品牌信誉，“权威认证”也是必不可缺的要素。因此，“鳗鱼薯”申请列入“静冈美食选”，并获得认定。“静冈美食选”是静冈县根据独立的认定标准，在县内丰富多彩且品质优良的农林水产品中，对在全国及海外引以自豪的、具有较高价值和鲜明特色的产品进行认定。另外，在“富士之国新产品选拔赛”中，“鳗鱼薯布丁”和“鳗鱼薯烤制薯片”荣获了金奖。这项赛事的目的是，选出充分发挥了静冈县农林水产品魅力的新加工食品。另外，在静冈县荒废耕地重生活动表彰中，绿色宇宙庭好公司获得了县知事奖。

如上所述，通过赢得各类奖项得到了政府的“认证”，加之产品本身也非常有趣，而且形成了多家企业参与的“鳗鱼薯项目”，使得来自

全国层面的媒体报道逐渐增多，收到了非常大的宣传效果。

“鳗鱼薯”系列产品还积极参与各类展会。在“鳗鱼薯”问世之前，即使在展会销售红薯，也完全无人问津。但自从以“鳗鱼薯”之名销售后，客人对“什么是鳗鱼薯”的关注升温，以至在摊位前排成长队，把产品抢购一空。

随着“鳗鱼薯”引起广泛关注，当地点心店开始用“鳗鱼薯”来制作点心。首先推出的是“鳗鱼薯馅饼”和“鳗鱼薯烤饼”等。作为车站销售的土特产，“鳗鱼薯馅饼”成为全国知名度仅次于“鳗鱼薯派”的商品。受此启发，点心店开始陆续开发和生产“鳗鱼薯”相关产品。现在，滨松站和高速服务区的土特产卖场里均设置了“鳗鱼薯”相关产品的柜台。

由于“鳗鱼薯”具有商标权和版权，如果销售带有“鳗鱼薯”的商品，则可以获得使用费收入。特许权使用费根据“鳗鱼薯”的使用量而有所不同，高使用率的商品为1%，低使用率的商品为3%。专利收入用于广告支出。

以前，“鳗鱼薯”的生产者是绿色宇宙庭好公司以及与其签订合同的红薯栽培方。然而在合同栽培的关系下，生产者与绿色宇宙庭好之间的一体感较弱，难以激发出生产优质红薯的热情。于是在2013年5月，“鳗鱼薯”全体生产方出资成立了“鳗鱼薯协同组合”，规定由组合统一售卖“鳗鱼薯”，所获收益分配给组合成员，一改原先将收益返回生产者的做法。

组合的主要任务是提高质量、扩大栽培面积和削减生产成本等。“鳗鱼薯”的销售价格也由生产者主导决定，由此提高了农民收入。组合还负责商标权的管理。所有采用“鳗鱼薯”的加工产品，均由“鳗鱼薯”生产者组织即组合来审查和认定。只有被认定的产品才能使用“鳗鱼薯”这一名称。

“鳗鱼薯”的幼苗及其培育肥料由组合向生产者提供。“鳗鱼薯”的单价是普通红薯的2倍左右。价格设定的基本思路是，积累必要的生产成本，制定可使农户获得更多利润的价格。

生产者的纯收入也是普通红薯的近2倍。在销售普通红薯时，生产者必须经历收获、挑选、清洗、装箱等工序。在由组合负责“鳗鱼薯”上市的情况下，生产者不必承担挑选及其之后的作业，只需将地里收获的红薯直接运至组合即可，由此大大减轻了生产者的劳作负担。此外，组合也用自有资金来维护和运营。

2015年3月，组合成员数为39人，成员栽培总面积为17公顷，产量为300吨，组合出售的“鳗鱼薯”销售额达4000万日元。组合成员的半数以上是来自其他行业的农业参与企业，如拆卸公司、测量公司、软件公司等。

作为“鳗鱼薯”生产者之一的绿色宇宙庭好公司，也是将收获的“鳗鱼薯”卖给组合，然后再从组合手中采购加工后的“鳗鱼薯”。其“鳗鱼薯”及其加工品的销售额达到每年6000万日元之多。

“鳗鱼薯”的最大目标是，在农业从事者的主导下，提高农业从事者的收入。为了实现目标，当地竭力推动“鳗鱼薯”的品牌化和产地化。当前的目标是，5年内拥有50名生产者和100公顷种植面积。最终的目标是，拥有500名生产者和1000公顷种植面积。关于“鳗鱼薯”系列商品的总销售额，目标是50亿日元。

六　日本追求安全安心食品的界限与中国发展的前景

如前所述，日本在经济高速增长和泡沫经济形势大好的时期，城市居民收入持续增加，引起城市居民消费行为的价值观发生变化，即由重数量转为重质量，同时对“6 次产业”及安全安心的高附加值农产品的投入不断扩大。泡沫经济崩溃后，随着城市收入差距和就业差距的扩大，一些人开始对“是否要在城市工作”产生疑惑，导致回归农村和农业的现象大范围发生。城市居民移居农村并开展农村新事业时，资金是必不可少的。然而，泡沫经济崩溃后，城市居民收入下降，很难积累

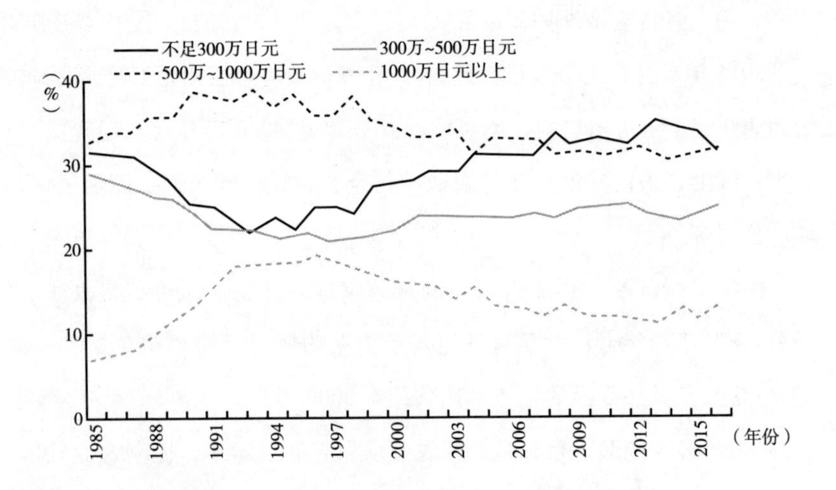

图 6－6　不同年份、不同收入阶层户数的分布

注：①1994 年的数据不含兵库县。

②2010 年的数据不含岩手县、宫城县和福岛县。

③2011 年的数据不含福岛县。

资料来源：根据厚生劳动省《国民生活基础调查》年度演变表制成。

资金。尽管各类移居援助政策、农村就业援助政策缓和了资金方面的困难，但由于消费者的收入长期低迷，居民对安全安心的高附加值农产品的需求难免不断地减弱。对于从城市移居农村并以农业为生计的新晋农民而言，这种需求低迷当然是不利的。

简而言之，收入低迷和食品需求低迷主要体现在，家庭收入不足300万日元的家庭比例自1993年以来不断上升，虽然近年呈现些许下降趋势，但远远不及1993年的水平；相反，家庭收入1000万日元以上的家庭比例自1996年以来呈现下降趋势，虽然近年有所上升，但远远达不到1996年的水平。

另外，衣服、鞋类以及食品等主要领域的消费水平指数一直在持续

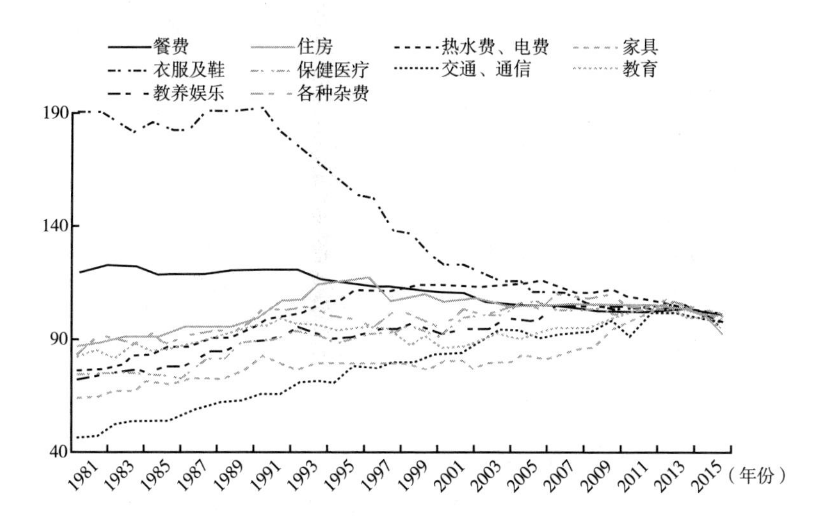

图6-7　消费水平指数的推移（根据用途分类）

注：2015年数值计作100，家庭成员和户主年龄分布调整后的两人以上家庭的消费水平指数。

资料来源：根据《家庭消费调查年报》制成。

下跌。尽管2013年以来低收入家庭呈现下降趋势，食品的消费水平指数仍然在继续走低。

长期收入低迷导致食品需求受到抑制，使得消费者不得不更加关注价格。可以说，消费者不再相信个人收入会马上提高，开始考虑未来长期生活所需开销，处于控制消费的状态。反之，长期收入得到保证是消费恢复的关键。

与日本的现状相比，中国正处于经济增长时期，对利用地区资源的高附加值产品的需求应当远大于日本。但是，中国经济的高速增长有所减缓，而且经济增长的重心有可能转移至发展慢于中国的其他国家。中国有必要趁着经济持续增长、消费需求旺盛，扩大国内对利用地区资源

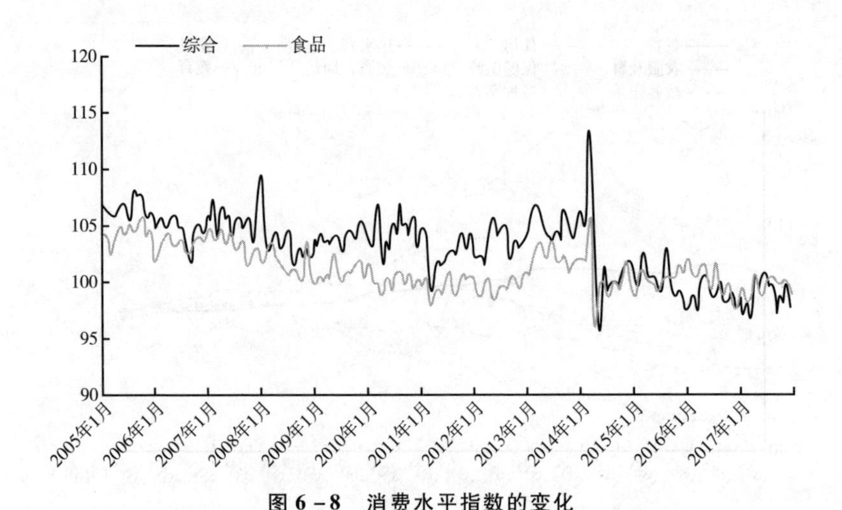

图6-8　消费水平指数的变化

注：①2015年数据计作100，家庭成员和户主年龄分布调整后的两人以上家庭的消费水平指数。

②2014年3月的数值异常，是由消费税增税之前的紧急需求造成。

资料来源：依据总务省统计局《家庭消费调查年报》制成。

的高附加值产品的需求，并且夯实这些产业的基础。同时，中国要制定政策，防止经济低增长期或后退期出现个人收入下滑，特别是要出台政策来提高低收入群体的生活水平，防止中产阶层个人收入下降，并通过社会保障政策来保证居民的安全感，让他们觉得“未来也能够维持某种程度的生活”。这些对于扩大利用地区资源的高附加值产品的消费是必不可少的。趁着现在经济还在增长，确立社会保障政策，应对未来可能出现经济增速减缓，应该成为现在中国的目标。

（殷国梁 译）

参考文献

安藤光義・友田滋夫（2006）『経済構造転換期の共生農業システム　労働市場・農地問題の諸相』農林統計協会。

今村奈良臣（1998）『地域に活力を生む、農業の6次産業化』21世紀村づくり塾。

今村奈良臣（2016）「JA－IT研究会第44回公開研究会閉会挨拶」JA－IT研究会。

厚生労働省職業安定局（2002）『詳解　地域雇佣開発促進法』労務行政。

劉志仁（2002）「改革開放後における中国農村政策の流れ及び最近の退耕還林（草）政策について」『農村発展の新段階における計画手法に関する研究（Ⅰ）』農村開発企画委員会。

劉志仁（2014）「中国の農業、農村政策の新たな変化」『農業者等地域住民の内発的な地域組織における6次産業化』農村開発企画委員会。

三浦有史（2014）「中国「城鎮化」の実現可能性を検証する」『JRIレビュー』Vol. 3，No. 13　日本総研。

農林水産省（2017）『農村地域工業等導入促進法の改正について』。

秦尭禹著（2007）田中忠仁・永井麻生子・王蓉美　訳『大地の慟哭　中国民工調査』PHP研究所。

友田滋夫（2016～2018）「増加する低所得層と日本農業～日本農業は誰に向かって生産をするのか～」『JC総研レポート』Vol. 40～Vol. 45。

氏原正治郎・高梨昌（1971）『日本労働市場分析』（上）東京大学出版会。

第七章　城乡关系

倪镜

引　言

日本在战后经历了经济高速增长时期，这期间农村几乎一直向城市输送着劳动力，其结果就是距离城市越远的农村越早地开始衰退，“人口→土地→村落”的递进式空心化已经成为定式。与此同时，农村的提供粮食的功能也发生了严重的退化。于是，城市和农村从原来的共存、循环逐渐变成了对立和分离。本章首先，就战后日本人口移动的状况进行回顾和总结，并阐述当时日本政府对纠正因人口移动而造成的城乡差距所采取的措施。然后在此基础上，梳理战后日本的国土政策，并就国土政策对城市农村关系所造成的影响进行分析。最后，介绍日本近年来出现的以年轻人为中心的“移居乡村、回归田园”的现象并通过

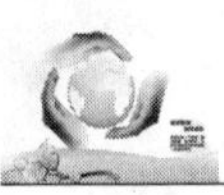

案例说明相关机构如何支援和扶持“移居乡村、回归田园”的人员从事农业，成为“新农人”的。

一　日本战后的人口移动与城乡差距

（一）战后日本的人口移动

战后日本，虽然各个时期的程度有所不同，但基本上维持了以青壮年为主的人口从农村地区不断地涌向城市的趋势，使得城市人口比例急剧上升。东京、大阪、名古屋的三大都市圈占全国人口的比例由1950年的34.7%变为2015年的56.7%。也就是说，日本全国人口的超过一半居住在三大都市圈。这种人口移动加速了农村地区人口老龄化，拉大了城乡经济差距，最终造成城乡收入差距扩大。

就首都圈[①]来说，从二战结束到60年代经济高速增长期，来自农村地区的流入人口大大超过流出人口，城市人口激增。这种社会因素所引起的人口集中直接造成这一时期农村地区人口过稀和城市地区人口过密的问题。

然而，进入70年代，随着经济高速增长期的结束，这种状况也发生了变化，来自农村地区的人口流入压力逐渐减弱，首都圈的人口净流入开始减少。造成这种情况的背景是日本经济进入了低速增长期，吸引

① 首都圈指的是以东京为中心，包括周边的埼玉县、千叶县、神奈川县、茨城县、栃木县、群马县、山梨县的1都7县所辖范围。

农村地区人口流向城市的经济性的诱因减弱，同时出生率开始呈下降趋势，农村地区“潜在性的流出人口”也在减少。除此之外这一时期农村地区年轻人的“本土意识”增强，从而导致外出就学、就职的比例下降，不仅如此，连原来从农村移居城市的人也开始“返乡”，出现了“逆城市化”的现象。

进入 80 年代，经济开始复苏，向首都圈的净流入人口再次转向增加。80 年代前 5 年流入人口 48 万，后期正值泡沫经济增长时期净流入人口达到了 73 万；然而随着泡沫经济的崩溃，经济持续滑坡，首都圈的流入人口再次减少。90 年代初期更降至 17 万人，直到 90 年代后期增加到 34 万人，21 世纪初又增加到 70 万人。

值得一提的是，首都圈的人口在维持社会性增长的同时，其自然增长却始终呈下降趋势。其结果是首都圈的人口 1970 年 2411 万人，1980 年 2870 万人，1990 年 3180 万人，2000 年 3342 万人，2010 年达到 3562 万人。日本全国在 2005 年以后转为人口减少之后，首都圈依然呈现人口增长趋势。

（二）人口流动与城乡差距

与上述人口移动呈现几乎同样特征的是城乡差距的变化。观察战后日本各都道府县之间的收入差距（图 7 - 1）可以发现，城乡收入差距在 60 年代初期达到最高点，70 年代初期再次有所扩大，但到了 70 年代后期差距逐渐开始缩小。80 年代到 90 年代差距再次扩大，之后逐渐缩小。这是由于生产、消费等经济活动而带来的人口流动以及人口流动形成的人口集中和不平衡所造成的结果。人口流向收入高的地区，这些地

区的资本和信息集中从而带动产业发展，最终结果是这些地区的收入增加，如此形成积累式的增长。农村向城市人口流动最大的60年代和80年代后期分别是经济高度增长和泡沫经济时期。

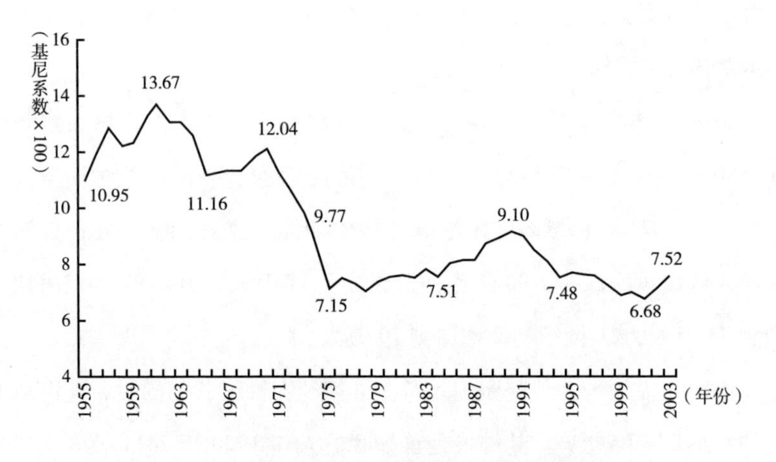

图7-1　城乡收入差距（基尼基数的推移）

资料来源：内阁府《县民经济计算》等。

但是与农村人口向城市急剧流动相对，在农村地区却看不到资本形成和人口回流，结果是城乡收入差距不但没有缩小反而被固定下来。

提高农村地区资源的利用效率、缩小城乡差距主要采取了两种方式。一种是通过公共投资进行收入再分配，另一种是通过建立基地以及对大公司等的招商引资推行“地方工业化”。这样以政府、大企业等地区以外的经济主体将收入来源移植到当地的方式来带动当地经济发展的方式被称为“外来式经济开发”。

战后日本，通过公共投资和推动地方工业化的两种政策手段，加强了社会资本的集中从而带动了民间经济，成为整体国民经济高速稳定增长的原动力。同时，政府发挥收入再分配的职能，在一定程度上缓解了城乡收入差距，对构成社会性、政治性稳定基础无疑做出了贡献。

但是，工业基地区域的发展和农村向城市的人口流动过快，其结果是在发展产业条件不佳的广大农村地区，上述两种政策手段的实施虽然达到了提高人均收入、缩小城乡差距的目的，但不得不指出的是，这也造成了目前需要一定量人口才能构成的社会基本单位（如村落等）难以维持，并削弱了其经济意义上和社会意义上的独立性，同时也使传统文化的继承越来越困难，这些都成为眼下从根本上动摇农村社会可持续性的原因。

二　从“国土计划”的变迁看战后日本城市农村关系的发展变化

战后日本的国家与地方（农村）发展政策，主要是由国家主导实施了5次“全国综合开发计划”（简称“全总”）以及与其相关的包括地方振兴、产业振兴和发展大城市及农村地区的基础设施建设等具体措施。其贯穿始终的核心就是实现“全国均衡发展”和“缩小城乡差距”。各个时期的政策的特点大致如下。首先，从战后经济恢复时期到经济高速增长期主要是向大城市集中进行投资，之后逐渐向地方扩散。近年来由于提倡中央向地方下放权力，越来越多的地方开始根据自身情况实施由地方主导的区域发展规划。

接下来，就战后日本“国土计划”进行一个回顾。在日本，所谓“国土计划”是包括国土以及天然资源在内的综合发展规划，它同时也

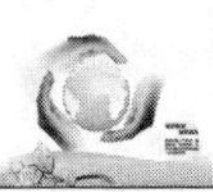

涵盖了产业（经济）、交通、文化的布局和人口分布等的规划。因此如何安排城市发展，发挥农村的作用实际上是由“国土计划”来进行政策上的定位。

（一）第一次全国综合开发计划（简称“一全总”）

最早提出通过“外来式经济发展”的手段来缩小城乡差距，促进地方（农村）发展这一基本路线的是全国综合开发计划（1962 年通过内阁审议）。“一全总”贯彻了以“基地开发”为主体的产业布局规划。所谓“基地开发”就是将作为当时支柱产业的材料供应型重化工工业吸引到集中了公共投资建成的国内若干个的工业基地，由此带动当地重化工工业和相关产业的发展。这个过程中各个工业基地粮食需求和就业机会的增大又会带动周边农村地区的经济发展，最终实现产业的现代化，提高居民收入。

从农村地区的角度来看，这种发展动力并非来自当地自身，更不是大多农村地区主要产业的农林水产业发展的结果，说到底它依赖于外部环境的经济活跃程度，始终处于被动期望的状态。但遗憾的是，这种“基地开发”的手段并未达到预期效果（小田切，2018）。作为工业发展基地，各地建成了各种类型的产业园区，但有的却吸引不到足够的企业进驻，或者虽然企业进行了投资生产，可是由于产业分布过度集中造成环境污染，最终使当地蒙受公害。

（二）新全国综合开发计划（简称“新全总”）

新全国综合开发计划的制订正值日本经济高速增长期，农村作为向城市提供劳动力的基地，其发展规划在此时受到了重视。该计划通过修建新干线、高速公路，建设大型工业基地等措施来发挥规模经济效应；不是将城市和农村作为相关联的生活环境来看待，而是将两者完全分割开来，分别讨论城市和农村的问题。因此，“新全总”最大的规划课题是健全交通网络，目的是将通过“一全总”建立起来各地的“基地开发”地区连接起来，而并不是连接农村和城市，建立平衡的区域经济发展环境。

之后，经济增长放缓，规划没有完全得到落实，但交通等社会基础建设为今天日本民众生活水平的提高创造了条件。需要指出的是“新全总”比之前的规划增加了“自上而下”的色彩，具体来说规划将全国划分为若干的区域，并规定了每个区域的发展方向以及大型项目。

（三）第三次全国综合开发计划（简称“三全总”）

1977 年第三次综合规划出台，将构建“居住圈”的理念作为核心内容的这一规划首次提出了区域城乡一体化发展，并强调了寻求“建设自然环境、生活环境和生产环境和谐发展的人类居住综合环境”的必要性。虽然这一规划在指出“居住圈”互相依存、互相支援的关系的同时，并未提出城市和农村的共生，或者将建立城市和农村互相弥补、互相依赖的关系只是对个别地区规划的问题纳入规划；但是，不可否认的是，构建“居住圈”的理念是在抑制大城市的人口集中、产业发展，促进农村地区经济发展的同时，解决（农村）过稀、（城市）过密问题的方式，因而各个地方可以根据本地农村的实际情况，从居民生活的角度来考虑构建“居住圈”。本着公平原则的“自下而上”规划的

的观点再次得到重视。

1975～1980 年，中间刚好经历了石油危机，那次人口普查的结果显示东京都以外的地区人口增加，社会的实际状况也体现了由大城市向农村地区发展的趋势。当然“三全总”也有一定的局限性，那就是虽然强调了农村地区自身发展的重要性，但对大多数城市居民来说，他们能够联想到的农村地区仍然是所谓“绿色产业”等抽象性的服务产业，是一些缺乏农村的主体性以及原生文化视角的形象。

（四）第四次全国综合开发计划（简称“四全总”）

遗憾的是“三全总”的理念并未得到延续，之后制定的“四全总”再次由“自下而上”的规划回到了“自上而下”规划，即追求效率的国家发展规划。

80 年代后期，泡沫经济时期的休闲设施开发开始了。在各地宣传“世界城市东京”的热浪中，1987 年“休闲设施法案”（即“综合保养地域整备法”）出台，日本全国各地的农村掀起了修建休闲设施的热潮。与之前的“基地开发”所不同的是，这一次的开发来自农村内部。

各地农村纷纷招商引资，将修建休闲设施当成搞活当地经济的灵丹妙药，争先恐后地修建宾馆、高尔夫球场、滑雪场等设施。但是，没有多久事实就证明了这些项目也并未取得预期效果。因为这些设施所产生的利润绝大部分被位于大城市的总公司拿走，资本并没有在农村地区内得到累积和循环。不仅如此，各地频繁出现的毫无秩序的开发给农村地区的日常生活和自然环境也造成了相当深刻的影响。更有一些地方政府为了招商引资进行了大规模的前期基础设施的建设，结果没有招来商家反倒加重了当地财政负担（保母，1996）。

另外，“四全总”的目标是形成“多极分散型发展”，在这一规划中首次提出了农村地区应该通过与城市的交流促进经济发展，搞活农村应该借助城市的活力。也就是说，农村应该享受城市的活力，更应该发挥能够吸引城市的魅力。这一提法强调的是农村与城市的交流与合作，还没有上升到互相依存、“共生”关系的高度。这反映了“四全总”仍然是将农村定位于城市周边的绿色空间、自然环境，具有时代的局限性。

（五）21世纪国家发展总方针（简称“五全总”）

作为第五个国家发展规划的“21世纪国家发展总方针”是在桥本龙太郎推行财政机构改革的背景下制定的，可以说其内容与之前的4个规划发生了根本性的变化。由于当时实施财政紧缩政策，规划当中几乎没有提出任何数字目标，缺乏政策的实施性因而遭到了众多批评。

就农村领域而言，该规划提出了与之前的发展规划完全不同的观点：将农村地区定位为新时代的生活空间，即“自然丰富的居住区域”，意义深远。这一观点既不同于提高落后地区生活水平的平均主义，又不同于“开发主义”，而是强调城市与农村的交流，通过交流发现农村自身的价值的一种理念。

规划当中虽然没有明确“共生”的含义，但在许多地方都可以看到，如“以亚洲为中心各国的共生”、“自然与人类的共生”等表述。

2005年修订了《国土综合开发法》，新制订了《国土形成计划法》作为国家综合开发计划的适用法。2008年，“国土形成计划”通过了内

阁审议。这一计划考虑到日本将进入全面人口减少的社会，所以将规划方向从以前的“追求数量上的增长”转向“满足成熟型社会需要”，由原来的国家主导转向双层规划体系（即中央向地方放权型），进行了方向的修正。对农村，继承了之前作为“自然丰富的居住地区”发展的理念，提出了建设美丽的适宜居住的农村的同时，提倡（城市和农村的）两地居住，充分发挥外部人才作用的目标。

特别是对如何引进外部人才方面，逐渐实施各项措施。一个是2008年开始实施的“集落支援员制度”。这一制度是指由基层政府在各个村里安排熟悉当地情况的专职工作人员（集落支援员）对村里的情况进行探访和摸底调查，并与村民们一起商讨决定本村今后的发展方向和计划。然后这些工作人员配合当地基层政府实施计划。总务省对安排集落支援员的基层政府按照每人不超过350万日元/年的标准给予财政补贴。

另一个就是2009年开始实施的“乡村建设协力队”。这一项制度的主要内容是城市（限东京、大阪、名古屋）的年轻人有期限地（通常为1～3年）移居到农村，帮助进行乡村建设的志愿活动。活动内容涉及各个方面，例如开发、宣传、销售当地土特产品，从事农林水产业，为村民生活排忧解难，开展环保活动，等等。到期后根据个人的意愿可以选择留在当地，也可以选择离开。这两项制度的共同点就是，国家（具体操作是总务省）对安排这些人员的基层政府给予专项财政补贴用于确保培养和引进人才。以前政府采取扶持农村发展的政策往往是修建这样那样的设施，人们形容国家的政策从“贴钱盖房”变成了“贴人办事”。

三　城市居民移居农村的历史

（一）20世纪70年代——返乡及逆城市化

人口由城市向农村流动发生变化开始于上世纪70年代。之前始终是从农村流入三大都市圈（东京、大阪、名古屋）的人口一直多于三大都市圈流出的人口。但是1976年情况发生了变化，即出现了人口“回流”现象。之所以出现这种情况主要有三个原因。一是城市生活环境日益恶化。二是石油危机之后一直持续的经济不景气而造成的城市生活丧失了吸引力。三是“第三次全国综合开发计划”以后，农村地区的就业机会增加。各大媒体也纷纷以“脱离城市”、“逆城市化”等引人注目的词语来介绍当时人们纷纷逃离居住环境恶劣的城市的现象。这一现象实际上是对由于经济高度增长、追求现代化而产生的大量生产、大量消费型社会的批判。

（二）80年代到90年代——户外生活方式的流行与乡间生活观念的诞生

进入80年代后，放弃城市生活的农村移民增加了。他们憧憬田园生活，否定城市生活，更热衷于亲身从事农林渔业。一些生长在城市，与农村没有任何渊源的城市居民因向往田园生活而“移民”到农村。和70年代那种因厌恶城市而拒绝城市的“观念性”的“移民”相比较，这一时期的人们更多的是为了实现自我价值，享受田园生活本身成

为他们从城市移居到农村的最大理由。

另外，作为一种新的度假方式，农村也越来越受到了人们的关注。1985 年广场协议签订后，政府采取了一系列的扩大内需的政策，紧接着于 1987 年出台了《综合保养地域整备法》。随之而来的是在各地的滑雪度假观光地出现了许多摆脱工薪族生活到农村来经营小旅馆的移居者。房地产开发商也乘机开发出适合“田园生活”的住宅。一些人因为看中了房子也开始考虑移居农村。

1995 年财团法人“故乡信息中心”（现一般财团法人“都市农山村交流活性化机构”）在东京和大阪开设了介绍包括移居农村的相关信息在内的地方自治体的信息中心，同时专门设置了新农民的就业咨询窗口和用于电脑查询的“返乡移居信息数据库”，方便来访者检索各地农村的信息以及新手务农的相关扶持政策。

（三）1990 年代到 21 世纪初——慢生活、第二人生、两地居住

到了 1990 年田园生活再次受到人们的注目。移居由“憧憬田园生活”更进了一步，变成立足于乡村生活的“归农”。泡沫经济崩溃后，希望到农村务农的“新农人”逐年增加，其中 60 岁以上的大约占了 60% 。从这个时期“团块世代”[①]，即战后婴儿潮的一代人，开始了“回归乡村”。

① “团块世代”是指日本战后几年出现的婴儿潮中诞生的一代人，通常出生在 1947 年到 1949 年。这一称呼来源于堺屋太一的同名小说。

1998年响应日本劳动组合总联合会的号召，农协中央会、生协（消费生活协同组合的简称，即消费合作社）以及经济界团体共同参与的“回归故乡运动”正式启动，到了2002年成立了专门的非营利社会团体（NPO）。这一活动的主要内容是帮助中老年人移居乡村。

除此之外，2005年国土交通省提出了“两地居住”的概念，即城市和农村交替居住。这类周末或者季节性的乡村生活的人，也包括“暂住式市民农园”，他们界于“交流人口”与常住人口之间。这一概念的提出也主要是针对“团块世代”的退休年龄段的。

（四）雷曼危机后——年轻人的乡村移居

2005年前后，年轻人的乡村移居现象越来越显著。事实上，对于年轻人关心乡村方面，90年代末的一些政策当中已经有一定程度的反映。例如原国土厅（现国土交通省）作为鼓励年轻人定居农村措施的一环而实施的“建设乡村实习项目”（即扶持年轻人乡村生活体验项目），主要内容是面向对农村感兴趣三大都市圈的年轻人，特别是大学生，实施的为时两周到几个月的乡村建设的实地培训。通常分为两种类型，一种是乡村建设的体验式培训，另一种是通过从事农业等生产活动而进行的农村生活体验。从1996年起实施了2年，中断两年后于2000年恢复。现在虽然没有专项拨款，但仍然作为国家扶持项目在国土交通省的官方网页上进行征集。

整体情况发生变化是在2008年爆发雷曼危机之后。特定非营利活动法人地球绿化中心（GREEN EARTH CENTER）从1994年开始实施的年轻人下农村实践的“绿色故乡协力队”，总务省以此为模型，于2009

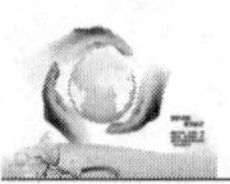

年创建了“乡村振兴协力队”制度。几乎是同时，农林水产省推出了“乡村劳动队”制度，这些制度都是有期限地将年轻人送到农村进行实践，可以说成为政策的重要转折点。

（五）东日本大地震——避难式移居转为普通移居

2011年发生了东日本大地震，由此向乡村的移居也出现了新的特征。很多带着婴幼儿的年轻父母开始到“NPO法人故乡回归支援中心”（以下简称支援中心）进行咨询。地震过后短期内该法人没有举办移居咨询会，可是有很多人通过电话、邮件等方式询问“安全的地方”、“自然灾害少的地方”，或者直接说“想移居到没有核电站的地方”。特别典型的是既没有核电站也没有地震断层而且气候温暖的冈山县，震后参加咨询会的人突然增多。这些来自首都圈的避难式的移居的人们的共同点就是都希望移居到可以安全、安心地生活的地方去。由于他们本身原来并没有移居乡村的愿望，大多数人都愿意去居住环境不会发生太大变化的冈山县内的城镇地区。从日本全国来看，震前与震后相比西日本移居地的整体排名上升，而震前最有人气的移居地福岛县的排名却大幅度下降。

直到2013年，这种恐慌性的移居终于告一段落。这一时期大多是经过深思熟虑、对自己今后的生活进行了认真规划后去支援中心咨询的人越来越多。与避难式移居不同的是，他们并不热衷询问移居地有哪些优惠政策，而更多的人怀着强烈的愿望要改变自身的生活方式或者孩子的教育环境。

回顾从70年代到今天的移居乡村的过程可以发现，移居从过去完全否定城市生活，到近年来一方面肯定城市的便捷和功能，同时认为“农村更有潜力”、“自己的生存道路在乡村”而希望移居农村的年轻人逐渐增加。各个时期有不同的社会背景，同时移居乡村一直受到经济形势的影响；但是，自身并非农村出身，或者对乡村完全不了解的年轻人开始将目光投向农村的这一变化说明移居并非短期的流行，追求“乡村才有的、具有魅力的生活”，体现了移居农村的本质。

四 城市农村关系的新发展

（一）移居乡村、回归田园的新动向

1. 日渐高涨的移居乡村、回归田园

“回归田园”是指近年来日本出现的以年轻人为主由人口稠密的城市地区向人口稀少的农村地区移居的现象（小田切，2014）。“回归乡村”一词在日本的《2015 年度粮食农业农村白皮书》以及同年的《国土形成计划（全国计划）》中都有涉及，自此城市向农村的移居被提到了政策性高度。

而在此之前，移居乡村、回归田园热潮的出现首先体现在普通民众的关心程度上。据 NPO 法人“故乡回归支援中心”统计，以参加说明会或电话等方式进行咨询的数量 2008 年为 2475 件，而 2018 年激增为 33165 件，大约是 2008 年的 13.4 倍。而且，在此期间接受支援中心咨询服务的人员的年龄段也发生了很大的变化。2008 年 50 岁以上的人占

了绝大多数（79.6%），而到了2017年49岁以下的希望移居农村的人占到了72.2%，回归田园的年轻化越来越明显。

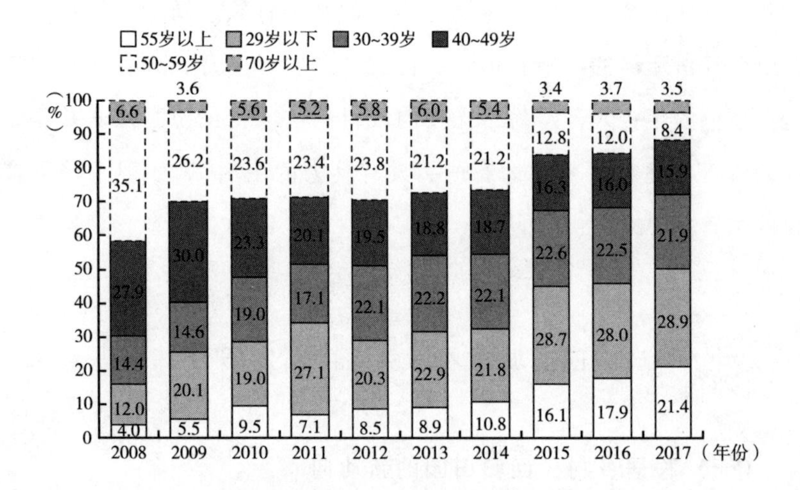

图7-2　接受支援中心咨询服务人员的年龄推移（2008~2017年）

资料来源：NPO法人故乡回归支援中心。

2. 城市居民及普通日本国民意识的变化——基于内阁府的《舆论调查》

该项调查是内阁府于2014年6月进行的。由于在2005年进行过同样的调查，现将其进行比较，从而可以看出9年间发生的变化（表7-1）。

表7-1的左侧是“城市居民对定居农山渔村的愿望”，2014年有定居愿望的人，男性比2005年上升了11.1个百分点，达到36.8%；女性也增加了10.4个百分点达到26.7%。从年龄段来看，男性20岁年龄段到40岁年龄段和女性30岁年龄段到40岁年龄段都增幅相当大。特别是男性20~29岁年龄段，达到了47.4%，这说明根据该项调查至少

有一半的人有定居农村的愿望。而另一方面，女性该年龄段的比例相对较低（29.7%），而且变化也不大。女性的变化更多地体现在 30～39 岁、40～49 岁的有家庭的年龄段，男性的这两个年龄段的变化也较大。从这个情况可以推测，“对定居农山渔村的愿望”增强的可以分为两种类型，一种是 20～29 岁的单身男性，另一种是三四十岁的有家庭的男性、女性。前者在 2005 年的调查结果已显端倪。当时 20～29 岁的单身男性的农村移居愿望已经达到了 34.6%，和 50～59 岁年龄段（“团块世代”）共同形成了两个高峰。但是，后者的三四十岁的有家庭的年龄段的移居愿望的增强是一个新的现象。一般来说，结婚建立家庭之后很难继续维持单身时候的愿望。但是，引人深思的是这两项的经年变化。由于两次调查相隔 9 年，2005 年调查时 20 岁年龄段的人，2014 年几乎都到了 30 岁的年龄段，因而进行对比可以发现 9 年间的变化。结果是从 2005 年 20 岁年龄段到了 2014 年 30 岁年龄段的变化，男性和女性出现了增长，而没有减少。也就是说，打个比方，男性在二十几岁的时候怀有移居农村的愿望，到了三十几岁这个愿望仍然维持着，没有发生改变。而两次调查结果 30 岁年龄段和 40 岁年龄段的变化最大说明二十几岁产生的移居农村的愿望随着年龄的增长、人生阶段的攀升，不但没有减弱反而更加强烈。

表 7－1 的右侧只有 2014 年的调查结果，显示了农村和城市在“适合育儿的地方”进行了对比。从整体来看农山渔村 > 城市，但是男性和女性之间存在一定的差异。女性在所有的年龄段均显示农山渔村 > 城市，而且两者之间的差距较大。而男性 30 岁年龄段和 50 岁年龄段是城市 > 农山渔村。这说明在移居农山渔村的愿望方面存在性别差异。女性

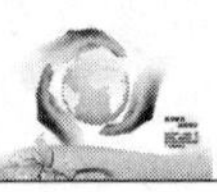

表 7-1 日本民众对定居农山渔村的意识

单位：%

	城市居民对定居农山渔村的愿望				认为适合孩子成长教育的地方			
	男性		女性		男性		女性	
	2005 年	2014 年	2005 年	2014 年	农山渔村	城市	农山渔村	城市
20～29 岁	34.6	47.4	25.5	29.7	55.7	40.0	58.1	37.1
30～39 岁	17.1	34.8	16.9	31.0	42.2	51.0	55.6	38.9
40～49 岁	18.3	39.0	14.1	31.2	45.5	43.0	48.3	41.5
50～59 岁	38.2	40.7	20.7	27.0	42.1	51.6	51.1	36.3
60～69 岁	25.0	37.8	14.6	28.8	51.6	38.4	55.1	36.3
70 岁以上	18.8	28.3	9.5	17.3	53.4	34.4	45.9	35.6
合计	25.7	36.8	16.3	26.7	48.5	42.3	51.4	37.0

资料来源：内阁府《都市と農山漁村の共生・対流に関する世論調査》（2005 年实施）以及《農山漁村に関する世論調査》（2014 年实施）。

的移居愿望更多地基于养育孩子的环境，特别是 30 岁年龄段的女性中有近 56% 的人认为农山渔村比城市更适合抚育孩子，这一数字大大高于男性 30 岁年龄段 42.2% 的数字。

无论如何，以上的调查结果充分说明日本民众的意识水平发生了明显变化，不再像从前一样，城市一边倒，而是以年轻人为中心出现一批人确实希望移居到农山渔村。这不是短时间的潮流，而是一种新的价值观的诞生。

（二）农村地区移居者的情况

1. 移居者数量的推移

根据日本总务省《关于回归乡村的调查报告书》（2018 年 3 月），日本全国从城市移居到人口密度低的“过稀地区”的移居者的数量 2000 年大约为40万人，之后2010年、2015年的人口普查均显示减少趋势，2015年移居者的数量大约为25万人。而与此同时，离开城市的移居者总量也在减少。另外，从移居人口低密度地区的移居者占离开城市的移居者总数的比例来看，始终处于4%左右的水平，并没有太大变化（见图7－3）。

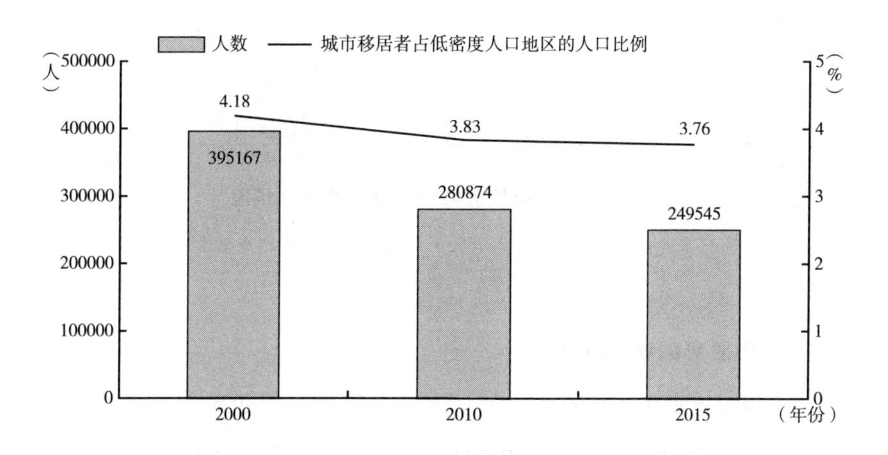

图7－3　城市向低密度地区移居者数量的推移

资料来源：作者根据总务省《关于“回归田园”的调查报告》（「田園回帰」に関する調査研究報告書）制成。

2. “过稀地区”的城市移居者的增减

从各次人口普查时城市移居到“过稀地区”的移居者数量的增减来看，2010年人口普查与2000年人口普查相比较，移居者增加的地区为108个，占地区总数的7.1%，而2015年与2010年比较，移居者增加的地区为397个，占地区总数的26.1%（见图7－4）。也就是说，脱离城市的移居者移居的地区逐渐增加，特别是日本中部、四国地方所有的地区都增加了。

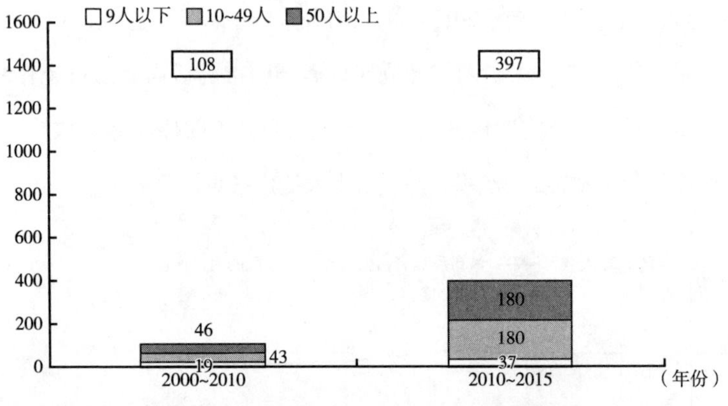

图 7－4　过疏地区移居者增加的地区情况

资料来源：作者根据总务省《关于“回归田园”的调查报告》（「田園回帰」に関する調査研究報告書）制成。

3. 移居者的就业状况

根据日本总务省的调查，移居者在被问到“是否希望从事农林水产业”的问题时，有 21.5% 的男性回答“是”，所占比例排在“希望从事能够发挥已经具备的资格、知识和技术的工作”和“希望从事在当地基层政府机关、企业的全职工作”之后，居第三位。也就是说，5 个人当中有一个人希望从事农业。

各级行政机构也开始不断完善促进移居、定居的各项政策措施。据总务省的调查有 85% 的市町村基层行政机构设置了咨询窗口。超过七成建立了介绍住房、农地的专门科室。还有九成以上的市町村出台了补贴儿童医疗的措施。除此之外，一些市町村协同当地其他组织、团体帮助移居者解决就业问题，特别是近年来各地出现了许多从城市移居到农村“就农”从事农业生产的事例。下一节将通过介绍位于东京北部的群马县的例子，说明基层是如何培养“新农人”的。

五 如何培养新农人——以群马县仓渊町“草之会”为例

（一）接收城市移民就农的背景

1. 传统农业向有机蔬菜生产的转变

仓渊町位于东京北部的群马县高崎市，距离东京大约130公里。东西跨18公里，南北也有11.1公里。中间贯穿着一条名叫“乌川”的河流。仓渊町总面积达到127.26平方公里，其中85.5%是山林，地区内海拔从320米到1654米，高度差别大，属于典型的山区。该地总耕地面积为303公顷，其中旱地206公顷，水田93公顷，旱地面积达到总面积的68%。一直以来小麦、大米、魔芋等农作物栽培以及养蚕是主要的农业生产项目。然而上世纪80年代养蚕和魔芋市场进口相继放开，市场价格大幅度下跌，仓渊町农业受到重创。之后农业生产转向蔬菜栽培和养鸡。特别是蔬菜栽培方面，利用当地海拔高、气候凉爽，适合夏季蔬菜生长的特点，农户们从减农药减化肥栽培开始，经过30多年的摸索逐渐实现了无农药无化肥有机蔬菜生产体系。现在生产规模也不断扩大，成为北关东地区著名的有机蔬菜的产地。2016年该地区主要农作物销售金额达到8.4亿日元，其中有机蔬菜占了40.5%，甚至超过了常规蔬菜（35.1%）。仓渊町的农业转型与有机蔬菜产地建设之所以能够取得成功，很大程度上是因为该地区多年来一直致力于引进城市人才培养新农人。

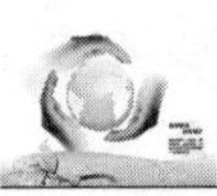

2. 农业接班人不足

80年代末的仓渊町，除了存在农业转型的问题，还有一个相当严重的问题，那就是农户缺少接班人。当时一方面是农产品价格下降，农业收入减少；另一方面日本逐渐开放农产品市场，这使许多农家子弟对从事农业感到不安，再加上仓渊町距离城市较近[①]，年轻人相对容易在第二、第三产业找到工作。在此背景之下，仓渊町的农户逐年减少，1980年的“销售型农户”[②] 为734户，而到了2010年只有303户，30年间减少了60%。与此同时，抛荒地增加，耕地面积大幅度下降。“谁来种地，谁当农业接班人”成了该地区发展的一个重要问题。

3. 城市移民与“新农人”的出现

恰恰是传统农业衰退的同时，城市居民移居乡村的现象开始出现，仓渊町也迎来了移民“新农人”。1990年仓渊町建成了日本首家附带住宿设施的“市民农园”，第一批“新农人”就是从长期租用市民农园的人当中诞生的。到了90年代后期，城市移居来的“新农人”逐渐开始增加（见图7－5），多的年份甚至达到7组[③]。截至2015年一共有38组家庭移居到仓渊町来，平均每年1.5组。表7－2显示的是他们的概况。38组当中现在继续从事农业生产的有34组，约占90%。其中有31组居住在仓渊町，另有3组由于住房或土地的原因搬迁到了周边地区。放弃了农业生产、从事了其他产业的有4组，其中有2组仍然居住在该

① 仓渊地区距离最近的高崎市区只有30公里。

② 经营耕地面积在0.3公顷以上或者年农产品销售金额在50万日元以上的农户被称为“销售农户”，与“销售农户”相对应的是农业生产的主要目的为自给自足的“自给农户”，两者合起来称为“总农户”。

③ 移居仓渊地区的“新农人”绝大多数是以家庭为单位，1组包括夫妻及子女。

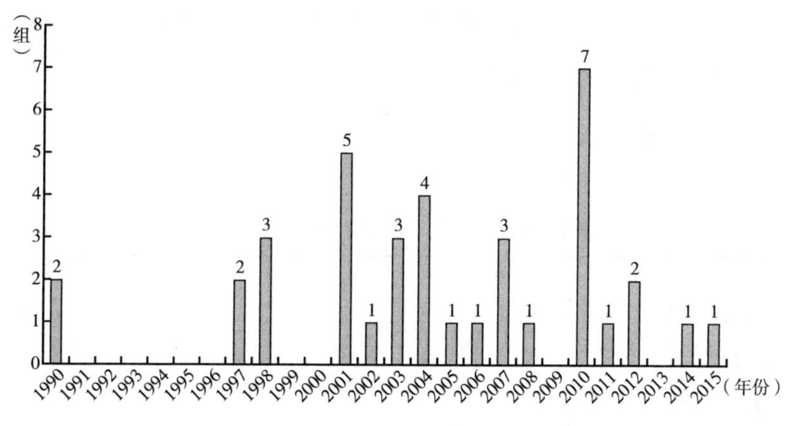

图 7－5　仓渊町"新农人"的推移

资料来源：高崎市役所仓渊支所资料。

地区，当中包括 1 组现在给"新农人"合作组织做销售工作，另一组成为兼业农户。迁出的 2 组是健康问题或者照顾老人等非农业经营方面的因素造成的。另外，还有 1 名调查时在进行农业技术培训，计划一年后开始独立从事农业生产。

表 7－2　仓渊町"新农人"的概况（1990～2015 年）

继续农业生产的			从事其他产业的		合计
仓渊町	周边地区	计	现居仓渊町	迁出	
31	3	34	2	2	38

资料来源：高崎市役所仓渊支所资料。

从表 7－3 可以看出，仓渊町的"新农人"从城市移居时绝大多数都是中青年。最多的是 30～39 岁的 21 人占了整体的一半多。接下来 40～49 岁的 9 人（24%），20～29 岁的 6 人（16%）。20～39 岁的年轻

人超过了七成。从日本全国40岁以下的城市移居新农人所占比例不到50%这一点可以看出，仓渊町的“新农人”具有年富力强的特点，这使得他们客观上具备成为职业农民的条件。

表7-3　新农人（户主）移居时的年龄

	20~29岁	30~39岁	40~49岁	50~59岁	合计
人数	6	21	9	2	38
比例(%)	16	55	24	5	100

资料来源：作者调查。

（二）培养新农人机制的建立

据调查，日本全国移居“新农人”的成功率为30%，然而仓渊町的成功率却远远高于平均水平。到底是什么原因促成的，接下来将对仓渊町如何培养城市移民成为“新农人”的具体措施进行介绍和分析。

1. 综合扶持机制的建立

（1）行政机构的作用

仓渊町扶持新农人最大的特点就是形成了由行政机构和农户合作组织携手实施的双层机制。如图7-6所示，作为基层行政机构①，仓渊支所的主要工作内容一是落实国家、群马县以及高崎市的相关政策；二是安排和实施针对移居“新农人”个人以及支援他们的农民组织的具体扶持措施。

国家一级的扶持政策最主要的是2012年开始实施的旨在帮助“新

① 行政区合并前是村役场，2006年合并后变为高崎市仓渊支所。

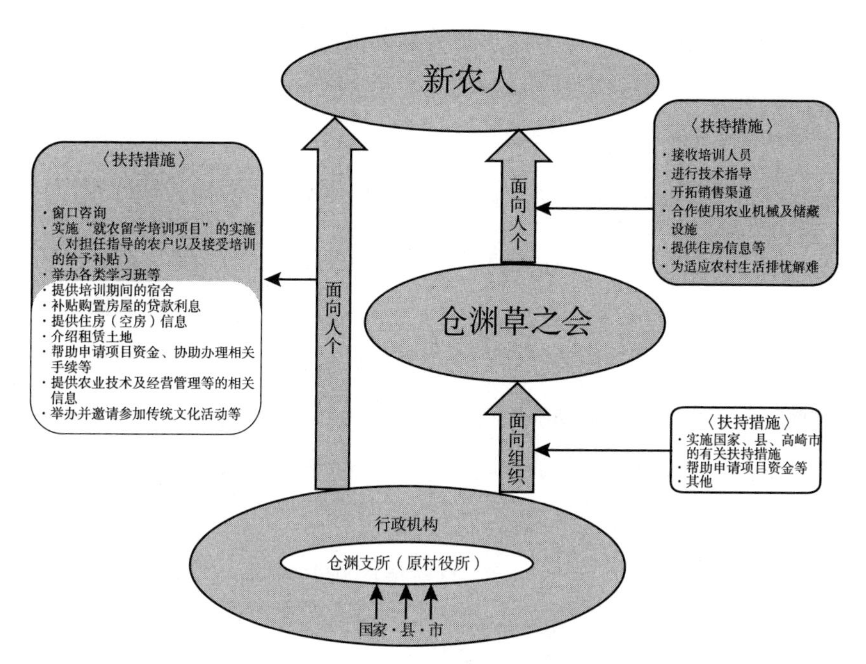

图 7-6　从事有机蔬菜种植的新农人与当地农户的对比

资料来源：高崎市役所仓渊支所资料及作者调查。

农人”解决学习农业技术期间以及移居初期没有收入，或者收入不稳定等问题的“新一代农业人才培养项目”①。县一级主要有 2008 年作为

① 该项目原名“青年就农给付金制度”，分为“准备型”和“经营开始型”两种类型。“准备型”是指在农业大学校、先进农户、先进农业法人等接受农业技术、经营培训后希望从事农业生产的年轻人（通常在 45 岁以下）。在满足条件的情况下，培训期间可以享受国家支付的项目补贴，150 万日元/年，最长不超过 2 年。而“经营开始型”针对非农家子弟（主要是城市移居农村的年轻人）独立从事农业生产，或者农家子弟创立新的农业经营体的情况，满足国家规定的各项条件的话可以在经营开始 5 年内享受国家支付的项目补贴。支付标准同样是 150 万日元/年，但随着农业收入增加会按比例减少。这项制度实施以来，日本全国从城市移居农村从事农业生产的年轻人逐年增加，2017 年达到 3640 人，是 10 年前的约 2 倍。

促进城市年轻人移居农村的具体措施而创建的“就农留学事业”。其主要内容是介绍希望移居到农村从事农业生产的人到群马县内先进农户家接受为期1年左右的移居就农前的生产、生活培训。具体来说在跟先进农户学习农业技术、经营方式的同时，还跟他们学习如何融入当地的生活、如何与当地居民建立良好的人际关系等。在此期间，县政府对接受培训的人和先进农户提供一定金额的补助。在国家统一的扶持政策出台之前，相当一部分外地移居到仓渊町新农人都接受了这样的扶持措施。除此之外，原仓渊村与高崎市行政区合并成为高崎市仓渊町以后，高崎市又出台了补贴购置房屋的贷款利息，以帮助解决新农人移居后的住房问题。

仓渊支所对新农人个人提供的扶持措施主要包括移居前、培训期间以及开始独立经营以后提供各种咨询服务，内容包括涵盖各项扶持措施、利农惠农信息，仓渊町租借土地、住房等的相关信息，技术培训学习班，等等。另外，非常重要的一点是，为了保证新农人能够顺利地接受就农培训，仓渊町利用国家项目资金建成了专门的培训宿舍。接受培训期间，新农人们可以正常房租1/3的价格廉价入住；而且，培训结束后，如果暂时找不到合适的住房可以延长居住，最长可以使用3年。

与此同时，仓渊支所还对由仓渊町有机蔬菜种植农户组成的销售组织“草之会”提供国家项目资金或者相关惠农政策，例如帮助贷款修建“蔬菜储藏冷库”、配送中心等。总之，基层行政机构通过直接的、间接的多种方式帮助从城市移居来的新农人尽快适应当地生活、顺利开展农业生产。

（2）农民合作组织“仓渊草之会”的作用

“仓渊草之会”（简称“草之会”）成立于1998年，是从事无农药无化肥蔬菜栽培的农民合作销售组织。2001年取得了日本有机食品认证JAS的资格，2015年有34名会员，其中16名是当地农户，其余18名是从日本全国各地移居来的新农人。他们主要的销售伙伴是总部设在东京的大规模生活协同组合与专门从事有机食品销售的流通公司以及连锁超市等[①]，年销售额达到2.2亿日元。

“草之会”的创建人是当地的蔬菜农户佐藤茂先生。他原来从事常规蔬菜的栽培，可是当时仓渊町的蔬菜没有形成产地，在批发市场上的知名度低，蔬菜很难卖到好价钱，一个偶然的机会看到销售有机蔬菜的公司招订单农户，于是他就想出利用仓渊町的地形和气候的优势转向有机栽培。当时正值日本有机农产品市场起步阶段，需求不断扩大，订单越来越多，佐藤茂就同左邻右舍的农户一起成立了专门从事有机蔬菜种植的合作组织。

从1990年开始陆续有年轻人从城市移居到仓渊町来从事农业。开始是东京销售伙伴公司的职员，后来逐渐发展到各地各行各业的人慕名而来。他们有的是因为憧憬“田园生活”，而有的是看好有机农业。2002年草之会与当时的村役场共同建立了“新农人就农培训机制”，针对希望移居到仓渊町从事农业的年轻人安排他们到经验丰富的当地农户家接受大约一年的就农培训。这期间将学到如何按照销售渠道规定的生

① 主要包括东都生活协同组合、Palsystem联合会，（株式会社）radishbo - ya，（株式会社）大地之会，（株式会社）FRESSAY等。

产标准进行有机蔬菜的栽培，同时还会深入体验农村社会生活，理解当地的风俗习惯，以便独立经营后尽快融入当地。不仅如此，培训期间还要为独立经营做一系列的准备工作，包括租地、找房子、购置农业机械等。日本的农村社会属于熟人社会，初来乍到的新农人通常很难一下子收集到有效的信息，所以更多的时候是通过担任技术指导的农户，或者其他草之会的会员做这些准备。

图片 7－1　仓渊草之会的会员们

当培训结束后，大多数新农人在独立的同时也作为正式会员加入草之会，他们定期地参加由各个销售伙伴公司举办的学习班，不断地提高技术水平。同时也作为当地农村社会的一员，参与各种传统活动、红白喜事以及维护环境卫生等集体劳动。在日常生活方面，草之会更贴近新农人，所以特别是先移居来的新农人，他们最了解移居到农村并开始农业生产的具体困难，往往会帮助新人解决各种困难，弥补了基层行政机构的不足。

2. 新农人独立后的农业经营状况——通过多种销售渠道保障稳定的农业收入

一般来说，新农人在培训结束开始独立经营以后，通常会将收获的农产品交给农协销售，或者自己开拓销售渠道。通过农协的好处是销售渠道稳定，不必担心卖不出去，对于栽培技术尚不成熟的新农人可以集中精力搞生产，但不利因素是农协销售大多通过大型批发市场，受市场价格影响大，收入相对不稳定。而自己开拓销售渠道的话，可以与商家交涉，具有决定价格的主动权，但是耗费精力，对新农人来说挑战很大。

仓渊町的新农人，绝大多数都加入了草之会，草之会生产的是有机蔬菜，不通过大型批发市场，而是与生协、配送公司以及超市等进行订单栽培、对口销售。通常在播种前就与各个销售渠道确定了栽培计划，包括栽培面积、收获时间、销售价格等，所以新农人只需要集中精力按照协议规定的标准和内容生产即可。由于不需要自己开拓销售渠道分散精力，所以可以专注于生产，以便于迅速地提高技术水平。同时订单栽培受市场价格的影响小，而且有机蔬菜的销售价格通常略高于常规蔬菜，所以更容易保证稳定的收入。

但是，订单栽培对蔬菜的生产标准和数量都有严格的规定，农户们为了百分之百地完成订单，通常都会比订单多生产一部分，用来调节作物生长状况的变化造成的产量变化。而为了处理订单以外的蔬菜，会员

们除了草之会，往往还有少量销售的渠道。根据实际调查，这些渠道主要包括个人配送、学校配餐、直销店、餐厅、小超市、批发商等。其中有的是个人开拓的，例如利用在城市居住的亲戚、朋友、同事等社会关系或者互联网进行个人配送、直销给餐厅等，也有的是商家主动找上门的。另外，2014 年由高崎市出资修建的“道之驿”直销店也为一部分会员提供了小范围内的销售渠道。

总之，这种以订单栽培为主，结合多种销售渠道的经营方式既保障了稳定的收入，又分散了经营风险，还避免了单一渠道激化会员之间竞争的问题，一举多得。

3. 新农人对仓渊町的影响

（1）成为支撑当地农业生产的主力军稳定的农业收入和经营状况使得新农人逐渐扎根在仓渊町，成为支撑当地农业生产的主力军如表 7－4 概括了新农人在仓渊町农业生产中的地位。仓渊町农户总数为 639 户，新农人所占比例为 4.9%。远远超过了日本全国不到 1% 的平均水平，特别是在支撑农业发展的销售农户中占到了 10% 以上。除此以外，在专业农户的比例接近三成。他们的经营耕地面积也达到了 10%。无论是人数还是生产能力上都具有重要的意义。还有一点不容忽视的就是“65 岁以下主力农业从事者”的近一半是“新农人”，可以说今后“新农人”将成为仓渊町农业生产的主力军。

随着有机蔬菜种植规模的扩大，仓渊町成为北关东地区屈指可数的产地，而新农人无论在人数还是在种植面积上都已经超过原本的当地农民，两者的地位形成了逆转。如图 7－7 所示，如果将草之会以外的有

表7－4　新农人与仓渊町的农业

类别	农户(户)		经营耕地面积(公顷)	65岁以下主力农业从事者①(人)	专业农户③(户)
	总农户	销售农户			
仓渊町	639	303	346	128	116
新农人	31	31	34.5	56②	31
比例(%)	4.9	10.2	10.0	43.8	26.7

注：①“主力农业从事者”是指农业普查前1年中日常主要从事农业工作。

②不从事农业生产的配偶除外。

③所有家庭成员都从事农业的农户称为“专业农户”。相反，家庭成员中有从事其他产业的称为“兼业农户”。

资料来源：仓渊町数据来自农林水产省农业普查（2010年）。高崎市役所仓渊支所资料（2015年）。作者访问调查。

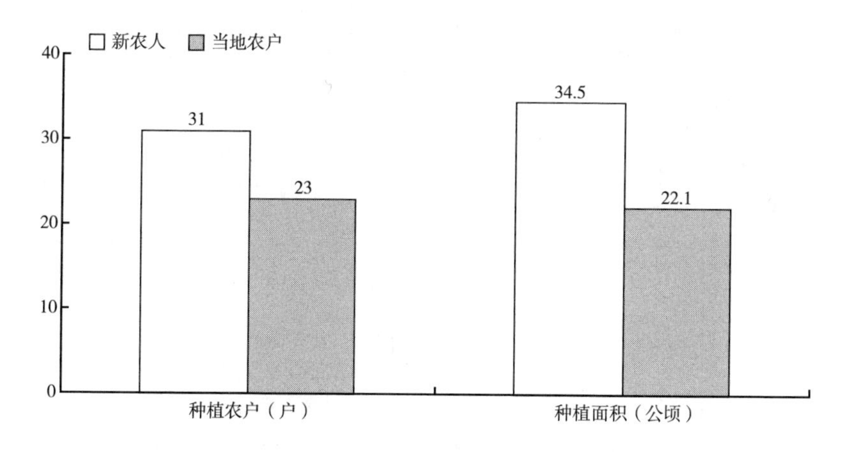

图7－7　从事有机蔬菜种植的新农人与当地农户的对比

资料来源：高崎市役所仓渊所资料及作者调查。

机蔬菜栽培农户也计算进来，新农人已经达到31户，而当地农户只有23户，而且预计今后将继续减少。在种植面积方面显示同样特征，新

农人（34.5公顷）大约是当地农户（22.1公顷）的1.5倍。

（2）减少抛荒地、促进土地的有效利用

如前所述，新农人所经营的耕地面积达到了34.5公顷。根据笔者的实地调查，这些土地都是从当地农户那里租来的，当中有60%原来是抛荒地。也就是说，有超过21公顷的农地经过新农人重新得到了恢复。

综上所述，从统计分析和实际调查可以看出，仓渊町在原有的旱作农业衰退、农业接班人不足的情况下，25年间持续接收从城市移居来的新农人，其结果是农业接班人增加，农地得到有效的使用，该地区也

表7-5　新农人移居就农所面临的问题和解决方法

	培训期间	独立经营
土地	师傅、草之会、仓渊支所	草之会、周边农户、仓渊支所
住宅	宿舍（仓渊支所）	草之会、仓渊支所（提供空房信息）、周边农户
栽培技术	师傅（草之会中经验丰富的先进农户）	草之会（部会）、由地方提供的销售培训
资金	“新一代农业人才培养项目”（准备型），个人资金	“新一代农业人才培养项目”（经营开始型）、superL农业政策低息贷款、农协贷款以及个人资金等
农业机械	二手机械、前辈或者周边农户无偿转让、购置新机械	二手机械、购置新机械、合作使用（如冷库等）
销售渠道	草之会、超市直销、仓渊地区直销店、其他	草之会、超市直销、仓渊地区直销店、高崎市内超市、家庭配送、餐厅、批发等
农村生活	师傅、草之会的前辈、仓渊支所工作人员	参加当地的志愿消防团、学校家长会、道路爱护会、爱农会等地方组织

资料来源：笔者调查。

作为有机蔬菜的产地得到了消费者和流通领域的认可。取得这样的成功的关键是仓渊町由行政机构和当地的生产者组织合作建立了一套综合性、连续性的扶持机制。

参考文献

小田切徳美・筒井一伸（2018）『田園回帰の過去・現在・未来』農文協。

小田切徳美・橋口卓也（2014）『内発的発展論』農林統計出版。

小田切徳美（2014）『農山村再生に挑む—理論から実践まで』岩波書店。

保母武彦（1996）『内発的発展論と日本の農山村』岩波書店。

保母武彦（2013）『日本の農山村をどう再生するか』岩波書店。

宮口侗廸『若者と地域をつくる—地域づくりインターンに学ぶ学生と農山村の協働』。

守友裕一（1991）『内発的発展の道—まちづくりむらづくりの論理と展望—』農山漁村文化協会。

暉峻 衆三（2013）『日本の農業150年』有斐閣。

田代洋一（2012）『農業・食料問題入門』大月書店。

「総務省の「田園回帰」に関する調査研究報告書」(平成30年3月)。

第三部分　行政职能划分

第八章　财政体系与地方自治

堀部笃

一　日本地方财政制度的特征

（一）日本地方制度

日本地方制度分为，中央政府的 1 府 12 省厅，和 47 都道府县及 1718 市町村的地方政府。[①] 日本国宪法中第 8 章“地方自治”第 92 条（地方自治基本原则）规定：“地方公共团体组织运营相关事项，依法遵照地方自治的宗旨。”宪法中虽然没有详细说明“地方自治的宗

① 在日本，中央政府多被称为“国家”。地方政府在学术语境中被称为 local government，不过在法律及行政用语中称为地方公共团体，一般多采用地方自治体。

旨”，不过根据宪法学及行政学的一般理论，可以从居民自治和团体自治这两个要素上理解。居民自治是一种民主主义要素，指地方自治应建立在居民意志的基础上；团体自治是一种自由主义的、地方分权的要素，指地方自治由独立于国家的地方团体执行，团体依照自身意志采取行动。

依照上述宗旨，地方政府（都道府县及市町村）的首长（都道府县知事及市町村长）及议会议员由居民直接选举产生，并执行政务。

（二）地方政府职责

关于中央政府与地方政府的职责分担，中央政府“除负责国防外交外，还担负全国统一性的规章制度以及全国性的政策实施”，而地方政府则负责居民身边的行政事务。具体如表 8 - 1 中所示，公共资本方面，中央政府整备高速公路及主要道路河川（国道、一级河川），都道府县负责中等规模的道路、河川和港湾，市町村负责小规模资本。在福利及生活方面，中央政府负责社会保障制度的运营，而实际生活中的国民健康保健及介护保险等服务窗口由市町村运营。从结果看，中央政府和地方政府的财政负担如图 8 - 1 所示，与居民生活密切相关的行政事项基本上由地方政府承担。

（三）中央政府对地方政府的财政保障与地方治理架构

地方政府广泛开展与国民生活密切相关的各项政务，为了实现稳定治理，中央政府每年都会制订地方财政计划。制订地方财政计划主要有以下三个目的。

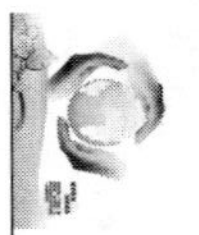

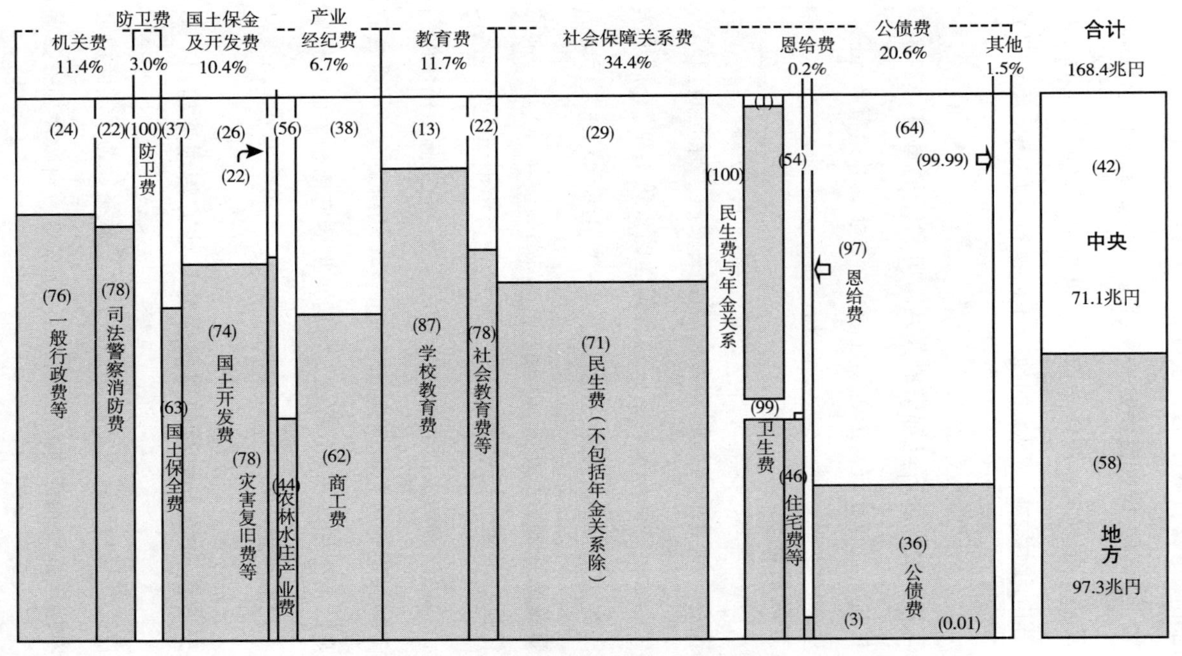

图 8－1　中央和地方政府的财政负担

资料来源：总务省官网。

注：①2016 年度支出决算，基本最终支出。

②括号内的数值为不同用途经费中的中央、地方比例。

①保障地方财政，从而确保地方团体的标准行政水平；

②确保地方财政与国家财政、国民经济的协调一致；

③为地方团体的年度财政运营提供指导。

表 8－1　中央政府（国家）与地方政府的职责分担

领域		公共资本	教　育	福　利	其他
国家		○高速公路 ○国道 ○一级河川	○大学 ○私学资助（大学）	○社会保险 ○医师执照 ○医药品许可证	○国防 ○外交 ○通货
地方	都道府县	○国道（国家管理以外） ○都道府县道路 ○一级河川（国管外） ○二级河川 ○港湾 ○公营住宅 ○决定市街化区域及调整区域	○高等院校、特别支援学校 ○中小学教职工的工资、人事 ○私学资助（幼～高） ○公立大学（特定县）	○低保（町村区域） ○儿童福利 ○保健站	○警察 ○职业培训
	市町村	○城市计划等（用途地区、城市设施） ○市町村道路 ○适用河川 ○港湾 ○公营住宅 ○下水道	○中小学校 ○幼儿园	○低保（市区） ○儿童福利 ○国民健康保险 ○介护保险 ○上水道 ○垃圾、屎尿处理 ○保健站（特定市）	○户籍 ○居民基本台账 ○消防

资料来源：总务省官网。

图 8－2 展示了中央政府预算与地方财政计划之间的关系，左侧为中央政府的年度收支；中间为地方财政计划（全体地方政府）的年度收支；右侧为全体地方政府的地方财政计划，包含所有都道府县及市町

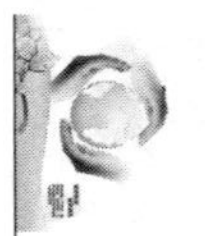

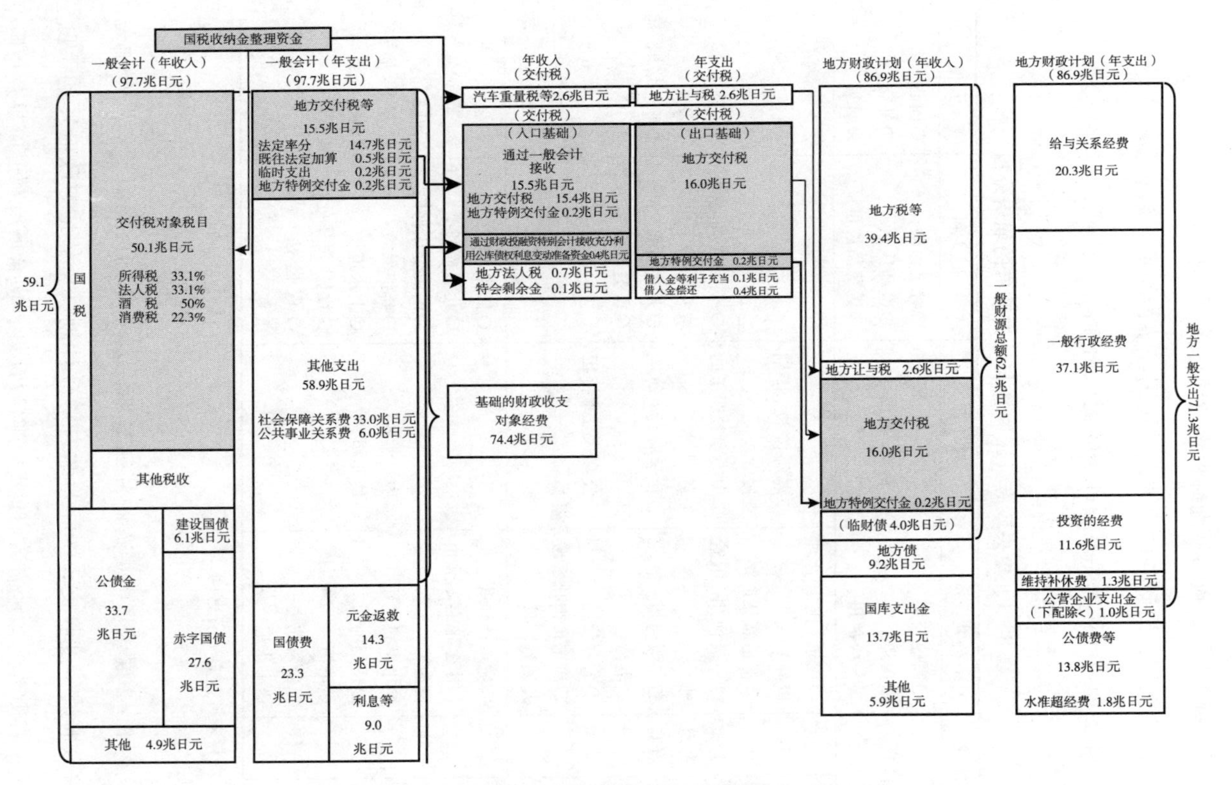

图 8-2 中央政府预算与地方财政计划之间的关系

村的年度收支。其中，从年度收入来看，地方税为 39.4 兆日元最多，地方交付税 16.0 兆日元其次，国库支出金 13.7 兆日元，地方债 9.2 兆日元。地方税是地方政府的自主财源，包括居民税、法人税、固定资产税、地方消费税、机动车税等。地方交付税为一般财源，由中央政府预算拨给地方政府预算，用途则由地方政府自由决定。国库支出金也就是补助金，由中央政府指定用途进行拨款。地方债是指地方政府一个完整会计年度发行的债券，相关条例由中央政府制定，地方政府不得随意借款。

其中，地方交付税是一项关键措施。地方政府的自主财源，即地方税收主要集中在人口、企业法人较多的城市地区，而全国各区域的居民都应享有享受行政服务的权利。为此，地方交付税发挥了至关重要的作用，通过调整地方政府间财政不均，有效确保农山渔村等财政收入匮乏地区的地方政府拥有稳定财源。地方交付税本来应该看作地方税收，但实际上它由一定比例国家税收（所得税、法人税的 33.1%，酒税的 50%，消费税的 22.3%）与全部地方法人税组成。为了调整地方政府间的财政不均，使各地方政府均能维持一定水平的财政收入，这部分税收由国家统一作为国税征收，根据一定的合理基准进行再分配，简单来说也就是“国家代替地方征收的地方税”（固有财源）。

地方财政计划中，年度支出减去地方税、国库支出金、地方债，余下不足的部分就是地方交付税预算金额。此外，地方交付税的本金由一部分国税与地方法人税组成，20 世纪 90 年代至 21 世纪初，地方财政计划中地方交付税额慢性膨胀，交付税与转让税分给金特别会计借款达到 32 兆 173 亿日元（2018 年 3 月）。

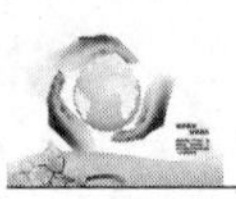

以上是宏观财政调整的架构，各地方政府的财源保障具体运作如下。首先，根据人口、面积、社会资本（道路及港湾等）、学校数量及儿童数量、农户数等情况，计算出地方政府维持适当水平公共服务所需的必要一般财政金额（基准财政需求额）。各项经费的计算须依照世界标准，采用详细指标进行推算。另外，地方税收根据人口等指标算出一个标准收入额，其中75%定为基准财政收入额。基准财政需求额与基准财政收入额的差额就是地方交付税的金额。基准财政收入额为标准收入额的75%，是为了给财政留有一定余地，同时供给各地方政府固有经费使用。这余下的25%是保留财源。

很多市町村等农村地区自主财源有限，因此不限定用途的地方交付税是极其重要的财政收入。实际上，很多市町村的财政收入中地方交付税占比达到40%～60%。

不过，地方交付税虽然确保了平稳的地方财政收入，然而实际执行过程中，对很多内容、规格都进行了法律规定。此外，法律没有明确规定的部分，也多有中央政府的指导建议，很难说各地方政府自由支配该项税收。

（四）集权分散系统

上述日本各级政府间财政关系（中央政府与地方政府间的关系）的特征可以根据财政学定义为融合型“集权分散系统”。在评价政府间财政关系时，用到以下三个指标。

A 集中－分散实施、执行实际政务的是中央政府还是地方政府。

B 集权－分权政府活动的决定权限（税收、法律限制、指导、建议）归中央政府还是地方政府。

C 融合 - 分离政务实施（A）及决定权限（B）的范围明确（分离）还是不明确（融合）。

图 8 - 3 列举了发达国家一般政府部门的 GDP 比，除去社会保障基金支出，日本的地方政府支出要比中央政府支出大。从图 8 - 4 又可以看出，日本地方税收较少，因此需要一定的财政转移进行补充。综上所述，日本政务的实施、执行多由地方政府承担（A 分散），然而其决定权限一般归中央政府（B 集权），因此称作“集权分散系统”。此外，这种“集权分散系统”形成的背景及历史经过，体现出政务实施（A）及决定权限（B）范围的不明确，即 C 指标为融合。

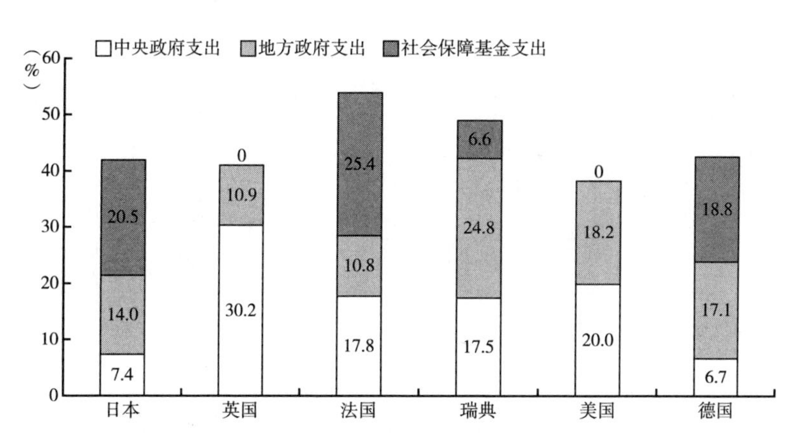

图 8 - 3　发达国家一般政府各部门 GDP 比（2014 年）

注：①中央政府、地方政府、社会保障基金支出，均为总支出减去“其他经常项目转移（支付）”。

②美国、德国的州为地方政府。

③只有法国为 2013 年数据。

资料来源：OECD，National Accounts of OECD Countries，转引自沼尾等（2017）。

特别是，中央政府除通过法令干涉地方政务外，还拥有综合性指挥监督权，可以进行各种各样的权限许可、建议、劝告、要求出具文件等（机关委任事物）。这种政府间财政关系因其行政责任不明确以及违背地方团体优先原则而被诟病。20 世纪 90 年代后，地方分权改革逐渐推进。2000 年，政府颁布地方分权总括法，废除了机关委任事物制度（综合性指挥监督权），对限定中央政府权限的“自治事务”及法令规定的“法定受托事务”型政务进行重估。地方分权的进展仍在继续，然而“集权分散系统”这一性质本身并没有多大改变。

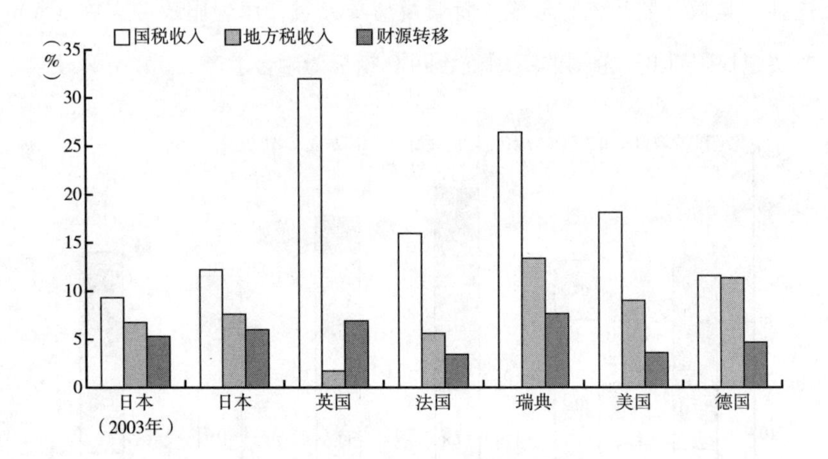

图 8－4 中央政府、地方政府间税收分配与中央向地方财政转移的 GDP 比

注：①中央政府、地方政府、社会保障基金支出，均为总支出减去“其他经常项目转移（支付）”。

②美国、德国的州为地方政府。

③只有法国为 2013 年数据。

资料来源：OECD，National Accounts of OECD Countries，转引自沼尾等（2017）。

二　“地方分权改革”的进展

（一）三位一体改革

21世纪以来，地方分权总括法的施行废除了机关委任事务，全国进行税收财政制度改革，通过废除、缩减补助金以及向地方转让税源，实现扩充地方政府自主财源的目的。同一时期，政府部门为实现财政健全化而提出政务轻量化原则，具体措施是进行地方分权改革。

2002年，小泉政权下实行了地方税、补助金、地方交付税一体化的“三位一体改革”。通过这项改革，2004～2006年，中央政府向地方政府拨款中税源转让约3兆日元，补助金改革约4.7兆日元，地方交付税削减约5.1兆日元。补助金改革的4.7兆日元中，7900亿日元由原来指定用途的补助金变成了用途不限的交付金，3兆日元通过税源转让实现一般财源化，余下的9900亿日元则是纯粹意义上的削减。如上所述，地方交付税精简化的同时，其总额也受到抑制。

对于自主财源匮乏的市町村等农村地区，地方交付税的削减给当地财政带来很大影响，导致财政状况恶化。

（二）平成大合并（1999～2009年）

作为地方分权改革的一环，中央政府大力推进市町村合并。市町村数量从1999年的3299个变成2005年的2395个，2010年进一步减少到1727个。合并推进的目的在于向市町村等基础自治体配置专门职员，

促使其实现广泛的行政服务，并进行广域性城市建设（旅游观光及环境问题）。然而，这项措施与三位一体改革一样，都伴随着中央政府强烈的财政效率化意图，实际目的还有削减地方交付税总额、减少政府职员数量。

在推进合并的过程中，中央政府及都道府县不仅给予指导建议，并进行强有力的财政诱导。例如，市町村合并过程中发行合并特例债券，在到期偿还债券时地方交付税会骤增。因此合并市町村实际负担较小，政府办公楼改建以及学校、文化设施建设得以照常进行。市町村合并是在三位一体改革后立即推出的一项强力措施，一部分财政状况不佳的町村地区对未来的危机感增强，许多町村选择合并的道路。

受市町村合并影响，合并市町村的周边区域（远离中心区域的地带）出现商业和经济的衰退。此外，居民的声音难以传达到行政层面，有人指出行政效率并没有像当初设想的那样明显提高。

三　实例介绍

（一）自治体的财政败局——北海道夕张市

对于产业衰退的地区，地方政府（市町村）应该如何应对呢？日本的很多市町村选择振兴第一产业和旅游观光业的地区经济支援路线，然而财政支援未必尽如人意。而且，作为国策开展的地区开发一旦失败，事态将愈加严重。

2006年6月，有关北海道夕张市巨额债务的新闻报道震惊全国。

2007年3月，夕张市被列为财政重建团体（2010年3月通过法律修订更名为财政再生团体），在中央政府及北海道的指导建议下制订财政重建（再生）计划，开始实行“全国最低水平服务，全国最高水平负担”的行政方针。

1888年，夕张市发现露天煤矿而发展壮大，从此它和本地煤矿业共历兴衰。煤矿业是二战前及二战后复兴期支撑日本经济的最重要产业之一，作为一个高成本产业，它还包含了劳资对立等生产方面的问题。20世纪60年代以后，国家推行能源转换（从国产煤向进口煤及进口重油转变），煤炭行业逐渐衰退（1990年3月，夕张市煤炭业彻底倒闭），市政府财政开始恶化。

财政收入减少，并不足以直接导致财政败局。只要维持全国标准水平的年度支出规模，大部分不足的税收将由地方交付税增额覆盖。巨额财政赤字之所以常态化，是由于无法抑制财政支出。

给夕张市财政恶化致命一击的，是20世纪70年代末至80年代发行市债的偿还费。自20世纪70年代末起，夕张市为应对地区基础产业消失、人口锐减等危机，采取了一系列积极措施，包括拆除废墟、废物，整备住宅、学校、上下水道等生活基础设施，投资建设旅游观光业从而促进就业等。结果，上述措施导致公债费用膨胀，20世纪90年代财政状况极度恶化，该市转变为财政重建团体的命运已经不可避免。更有甚者，采用隐瞒赤字等财务手段（据悉，北海道政府是知情的）让该市的债务过分膨胀，达到其他自治体无可比拟的程度。

旅游观光业的失败可以说是当地财政败局的一大原因。而当时，该

市积极果敢的观光开发政策曾作为“地区活性化楷模”受到高度评价，各自治地方、经济团体、媒体纷纷吹捧，广为流传。

在国家和北海道的指导建议下制订的财政再生计划，其内容对居民和行政职员十分苛刻，财政败局10年后的2016年，“由于过度优先考虑财政重建，忽略必要行政措施和设施整备，导致居民对政府失望，地区人口迅速下降”（市再生方针策略检讨委员会）。出于对上述状况的考虑，2017年3月，总务省同意了重估财政再生计划，进行计划变更。新计划中列入一系列预算，包括整备因财政困难而老化的基础设施，改组市营住宅、转移改建市立诊所、新建幼儿园等。

（二）故乡纳税

20世纪50年代以后，日本人口大量流入城市地区，城乡间财政力量差距扩大。不过有很多农村出身的人有志向支援家乡。于是，总务省（中央政府）于2008年创立故乡纳税制度。名为“纳税”，但制度上属于一种“捐赠”行为，也就是把本该交给居住地的所得税和住民税的一部分，通过捐赠的方式移交给其他地方自治体。具体来讲，就是向自己选定的自治体捐赠（故乡纳税）一定额度的钱，这笔钱中超过2000日元的部分，将从本地应缴纳税款中扣除。

2010年，约3万人创造了67亿日元的故乡税收，2017年296万人创造了3482亿日元故乡税收。这不仅仅因为人们有意愿向居住地之外的地方政府纳税，还因为参与者可以获得该自治体的礼品特产。简单浏览几个受理故乡纳税的服务网站就可以发现，全国各自治体的返还礼品甚至构成了一部商品目录。例如，选故乡网（http：//www. furusato -

tax. jp/）上可选礼品达23万余种，包括食品、酒、饮料、旅游券、活动券、杂货及工艺品等。对市町村等农村地区来说，故乡纳税制度在确保财源方面十分有魅力。一些提供人气礼品的市町村，每年可获得数十亿日元规模的税收，甚至改变了当地财政结构。

一方面，故乡纳税制度也存在一系列问题。第一，故乡纳税（捐赠）部分的免税额本来应该交给居住地政府，从而享受当地政府提供的行政服务。但这部分税被免除了，这不符合按受益征税原则，使受益与负担之间出现偏离。对其他地方政府捐赠属于个人自由，但不应因此免除对居住地政府的纳税义务。第二，居住地政府因此减少的税收的75%，由地方交付税填补，因此对地方交付税制度也会产生不利影响。第三，如果获赠礼品价值超过2000日元，捐赠者（故乡纳税者）不但免除了纳税，还会额外获利。尤其是高收入家庭，通过大额捐赠占了很大便宜，而不缴纳住民税的低收入者则与“便宜”无缘。第四，有些地方政府为了争取故乡纳税，在礼品上做文章、下功夫，这与地域振兴的初衷背道而驰。礼品本来是从地区特产中选取，以此表达对捐赠者的谢意，然而为了吸引捐赠者，有些地区编造出与本地无关的各种礼品。第五，很多职员投入到开发礼品、备货、交涉等业务中，这也与地域振兴的出发点大异其趣。此外，主要从事礼品生产的供货商是否会因故乡纳税制度的变更而出现经营困境，同样也是问题。

为了纠正礼品竞争之风，总务省于2015年发出通告，规定礼品不应采用可变现商品，不应采用高额商品（还礼品价值高于捐赠金）。姑且不论这项通告的妥当性，实际上正是总务省（中央政府）制定该制度导致地方税制出现不正之风，此时中央不正视问题的根本，反来批判

力图活用故乡纳税制度的地方政府，让人感到舍本逐末。平衡地方政府间的财政不均本来靠的是地方交付税，稳定财政收入确保全国各地维持标准行政服务水平。中央政府期待地方交付税制度不要走偏，恰当发挥作用。

四　近年动向与前景展望

下面将介绍近年来地方财政的发展动向及课题。图 8－5 显示了都道府县及市町村各项用途支出（主要项目）的推移。整体来看，20 世纪 60 年代到 90 年代初，随着经济增长，物价有所上升，所有项目的年度支出额均呈上升趋势。之后，各项目费用呈缓慢增加或减少趋势。

20 世纪 70 年代后期至 80 年代，社会人口基数增大，“团块二代”到了就学期，都道府县的教育经费（教职工工资等）上涨。

第一，20 世纪 80 年代后期到 90 年代，土木费（都道府县及市町村）大幅增加，进入 21 世纪则呈减少趋势。这是在扩大内需（与美国的贸易摩擦）及经济不景气下应运而生的大额公共投资。中央政府为推进财政重建，让地方政府负担了这些大额公共投资。

第二，这些土木费通过发行地方债券筹措（与合并特例债券一样，到期偿还时该地方政府将得到增额地方交付税），偿还期为 20 世纪 90 年代后期至 21 世纪，公债费用（都道府县及市町村）一直增加，之后也没有减少。

第三，从图 8－5 中明显可以看出 21 世纪以来民生费（市町村）的增加。相比其他项目，民生费的增加尤其显著。民生费是指福利相关费用，是以老人、残障群体、儿童、低保、单亲家庭等为对象的福利支出。日本少子高龄化日益严重，双职工家庭中未就学儿童的保育需求增加（待入学儿童问题日益严峻）。其中，民生费增加的最主要原因是老人福利费用。整备特别养护老人之家、施行居家老人保护措施，此外还有介护保险事业及后期高龄者医疗保险，都使财政一般会计负担大大增加。

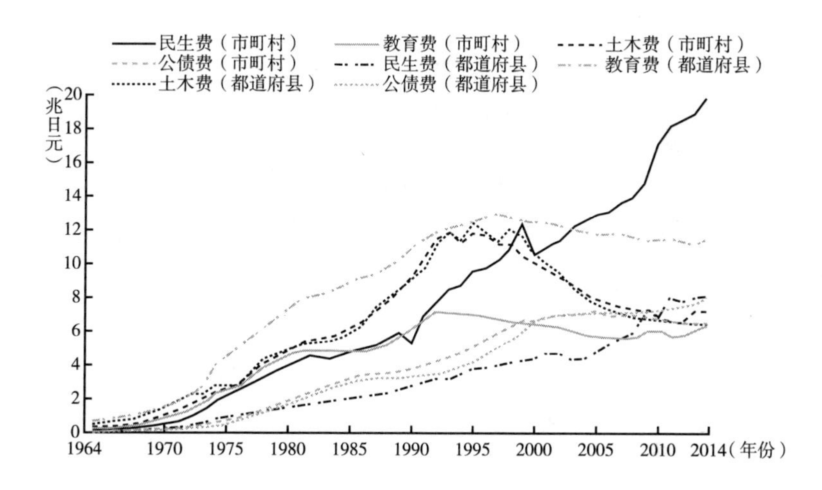

图 8-5　地方政府各项用途年度支出（主要项目）的推移

资料来源：OECD，National Accounts of OECD Countries，转引自沼尾等（2017）。

地方交付税制度在地方政务中起着关键作用，特别是自主财源匮乏的农村地区。然而，随着市町村合并、故乡纳税制度的确立、公共投资等的实行，中央政府的一系列措施使交付税制度逐渐偏离了调整地方财政不均的功能。最后，我们还想进一步指出地方交付税制度存在的问题。20 世纪 90 年代至 21 世纪初，宏观层面上，地方交付税在地方财政计划中的额度慢性膨胀，交付税及转让税配付金特别会计造成巨额债

款。地方交付税资金源不足时，采取特别会计借款、临时财政对策债券等特殊地方债制度应对。本应直接接收的地方交付税拨款中的一部分，以借款形式（临时财政对策债）存在，本息偿还则由地方交付税100%增额负担。当然，即便在偿还债款的年度，地方交付税仍需承担一般财源用途开销（即不指定用途财源），然而其中一部分却事先定好用来还款。不妨称其为地方交付税的“透支”。税收会受到经济好坏的影响，采取这种对策应对短期景气变动是无可厚非的。然而2001年以来，这种债券的发行逐渐常态化。近年来，其总额已经达到4兆~5兆日元规模。

为支援地方自治体，日本确立了以地方交付税制度为中心的地方财政制度。这项制度惠及各方，功不可没，其中各级政府间的财政关系可以总结为一个“集权分散系统”。此外，随着少子老龄化和经济增长乏力，地方交付税在应用过程中面临诸多问题。

（李雯雯 译）

参考文献

神野直彦（1998）『システム改革の政治経済学』岩波書店。

西村宣彦・平岡和久・堀部篤（2010）「財政悪化と自治体財政統制システム—北海道夕張市を事例に—」『日本地方財政学会研究叢書』NO. 15。

西村宣彦（2016）「夕張市の財政破たん10 年—不可欠な『未来への投資』—」『住民と自治』11 月号。

沼尾波子・池上岳彦・木村佳弘・高端正幸（2017）『地方財政を学ぶ』有斐閣。

第九章　环境保护

染野宪治

一　序言

日本农村地区虽不似中国的平原广袤、风景壮阔，然其空气清新，水源纯净，自然物产丰富。其中最令各位中国到访者印象深刻的，莫过于它纤尘不染的生活环境。

近年来，中国农村环境保护问题日趋严峻，中国想要参考日本的农村建设，我因此有机会在各种场合谈及日本这方面的经验。然而，中国与日本的农村地区在地理条件、行政区划上存在差异，相应的，财政基础和法律法规也不一样。

例如，现今日本在很多领域实现了国家最低生活保障，地方财政完

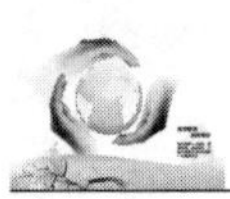

成重组的同时，采取 PPP（Public Private Partnership）等政策积极导入民间资本从而实现了社会资本的整合。不过，本书“序章”中已经介绍过，在这之前先要提高农民收入水平，通过财政拨款完成基础设施的完善。PPP 政策在中国得到了更有效的运用，然而农村地区与城市地区相比经济较脆弱，因此无法期待收益性较高的经济活动。从日本经验来看，现阶段的中国不应过多依赖民间资本，而应首先考虑扩大中央政府拨款、增加乡镇级行政区年度财政收入，利用财政开支完善上下水道、文化福利设施等基础设施建设，切实提高农村居民的生活便利性。

本章主要介绍日本农村的生活废水以及生活垃圾的处理问题、养殖业环境问题的经验和现状。美好的环境需要靠资金和劳动力维持，日本也是通过投入大量社会资本，经过长期的努力，才有了今天的美丽农村。尽管中日两国国情不同，笔者期待中国可以通过参考日本的经验对策，从而制定适应中国国情的政策。

二　日本农村的环境问题

16 世纪后半叶至 17 世纪，日本社会分为武士阶级、平民阶级及其他阶层，农村则是平民的居住空间。这就是当今日本农村社会的原型。

江户时代（1603～1868 年）以前，日本人口大约有 1200 万人，据推测平均寿命约为 33 岁。德川家康开创江户幕府以来，社会恢复安定，八成人口从事农业，奠定了社会的基础。17 世纪至 18 世纪初，幕府推行新田开垦政策，耕地面积扩大 1.5 倍，人口也从 1200 万人翻倍增加到 2800 万人。

然而，单方面重视经济增长的开发策略使自然遭到破坏，还引起了乱砍滥伐之风，加之地震等自然灾害的影响，使这种开发一边倒的发展方式碰了钉子。至此，不得不在提高生产力上下功夫。幕府推行农具改良政策以提高农业技术，成功提高了农作物产量。要施行此种政策，有必要提高农民的能力，因此这一过程促进了农民教育（读写、计算）的渗透，促进了地区互助和自治功能，同时孕育了现今农村社会的原型。

江户时代的生活水平较低，大城市江户（现东京）半数以上居民的居住环境为一家5口共住一间9.9平方米的房间。日本从古代就有留存粪便的习俗，这个时代已经有了茅厕。茅厕是公共的，设在屋外，收集起来的粪便可以卖给农家作为肥料循环利用。农村的饮食生活虽然清苦，但便于留存粪便，并且居住环境便于冲凉沐浴，丰富的薪炭资源便于冬季取暖，因此农村地区的平均寿命偏高，在40岁左右。

随着近代高度经济增长期的到来，城市地区的粪便失去了它的价值，1920年起，粪便被允许排入下水道。此外，直到20世纪70年代农村地区的粪便仍有80%作为肥料使用。可是，随着平价化学肥料的普及，人们渐渐开始使用高效农药，粪便在农村地区也失去了价值。化学肥料和农药替代了粪便，同时也造成了河川以及地下水等水质污染、水质富营养化、土壤劣化、温室气体 CO_2 排放过量等环境问题。

此外，随着饮食生活和养殖业的发展，家畜排泄物又引起了水质污染和恶臭污染。还有，焚烧秸秆引起的大气污染问题、农村地区生活污水问题、垃圾处理不当造成的水质土壤污染问题接踵而来。

三　生活污水处理

日本生活污水处理根据国家统一法律法规[①]规定，由各级行政单位（国家、都道府县以及市町村）分别酌情执行。城市地区和农村地区适用同一套法律制度，不过污水处理的具体方法（技术）可由各级行政区根据辖区人口密度高低（密度较高的城市地区及密度较低的农村地区）斟酌决定。

日本生活污水处理设施统一筹划一份《都道府县构想》，制定都道府县的配备区域、配备方法、配备日程等，地方公共团体（都道府县以及市町村）再在此构想的基础上富有成效地实施配备工作。

截至 2017 年 3 月末，日本全国污水处理设施覆盖人口为 11571 万人，污水处理人口普及率达到 90.9%[②]。2006 年 3 月末这一数值为 80.9%，也就是说 10 年间有 10% 的提高，然而仍有 1200 万人无法利用污水处理设施。并且，大城市和中小城镇存在地域差距，人口不到 5 万的市町村的污水处理人口普及率仍在 79.4% 的水平。

污水处理设施分为下水道（国土交通省管辖）、农业聚落排水系统（农林水产省管辖）、净化槽及社区装置（环境省管辖）这 4 个类型。大致上，下水道主要为日本城市规划中的城镇化区域，即城市地区的人

---

① 地方政府可以在国家统一规定的基础上进行加强，增加对象条款。

② 90.9% 指的是粪便及其他家庭杂排水的处理率，单独粪便处理率已达到 100%。日本总人口数为 12792 万人，其中使用冲水式厕所的人口有 12099 万人（94.6%），这部分排水由公共下水道、合并处理净化槽、单独处理净化槽共同处理承担。一方面，非冲水式人口为 693 万人，主要采取淘粪处理的方式。淘粪粪便大多（93.1%）被送往粪便处理设施进行进一步处理。

口集中地区，农业聚落排水系统则负责城镇化区域之外的农村地区，净化槽和社区装置则以人口密度极低地区的个别住户为对象。

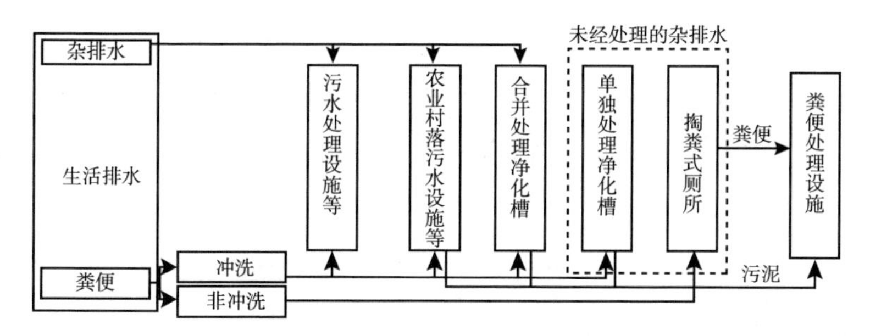

图 9－1　日本生活排水处理系统

以不同处理方式划分的处理人口数为，下水道处理 10031 万人，农业聚落排水系统处理 344 万人，净化槽处理 1175 万人，社区装置处理 21 万人。

表 9－1　日本不同处理设施涵盖污水处理人口普及情况（2017 年 3 月末）

单位：万人，%

处理设施	污水处理人口
下水道	10031
农业聚落排水系统等（包含渔业聚落排水设施、林业聚落排水设施、建议排水设施）	344
净化槽	1175
社区装置	21
总计（A）	11571
总人口（B）	12732
污水处理人口普及率（A/B）	90.9

资料来源：《关于平成 29 年度末污水处理人口普及的情况》，日本环境省报道发表资料（2018 年 8 月 10 日）。

下水道主要分为市町村管辖的公共下水道，和都道府县管辖的接收 2 个以上市町村下水的流域下水道。下水道根据《下水道法》（1958 年

制定，国土交通省管辖）的规定进行建设，污水通过各家各户的下水管道汇集起来，流往净化厂进行处理。

农业聚落排水系统是针对农村地区居民粪便、生活杂排水等污水以及雨水的设施，对象规模主要为1000人以下。基本由市町村负责配备，由污水处理厂、管路、公共污水斗组成。类似的设施还有渔业聚落排水设施、林业聚落排水设施。

农业聚落排水，顾名思义，主要是针对农村地区的建设工作。不过下水道建设也会以特定环境保护公共下水道（特环下水道）的名义在农村地区建设实施。容易看出，下水道与农业聚落排水系统有重叠之处。然而，从各项设施的处理规模来看，农业聚落排水系统中60%的处理量不到300立方米/天·1000人，不足500立方米/天·2000人则占比90%。95%的特环下水道，处理规模达到300立方米/天以上，500立方米/天以上则占比80%，可见其处理规模不同。

与此相比，净化槽应用之初是为应对个别居民强烈的冲水化要求而实施的一种配备时间较短的技术，其核心为作为建筑物的一部分而设置在宅基地内的个别处理型设施。现在主要应用于从经济角度出发无法完成集中处理的住户，如在山中或平地的极少居民十分分散的地区。

净化槽分为只能处理粪便的单独处理净化槽，和可以同时处理粪便及杂排水的混合处理净化槽。日本现在规定禁止新设单独处理净化槽，从而逐渐完成向合并处理净化槽的转变。个人设置或改建净化槽的情况下，可向市町村申请补助金。另外，市町村还针对聚落（不止一户）开展实施净化槽配备工作，统一筹备社区装置。

《建筑标准法》规定了农业聚落排水系统和净化槽的性能和结构，

二者皆依据《净化槽法》（1983 年制定，环境省管辖）进行制造、施工、维护管理。

四　生活垃圾处理

日本的生活垃圾处理与生活废水处理一样，都由国家统一的法律法规规定，由各级行政区（国家、都道府县及市町村）根据具体情况酌情定夺。一般来讲，城市地区人口多、用地少，生活垃圾处理规定相对宽松。农村地区则通常实施更加细致的垃圾分类，以求提高资源利用率。

日本《废弃物处理法》（1970 年制定，环境省管辖）规定，将废弃物分为由家庭、办公场所排出的一般废弃物和由工厂排出的工业废弃物。一般废弃物由市町村负责处理，收集搬运及后续处理等废弃物处理作业原则上由市町村长批准。而工业废弃物由企业负责处理，收集搬运及后续处理等作业原则上由都道府县知事批准。

一般废弃物中的家庭生活垃圾通常由市町村自行收集搬运，然而近年来由于财政缩减，一部分作业经过市町村批准后由民间企业承包运营。此外，根据容器包装回收法，生活垃圾中的易拉罐、玻璃瓶、塑料瓶等容器由市町村分别回收，送往企业进行再生利用。

2016 年度日本的一般废弃物总排量为 4317 万吨，垃圾总处理量为 4101 万吨。其中焚烧、粉碎、分类等中间处理量为 3862 万吨，直接投入再生产的量为 196 万吨，两者合占垃圾总处理量的 99%。

市町村地区经过分类回收而达到直接循环利用以及经过中间处理后

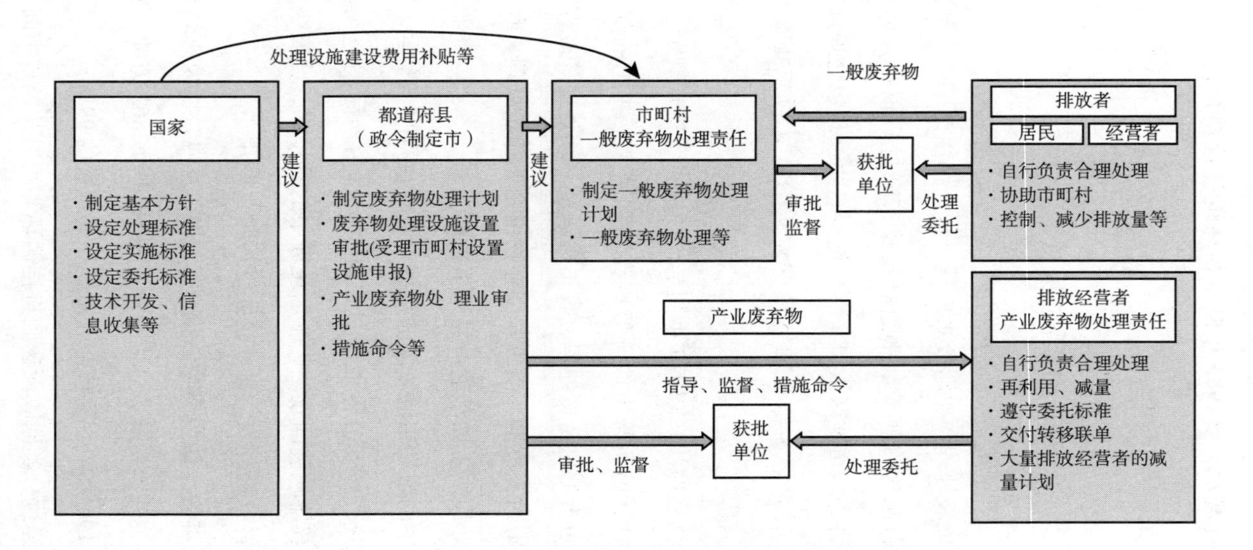

图9-2　废弃物处理法中国家、地方公共团体、排放经营者的关系

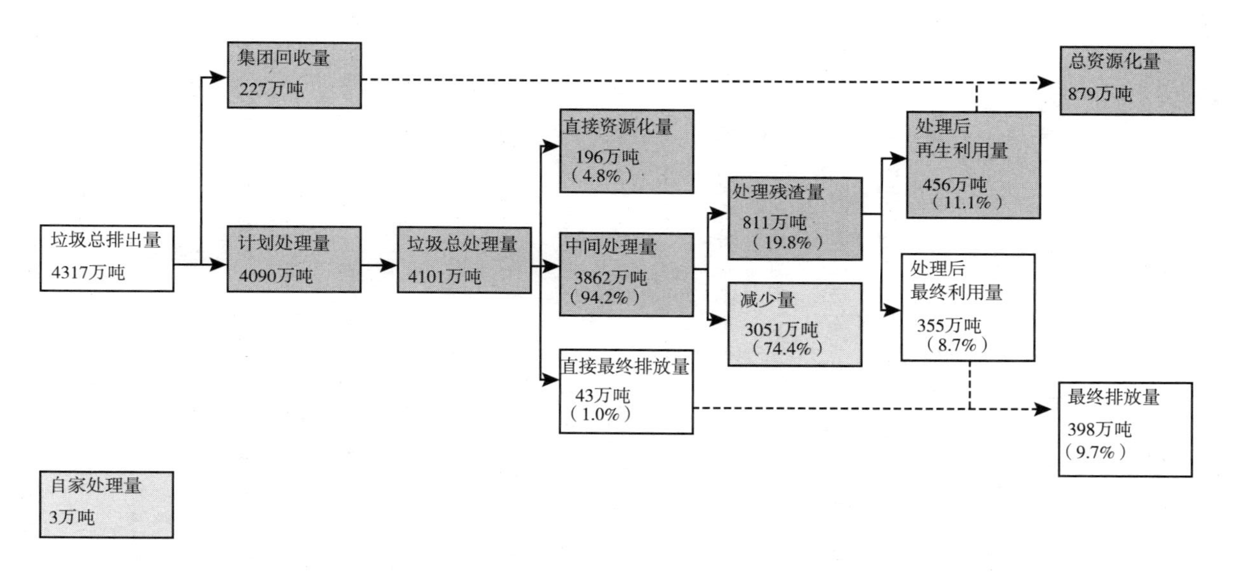

图 9－3　日本一般废弃物处理状况（2016 年度）

注：①垃圾总处理量 = 直接资源化量 + 中间处理量 + 直接最终排放量计划处理量和垃圾总处理量产生计量误差。

②中间处理量（3920 万吨）之内 3342 万吨是直接焚烧。

资料来源："一般废弃物处理事业调查结果" 日本环境省报道资料（2008）。

投入再生利用的垃圾总量为 652 万吨，通过各类居民团体的集体回收而投入循环利用的垃圾总量为 227 万吨。二者合计总资源化量为 879 万吨，回收利用率为 20.3%。

2016 年度日本人均生活垃圾日排出量为 925 克，而随着人口级别的下降，人口数较少的市町村地区垃圾排放量呈现减少倾向。环境省对历年人均生活垃圾日排出量进行统计，并公开发表垃圾排出量最少的 10 个城市。2016 年度，人口规模 50 万以上的市町村中最少的是 789.3 克（爱媛县松山市），人口 10 万以上 50 万以下的市町村为 622.7 克（东京都小金井市），人口不满 10 万人的市町村为 300.7 克（德岛县神山町）。

另外，生活垃圾的全国平均再生利用率为 20.4%，而人口数越少的市町村越呈现较高的再生利用率。2016 年度，人口规模 50 万人以上的市町村中再生利用率最高的是 33.3%（千叶县千叶市），人口 10 万人以上 50 万人以下的市町村为 54.0%（冈山县仓敷市），人口不满 10 万人的市町村利用率最高的 3 个分别是 83.4%（鹿儿岛县大崎町）、81.0%（德岛县上胜町）、80.7%（北海道丰浦町）。

之所以产生这样的结果，是因为人口较少的地区与大城市相比，废弃物收集效率低，焚烧处理设备以及终端处理厂的设施维修管理成本大，所以刺激了这些地区的废弃物减量化和再生利用化。此外，因为空间充足，可以进行细致的垃圾分类，并且占废弃物大半的厨余垃圾进行堆肥处理后能够被消化利用。行政与民生十分贴近，所以可以通过耐心讲解来获得居民的理解和支持。

2016 年度，市町村及一部分事物组合（受市町村委托的组织）进行垃圾处理所耗经费总额为 19696 亿日元。明细为设施改良建设费 3385 亿日元，

表9－2 3R活动前列的城市

控制产生（一个人一天废弃物的减量化）前三位的城市：全国平均925克/人·日（2016年）					
人口不到10万人		人口10万人以上～不到50万人		人口50万人以上	
2016年度	2015年度	2016年度	2015年度	2016年度	2015年度
德岛县神山町 300.7克/人·日	德岛县神山町 272.2克/人·日	东京都小金井市 622.7克/人·日	东京都小金井市 626.1克/人·日	爱媛县松山市 789.3克/人·日	东京都八王子市 815.3克/人·日
长野县川上村 302.7克/人·日	奈良县野迫川村 298.3克/人·日	静冈县挂川市 641.2克/人·日	静冈县挂川市 658.0克/人·日	东京都八王子市 799.1克/人·日	爱媛县松山市 817.5克/人·日
长野县南牧村 315.9克/人·日	长野县南牧村 325.6克/人·日	东京都日野市 661.1克/人·日	东京都日野市 673.9克/人·日	广岛县广岛市 840.8克/人·日	广岛县广岛市 853.6克/人·日
再生利用（再生利用率）前三位的城市：全国平均20.3%（2016年）					
人口不到10万人		人口10万人以上～不到50万人		人口50万人以上	
2016年度	2015年度	2016年度	2015年度	2016年度	2015年度
鹿儿岛县大崎町 83.4%	鹿儿岛县大崎町 83.2%	冈山县仓敷市 54.0%	冈山县仓敷市 51.6%	千叶县千叶市 33.3%	千叶县千叶市 32.6%
德岛县上胜町 81.0%	德岛县上胜町 79.5%	东京都小金井市 50.2%	东京都小金井市 49.4%	新潟县新潟市 27.9%	新潟县新潟市 27.8%
北海道丰浦町 80.7%	鹿儿岛县志布志市 76.1%	神奈川县镰仓市 47.5%	神奈川县镰仓市 48.4%	东京都八王子市 26.0%	东京都八王子市 26.5%

资料来源：《关于一般废弃物排放及处理状况等（平成28年度）》日本环境省报道发表资料（2018年3月27日）。

处理、维护管理费15078亿日元。换算成国民人均耗额则为15300日元。

光靠废弃物资源获取收入，显然是不能确保企业收益的。环境保护要靠全体国民共同承担费用，将这部分款项作为处理费支付给从业者，这对于垃圾处理市场化来说至关重要。垃圾处理经费原则上从税收中抽取，因此市民对于自己承担了多少费用并没有切实感受。不过，一部分市町村额外收取垃圾回收手续费。2017年度，1741个市町村中，275个市町村（15.8%）对大件垃圾收取费用，1120个市町村（64.3%）在大件垃圾的基础上对一般生活垃圾也进行收费处理。

五　德岛县上胜町

德岛县上胜町位于县厅城市德岛市40公里外的大山中。居民区分散在山间各处，户与户之间的距离有时很远。上胜町总面积为109.6平方公里，截至2018年2月1日人口有1579人，共794户，是四国地区最小的町。与日本大多数农村一样，上胜町人口严重老龄化，老龄化率（65岁以上人口）近五成，町内森林覆盖面积可达到九成。

（一）生活垃圾处理

二战之后，上胜町特殊的地理情况使得全町的垃圾收集作业效率十分低下，因此生活垃圾一般由各家各户自行处理，处理办法是装入金属圆桶中焚烧，或在自家用地内进行填埋处理。然而，随着经济的不断增长，农村地区的垃圾排出量逐渐增多，还出现了塑料垃圾等新类型的垃圾。而且废弃家电等大件垃圾很难由个别家庭自行处理，因此出现了违规扔垃圾的现象。为应对这一状况，町设立了公共垃圾堆，规定住户把垃圾扔到统一的场所。为了减少垃圾堆（大坑）的垃圾，采取的是野外焚烧的办法。其后，禁止野外焚烧的法规在国内逐渐普及，再加上出于对山林火灾和相关事故的考虑，20 世纪 90 年代初这种简单的处理办法也行不通了。

同一时期，全国各地都产生了大量废弃物，废弃物填埋处理场地的匮乏成了问题。一般家庭废弃物中约有六成（容积比）是容器包装，因此 1995 年出台了《容器包装再循环法》。该法规定易拉罐、玻璃瓶、塑料瓶等容器包装的生产商及相关经营者负有扩大生产责任（Extended Producer Responsibility，EPR），与此同时为了促进垃圾分类回收，对垃圾分类进行了细化。不过，细化到何种程度则依各地方具体情况，由各自治体（市町村）裁定。

上胜町的野外焚烧的处理办法已经不可行，趁此容器包装再循环法实施之际，该町于 1997 年规定将垃圾分为 9 类（透明、褐色、其他颜色的玻璃瓶，铝罐，钢罐，喷雾罐，牛奶盒，可燃垃圾，大件垃圾），并于 1998 年 2 月设置了 2 台小型焚烧炉。可是，全国各地垃圾焚烧设施造成的二噁英污染逐渐引起重视，1999 年出台的二噁英对策特别措施法对小型焚烧炉（炉膛面积 0.5 平方米，焚烧能力 50 千克/小时以上，上胜町设有 2 台的情况下则按合计面积及焚烧能力计算）进行严格限制①，几乎不能再使用。这样一来，刚刚设置的小型焚烧炉于 2000 年

① 二噁英类对策特别措施法对小型焚烧炉进行如下规定：①设置前至少提前 60 天向都道府县知事提出申请（申请义务），②一年至少进行一次排气、煤灰、焚烧灰尘的测定及汇报（测定义务），③二噁英类气体排放标准为 5ng－TEQ/m^3N，煤灰及焚烧灰尘为 3ng－TEQ/m^3N。此外，废弃物处理法规定，废弃物焚烧炉无论规模大小，焚烧设备的结构水平必须达到燃烧室内产生的气体温度在 800℃ 以上，才能进行废弃物焚烧。

图片9－1　上胜町　日比谷垃圾站（因为装修，此处是临时设施）

12 月就被迫关闭了。

像上胜町这样规模的小型自治体，单独处理垃圾十分困难，一般采取与邻近自治体共同处理垃圾的广域化办法。上胜町也曾考虑过广域化的办法，然而如果委托町外业者承包本町的垃圾焚烧处理，将要伴随庞大的财政支出。因此，该町另辟蹊径，转向提高资源化率、减少垃圾排出量的方针。

上胜町为促进垃圾资源化采取了各种各样的措施，下面讲解其中具有代表性的两点。

首先是垃圾分类。上胜町的垃圾分类最初分为 9 种，1998 年上升到 22 种，2001 年上升到 35 种，2016 年上升到 45 种。该町距离中心区域较远，町人口较少，因此排出的垃圾量也较小。垃圾回收业者要从很远的地方来回收，因此运输成本较高，垃圾量太少则不划算。即便如此也要想办法吸引业者，以一定的价格将可回收垃圾卖出去，为此就要更加细分化，提高每种素材的资源品质。向居民发放资源分类指导手册，在垃圾回收箱上简明易懂的表达出该类垃圾运往何处、作何用处，在每个环节下功夫。

其次就是鼓励自家处理厨余垃圾。据说全国的一般家庭垃圾中 30% ~40% 都是厨余垃圾，上胜町的垃圾中约有 30% 的厨余垃圾。上胜町除了一部分町营住宅外，各家各户几乎都有庭院和田地，在垃圾处理上来讲可以说是城市地区所不具备的便利条件。各户以及办公场所自行对厨余垃圾进行堆肥处理，从而免去了回收作业。堆肥可以使用不耗电、低成本的简易堆肥法，也可以使用电动厨余处理机进行快速堆肥，町对使用后者的家庭发放补助金（处理机价格 52000 日元，补助 42000

图片9－2　上胜町　日比谷垃圾站（垃圾分类）

日元，个人承担 10000 日元）。最终，町内六成以上的住户安装了电动厨余处理机。此外，餐饮店等从业者还组成工会，购买了大型业务用电动厨余处理机，进行统一管理、利用，町对电费进行部分补助。堆肥产生的肥料由町内的农家利用。

表 9－3　上胜町的垃圾分类

回收区域	全町:垃圾站 1 处、资源物储存所 1 处
回收及处理方法	垃圾站(由委托单位负责管理运营)于每天 7:30～14:00 接收垃圾资源(12 月 31 日～1 月 2 日休息,大型垃圾于周日同一时间段接收) 原则上要求送至垃圾站,居民自行进行清洗分类 委托单位对送来的分好类的物品进行压缩和打包后,分别运送至储存所保管 储存物按照种类,由各再生和处理单位按照委托合同运送至各单位,进行合理的再资源化和处理
45 分类	送至垃圾站:①铝罐,②铁罐,③喷雾罐,④金属盖,⑤废金属,⑥报纸,折页传单,⑦瓦楞纸,⑧杂志、复印纸,⑨纸包装(白色),⑩纸杯子(白色),⑪纸包装(银色),⑫纸管,⑬切碎机废纸切末,⑭其他杂纸,⑮衣服、窗帘、毛毯,⑯旧布,⑰一次性筷子,⑱废弃食用油,⑲塑料容器包装类,⑳其他塑料,㉑白色托盘,㉒其他泡沫苯乙烯,㉓塑料瓶,㉔塑料瓶盖子,㉕透明瓶,㉖褐色瓶,㉗其他瓶,㉘回收瓶,㉙其他玻璃瓶、陶瓷器皿、贝壳,㉚镜子、体温计,㉛灯泡、日光灯管,㉜干电池,㉝废旧蓄电池,㉞打火机,㉟大型垃圾(金属制),㊱大型垃圾(木制),㊲大型垃圾(被子、地毯、草垫),㊳大型垃圾(必须焚烧的物品:乙烯基氯制品等),㊴必须焚烧的物品(鞋子、手提包等),㊵纸尿布、卫生巾,㊶必须填埋的物品(贝壳等),㊷废旧轮胎,㊸四类家电 各家庭资源化:㊹厨余垃圾 农协等回收:㊺农业废塑料、农药瓶等

资料来源：笔者根据《平成 28 年度版资源分类指南手册》德岛县上胜町（2016 年）作成。

上胜町的垃圾资源化能取得如此好的成绩，既不是因为这里的居民环境意识比其他地区高，也不是因为垃圾回收产业的发展或是再循环设施的配备。如上所述，考虑到垃圾处理所需经费将给町财政造成相当大的负担，町政府选择向职员及居民公开町财政与垃圾处理费用的相关信

息，并与居民共同就垃圾资源化进行热切讨论，最终町政府方面与居民达成一致，都认为垃圾分类至关重要。可见，如果町政府方面没有事先与居民取得共识，而是单方面制定垃圾分类办法的话，居民很可能不会配合如此烦琐的分类方法，也就不会取得今天的成果。

上胜町的垃圾处理还有一个特点，就是不用垃圾车。居民习惯了像之前一样，将垃圾统一扔到固定场所，因此施行垃圾分类办法以后，仍然保持着将垃圾统一扔到固定场所的做法。町内唯一的垃圾收集据点"日比谷垃圾站"位于町正中心，最远的一户距离垃圾站15公里。一年中除了12月31日~1月2日这三天，垃圾站每天早上7点半开放，下午2点关闭，其间居民可以随时扔垃圾。年事太高不能自己扔垃圾的老人，则有附近的居民主动帮忙搬运。现在，这套流程已经制度化，町里每2个月会对个别登记居民进行1次上门回收。回收中，一般垃圾每45升收取10日元费用，大件垃圾收取270日元费用。这种回收方法的产生背景，是上胜町住户零散的地理因素，使得行政回收效率极低且费用过高。

2003年9月，上胜町打出了"上胜町0垃圾（零浪费）宣言"的口号，计划到2020年为止，实现垃圾处理零焚烧、零填埋。要想推行零浪费，光靠行政很难办到，有必要启动民间组织。因此，2005年，该町设立了NPO法人零浪费协会（ZERO WASTE ACADEMY，ZWA）。ZWA在运营管理日比谷垃圾站的一般废弃物中间处理业务的同时，还为推行零浪费计划进行了各种尝试。具体有，设立"圈圈商店"供居民交换自家不要的旧衣服、餐具及杂货等；回收不要的布料、棉花，由老人们重新做成小物件或衣服，并在"转转工作室"出售；设立"聚聚积分服务”，对协助废纸回收对居民给予积分，积分可用于兑换商品①。

2016 年，进一步导入“零浪费认证制度”。该制度是 ZWA 为了对参与零浪费的办公场所及餐饮店进行评价而导入的制度。对从业人员的零浪费研修、店铺是否设定零浪费目标并有计划地采取行动等 6 项指标进行考核、认证。2017 年，这项活动从上胜町推广到了全世界范围内。制度之所以得以推广，是因为通过对从业者及店铺的零污染努力进行评价和传播，可以提高品牌价值，吸引顾客的同时提高经济效益。

即便付出了如此多的努力，仍然有不得不焚烧、填埋的垃圾。比如氯化乙烯制品、橡胶制品、革制品、烟蒂、食品保存剂干燥剂（硅胶等）、纸尿布及生理用品（已使用）、宠物垫子、猫砂等均不得不采取焚烧处理，而贝壳、怀炉、复合材料制品（水槽等）则不得不采取填埋处理。要想使上述物品不成为垃圾，就要导入 EPR 制度，从产品设计的阶段就要考虑材料、耐用性、再循环可能性等问题。

日本市町村中的小小的上胜町，为了生产与消费的绿色化不懈努力，可以说这是世界绿色供应链化的宏伟事业中的一环。

（二）垃圾处理评价

上胜町在焚烧处理一般废弃物的时候，会产生如下费用：废弃物从垃圾站到焚烧厂的搬运费、焚烧费、焚烧残渣处理费、处理后焚烧残渣

① “くるくる”为日语中的一个副词，形容物体持续转动的样子。ちりつも（塵積）源于日本谚语“聚沙成塔”（沙虽小，日积月累可聚集成塔，比喻不能疏忽每一件小事）。

图片9－3　上胜町　转转商店（日比谷垃圾站内的设施）

从焚烧厂到填埋厂的搬运费、填埋处理费。2015 年，初步估算焚烧处理所需财政支出为 1590 万日元。而实际上，有了町民的协助，大部分垃圾实现资源化并取得收入，财政实际支出额仅为 250 万日元，为估算值的 1/6，共节省 1340 万日元。

表 9－4　焚烧处理费用（估算）与实际费用对比（2015 年度）

焚烧处理费用(估算)	实际费用
单价 　焚烧(含搬运费)　54000 日元/吨 　焚烧残渣处理费　3000 日元/吨 　填埋处理搬运费　31000 日元/4 吨车 　填埋处理费　22500 日元/吨 　估算(×1.08 为加算消费税) 焚烧处理 　214 吨×54000×1.08＝12480480 日元 焚烧残渣处理 　21 吨×3000×1.08＝68040 日元 填埋处理搬运费 　20 回×31000×1.08＝669600 日元 填埋处理 　100 吨×22500×1.08＝2430000 日元 小计　15648120 日元 再利用品也焚烧处理的情况　230175 日元	焚烧填埋资源化费用约 550 万日元 资源化收入约 300 万日元
收支(支出)15878295 日元(约 1590 万日元)	收支(支出)　约 250 万日元

资料来源：笔者根据 ZWA 的陈述。

上胜町之所以能够成功将再循环政策贯彻到底，首先离不开居民守护地区环境的热情，其次离不开地方政府压缩废弃物处理经费的必要性。日本一般废弃物处理事业经费（2016 年度）为人均15300 日元/年，而据推算上胜町则维持在 10000 日元（2012 年）左右。

（三）生活污水处理

德岛县污水处理人口普及率为55.7%（2014年度末），其中公共下水道17.2%，聚落排水设施2.7%，社区装置1.0%，混合处理净化槽34.7%。县厅城市德岛市的普及率为72.5%，其中公共下水道30.9%，混合处理净化槽41.6%。此外，上胜町的普及率为34.1%，全部是合并处理净化槽。

与城市中心地区不同，上胜町的居民住户相隔较远，不适合集合处理，所以全町都配备混合处理净化槽。没有配备的地区则采用淘粪处理或采用单独处理净化槽（只能处理粪便，不能处理生活排水）。国家及地方政府对更换旧设施、引入合并处理净化槽进行补助，旨在提高其普及率，目标为：2020年达到48.0%，2025年达到59.6%，2030年达到71.1%，2035年达到82.8%。

六　事例－宫城县南三陆町

（一）活用生物质资源

农村地区存在大量稻草、麦秆等农产品非食用部分、食品废弃物（生活垃圾等）、家畜排泄物、林地残材、砂糖及淀粉残渣等副产品。这些生物合成得到的有机物，即生物质能源，具有能够中和大气中二氧化碳的特性。有效活用生物质能源不仅能够解决农村地区废弃物问题，还能为气候变动问题做贡献。

2002 年 12 月，以农林水产省为中心，日本内阁决议通过“生物质、日本综合战略”（2006 年 3 月修订），决定推进生物乙醇等国产生物燃料的扩大生产以及生物质城镇构想。生物质城镇是指使域内废弃物系生物质碳素换算量的 90% 以上，或者未利用生物质的 40% 以上得到有效活用的目标基准，截至 2011 年 1 月末公布参与生物质城镇构想的市町村数达到 286 个。

然而，2011 年总务省行政评价局对公布参与生物质构想的 196 个市町村进行政策评价的过程中发现，许多市町村虽然用国家补助整备了相关设施，但运作不振，还有些政府机关从事相类似的低效运作。究其原因，①市町村没有就构想的可实现性进行深入讨论，财政方面限制；②没有建立有效机制，追踪项目可实现性，审查进展情况，阶段测评，中途改进等；③没有对补助事业的实施效果进行深入发掘探讨。

为此，相关 6 省（总务省、文部科学省、农林水产省、经济产业省、国土交通省、环境省）收到整改劝告，要求①设定指标，对政策目标达成程度及政策效果进行准确把握；②对政策成本及效果进行跟踪并公开；③确保生物质城镇的效果勘验及计划可实现性；④有效实行生物质相关事业；⑤对生物质有效活用带来的 CO_2 中和效果进行明确化等。

受到整改劝告的 6 省与内阁府一道于 2013 年建立了新的体系，确保经济性的同时根据各地区特色发展生物质产业，建设环境友好型、抗灾能力强的村镇，称为“生物质产业都市构想”。构想由一个或多个市町村及企业共同体策划，由专家委员会对其先导性、可实现性、地域效应、实施体制进行评价，再由相关 7 府省进行选定，最后根据各省方案灵活实行，进一步具体化。2013 年到 2018 年，日本全国共有 84 个市町

村被选定，它们利用木质生物质、家畜排泄物、食品废弃物、下水污泥等原料进行发电、热利用、饲料化肥及燃料化利用。

（二）南三陆町生物质产业都市构想

2011 年 3 月 11 日，东北地方太平洋沿岸发生地震，导致多人死亡。宫城县南三陆町地处太平洋沿岸，人口 17429（2010 年国势调查），东西、南北纵横 18 公里，面积 163.74 平方公里，当时的死亡人数为 620 人，211 人下落不明（2018 年 5 月末），3143 栋建筑物彻底损毁，178 栋部分损毁，损失惨重。地震灾害使该地人口大幅减少至 12370 人（2015 年国势调查），只有震前的七成。

该町打出了“与自然共生”的复兴目标。而生物质产业都市的理念，与该町的复兴目标不谋而合，2013 年 12 月町政府策划了“南三陆町生物质产业都市构想”（2014 年 2 月认定）。

策划当初，南三陆町的家畜粪尿（3092 吨/年）、制材工厂等的残材（1247 吨/年）已经通过堆肥及木屑进行 100% 再利用。不过，粪便（4657 吨/年）、合并净化槽污泥（4227 吨/年）、林地残材（3040 吨/年）则几乎没有加以活用。

构想中主要的事业有：①町内生活垃圾、合并净化槽污泥及粪便的生物质循环利用事业；②对林地残材、制材厂等残材进行再利用，制造木质燃料球。

这些项目的背景包括以下几个。①南三陆町内没有垃圾焚烧设施，而是委托邻市气仙沼市进行焚烧，焚烧灰尘运往更远的町进行填埋处理。然而地震引发的东京电力福岛第一核电站事故，导致现在很难找到可以进行灰尘填埋的场所。此外，下水处理本来采取公共下水处理、合并净化槽、粪便掏取的多种方式，然而地震导致公共下水处理设施（1处）与渔业集落排水处理设施（1处）失去功能。这些设施的原有功能将转移到合并净化槽上，因此合并净化槽污泥预计将会大量增加。合并净化槽污泥及粪便在1988年竣工的“卫生中心”进行处理，不过存在处理能力及老朽化的两点问题。

②南三陆町的森林面积（约10927公顷）占总面积的约七成。制造厂排除的残材一部分进行木屑加工进而卖给造纸厂，剩下的则无偿提供给町内外的资源循环利用项目。据推算，林地残材（根、弯材、不可造材、端部等没有木屑价值，多被放置于林地中，可在采伐时一并搬运出来）可利用量为3040吨/年。这些残材可提供给木制燃料制造设施（年生产量1000吨/年），生产出来的木质燃料可供家庭、店铺的木燃料暖炉及公共设施、旅店设施的木燃料锅炉使用。然而，经过实证调查发现，这些策划费用较大，因此还没有正式实施。

（三）生物气事业

2012~2013年，受环境省委托，AMITA（股份）可持续经济研究所对南三陆町的生物气设施及可燃垃圾资源化设施进行了实验研究。根据上述成果，2014年7月，南三陆町与AMITA（股份）就“生物气事业实施计划书”签订协议，正式开始生物气事业。

根据AMITA（股份）制定的计划，投资4.02亿日元（投资预定金额）整备生物气设施“南三陆BIO”，将南三陆町住宅、店铺排出的生活垃圾（3.5吨/日）及粪便、合并净化槽污泥（7吨/日）等有机废弃物

进行发酵处理，生成生物气和液体肥料（液肥），生物气用来进行设施内发电，液肥作为有机肥料投入到农地中。设施占地面积约6000平方米，建筑物面积约1000平方米，选址利用老朽化的“卫生中心”原址。设备的垃圾处理能力为10.5吨/日，发电量为21.9万千瓦时/年，液肥生产量为4500吨/年，设施内设置了具有除臭功能的活性炭塔及发电机脱硫装置等。设施整备费用的一部分由农林水产省通过补助金拨给。

设施2015年3月起开工，同年10月开张。事业采取官民协作（PPP）的方案，计划从2015年起15年内，由AMITA（股份）担任事业主体，负责设施运营，外部装备南三陆町的业务。

事业运营的过程中，很重要的一点是保证市民进行正确的垃圾分类。之前的生活垃圾一直当作“可燃垃圾”进行焚烧处理，然而要想投入生物气设施，就要将垃圾进一步分为可投入的“厨房垃圾”和不可投入的“可燃垃圾”。例如剩饭、蔬菜叶、鲜花等属于“厨房垃圾”，贝壳、骨头等硬物、食用油、口香糖则属于“可燃垃圾”。AMITA（股份）制作小册子向居民进行解释说明，并对垃圾分类良好的地区进行表彰。2018年起又利用信息通信（ICT），使各地区厨房垃圾分类状况可视化，通过测量、分析异物混入率及厨房垃圾回收量，对居民的垃圾分类情况进行把握，并努力提高居民分类意识。

七 养殖业环境问题

在日本，养殖业扩大农户饲养规模和地域混住化的背景下，家畜排泄物造成的恶臭和水质污染等养殖业环境问题日趋严重。

图片 9－4　南三陆町　南三陵 BIO（沼气设施）

图片 9－5　南三陆町　垃圾回收

图片9-6　南三陆町　撒肥车

其中最主要的原因是，将固体家畜排泄物单纯堆放的“露天堆放”，以及掘坑保存液体家畜排泄物的“露天存放”这一类不当的处理保管方法。

一方面，家畜排泄物能够改良土壤、充当化肥，是重要的生物资源，有很大的利用价值。因此，在解决养殖业环境问题时，应着重规范家畜排泄物的管理，减轻现有污染，并对进一步的污染防患于未然。此外，更要想办法促进家畜排泄物的高效灵活利用。

据 2016 年的养殖业统计数据推测，日本全境年间家畜排泄物总量约 8000 万吨，从最近几年饲养数量比例来看呈走平甚至减少趋势。1999 年，有近一成的 900 万吨的排泄物存在“露天堆放”、“露天存放”等不当保管问题。现在，养殖业者必须依照《家畜排泄物法》（1999 年制定，农水省管辖）规定的管理设施和管理办法来管理家畜排泄物。之后，截至 2004 年，“露天堆放”、“露天存放”比例下降到 1% ~2%，据推测减少到 100 万吨。

从业者如果违反家畜排泄物法，都道府县知事则依照管理标准进行指导帮助，之后仍违反规定者则对其进行劝告或责令整改，拒不整改者处以 50 万日元以下罚款。另外，饲养规模较小的情况下（牛不满 10 头，猪不满 100 头，鸡不满 2000 只，马不满 10 匹）对环境影响较小，因此在管理标准的适用范围外，但仍应努力达到管理标准的要求。

根据家畜排泄物的性状及处理后的利用形态不同，有多种多样的管理（处理、保管）办法。日本国土狭小，城市和农村逐渐混住，因此发展出了堆肥处理、净化处理等多样化的处理、保管方法。

政府为了整备家畜排泄物处理、利用设施，采取了辅助实业、融资制度、税制措施等帮扶对策。该法施行状况调查（2016 年 12 月）显示，管理标准适用对象农家数为 46779 户，占全部养殖业农家数的 60.4%。达标农家数为 46769 户，说明 99.98% 的农家遵守管理规定。

此外，养殖业排出的污水含有大量氮磷等元素，早在养殖业排泄物法实施以前，《水质污浊防治法》（1970 年制定，环境省管辖）就规定一定规模以上的养殖经营者有义务保证排出污水经过处理达标。该法实施对象在全国范围内共有 3 万家，包括 50 平方米以上的养猪场，20050 平方米以上的牛场，50050 平方米以上的马场（湖沼法的规定对象更加严格，分别为上述面积的 80%）。关于排水标准，2019 年 6 月末前暂定为：氨、铵化合物、亚硝酸化合物及硝酸化合物（硝酸盐氮）不得超过 600 毫克/升（一般排水标准为 100 毫克/升）。2018 年 9 月末前封闭性海域（排水经河川等流向内湾的情况）暂定为：氮不得超过 170 毫克/升，磷不得超过 25 毫克/升（一般排水标准为氮 120 毫克/升，磷 16 毫克/升）。

（李雯雯 译）

参考文献

市町村要覧編集委員会編（2017）「全国市町村要覧平成 29 年版」第一法規。

国家統計局編（2018）「中国統計年鑑 2018」中国統計出版社。

水野正己，佐藤寛編（2008）「開発と農村」アジア経済研究所。

坂野晶（2018）「自治体主導からビジネス主体へ向けた『ゼロ？ウェイスト』政策発展？徳島県上勝町を事例に」生活社『環境自治体白書 2017－2018 年版』，pp. 112－126。

第十章　农产品流通

——以批发市场制度为中心

藤岛广二

一　日本农产品流通的特征

与其他国家相比，日本的农产品流通明显具有一些不同特征，主要有以下三点。

第一个特征是，日本国内存在大量荒废农地的同时[①]，却有较高的农产品进口比例。根据农林水产省“食品供需表”，以卡路里为基准的综合自给率自2010年起跌破40%（生产额基准为60%水平）。也就是说，

① “荒废农地”是指由于生产者老龄化而放弃耕作，同时土地没有出租，导致农地退化，无法栽培一般农作物。当前日本总农地面积约440万公顷，荒废农地近30万公顷。此外，虽然没有沦为荒废农地，但并不种植农作物的休闲娱乐农地也很多。

以卡路里为基准来看，进口产品超过60%。而且，这个比例包含农家自给部分，如果单看流通阶段的进口产品，其比例将大幅超过60%。

第二个特征是，尽管中央政府鼓励有机农作物的生产，并设立了有机JAS商标，然而有机农作物在总生产量中的占比仍然极低。几个欧洲国家的该比例为，意大利9%、德国6%、英法4%，而日本则如表10-1所示，只有0.24%。其中最主要的原因是，国产食品在安全性、品质方面已经取得了消费者的信任，因此居民一般不会出于食品安全的考虑而花高价购买有机农产品。另外，有机农产品产量低，有机认定等审查费用高，在市场中难以确保盈利，因此生产者对这类产品也无甚兴趣。

表10-1　日本农产品生产量中有机农作物占比（2016年）

	总生产量(吨)	有机产品生产量(吨)	有机比例(%)
蔬菜	11633000	40638	0.35
水果	2915000	2619	0.09
米	8550000	9250	0.11
面	961000	938	0.10
其他	397100	6465	1.63
合计	24456100	59910	0.24

注："有机产品生产量"为取得JAS认证的农产品的流通量。
资料来源：农林水产省资料。

第三个特征是，日本批发市场的构造与欧美不同，而且这种批发市场现在仍然是生鲜农产品（果蔬、花卉）的流通中心。据说批发市场的处理额相比以往有所减少，但实际上，国产果蔬等生鲜产品的80%在批发市场上市、流通（下文统称"批发市场流通"）。其中，有机果蔬虽然也在批发市场上流通，但有机农产品流通通常伴随着买卖双方口

头协议等其他形式的联系，因此对于批发市场流通这种开放式系统的匹配度不是很高。[①]

以上三点中，对日本农业及农村的持续发展起到推动作用的，主要是第三点中的批发市场。因为，批发市场一直是生产者的主要销售渠道。下面，我们将就日本独特的批发市场制度进行分析，探讨它的确立过程、自身特征以及社会作用，从而进一步探讨它今后的发展方向。

二 日本批发市场制度的确立过程

首先，关于日本批发市场制度的确立过程，距今约 100 年的 1923 年 3 月 20 日，日本制定了最早的实际意义上的批发市场法，即中央批发市场法，它是今天的批发市场法[②]的前身。有很多说法认为 1918 年 8 月 3 日爆发的米骚动是该法的制定契机，实则不然。

当时，中央政府及地方自治体为应对米骚动所采取的对策并不是设立批发市场，而是设立公设零售市场。骚动发生后的第 10 天 8 月 12 日，名古屋市开设了该市首个公设零售市场，京都市也在同年 9 月开设。并且，12 月，内务次官颁布通牒“奖励设置零售市场一事”，鼓励

① 根据笔者 2017 年到香川县进行的有机蔬菜生产农家实地调查，发货到批发市场的有机蔬菜通常是有机栽培转换期苗圃出产的蔬菜（有机蔬菜认证规定，种植有机蔬菜的苗圃必须为 2 年以上不使用化学合成农药及化学肥料的苗圃），或超出契约交易量的多余蔬菜。

② 1971 年 4 月 3 日，政府公布批发市场法，取代之前的中央批发市场法。

推广普及该市场制度①。其结果如表 10－2 所示，1920 年 6 大都市共开设公设零售市场 100 多所。

表 10－2　1920 年 6 大都市公设零售市场设置数

单位：个

设置都市名	开设、运营者	市场数
东京都	东京都	13
	东京日用品市场协会	57
	（东京都内合计）	（70）
京都市	京都市	6
大阪市	大阪市	15
横滨市	横滨市	5
神户市	神户市	8
名古屋市	名古屋市	5
总计		109

资料来源：卸売市場制度五十年史編さん委員会編『卸売市場制度五十年史』第 1 巻・食品需給研究センター・1979 年・p. 789（原資料は内務省社会局『六大都市公設市場概況』1921 年・p. 7）。

公设零售市场中，生产者将农产品拿到市场上，直接向消费者出售；或者由零售商直接向生产者进货，再向消费者出售。当时的中央政府及地方自治体，力图实现生产者、消费者间的直接买卖，或零售商与生产者的直接交易，从而省去批发差价，达到廉价出售的效果。

然而，这项政策以失败告终。原因不能一概而论，我们在这里主要讨论其中两点。其一，消费者对市场定价的不信任。各零售市场的供需

① 卸売市場制度五十年史編さん委員会編『卸売市場制度五十年史』第 1 巻・食品需給研究センター・1979 年・p. 801。

关系存在差异，零售商、供货者（生产者）也不一样，所以，同一商品在不同公设零售市场上的售价常常不同，而降价基本上是没有指望的。这些现象造成消费者对市场的不信任。

其二，供给的不稳定性。如果由生产者直接向公设零售市场供货，那么各零售市场的供货者会出现特定化倾向，因为供货者受制于自身地理位置。而且，供货者的地理范围越小，各生产者的收获量受气候的影响越趋于同步，这些又造成供给的不稳定。

于是，东京都议会很快在 1921 年向国家提出“关于设置中央公设市场的建议”。该建议指出，公设零售市场要想发挥最初设想的功能，还必须另外设置批发市场，都议会因此请求中央政府推进批发市场的建设工作。此外，京都市和名古屋市甚至制定了设置批发市场的相关预案。为应对当前事态，1923 年 3 月，政府出台了中央批发市场法。也就是说，政府为应对米骚动采取了公设零售市场政策，该政策的失败促成了中央批发市场法的制定。也因此，自米骚动爆发至中央批发市场法制定，间隔将近 5 年的时间。

三　日本批发市场制度的诸特征

通过批发市场的确立过程可以看出，制定中央批发市场法的初衷是向居民“稳定供给平价”生鲜食品，确保国民拥有良好的饮食生活。因此，以中央批发市场为核心的日本批发市场制度，与欧美等国的批发市场制度不同，具有独有的特征。一言以概之，该制度旨在最大限度压低批发商的利益，从而向消费者供给“平价”商品，并通过大范围收购达到“稳定”供给的效果。

具体来讲，可以分为以下四点。第一点，接受生产者及供货者委托而进行货物收购的批发商（法人，非个人）应为单数（1 个）或极少数（2～3 个）。

今天，日本的各批发市场的批发商数量通常还是以果蔬、水产品为基准，即每种果蔬、水产品对应 1～2 家商社。原因是，地方自治体等行政机关对中央批发市场中的经营者，即各业主（批发商、中间商）的交易活动进行严格监督，尤其对批发商的活动进行严格控制。因为批发商的经营活动在生鲜品交易中处于关键地位，如果允许其自由活动，会造成批发商利润扩大，从而引起商品价格上涨。这也是从米骚动中汲取的经验教训，因米商大量囤积粮食造成了物价猛涨。1927 年，日本最早的中央批发市场在京都市开业，当时果蔬、海鲜、干鱼、河鱼等各部门都只对应一家批发商。

第二点，批发市场内进行购销活动的从业者（法人，非个人）中，除批发商外还有中间商。

实际上，中央批发市场设立以前，由众多业者（当时称为“批发店”）合并成一个或少数几个批发商（当时称为“批发人”），当时没有加入合并的业者就是所谓的中间商（中央批发市场法时期称为“经纪人”）。他们从批发商处大量进货，再分散卖给零售商（见图 10－1）。中间商在数量上不同于批发商，像筑地市场这种大型中央批发市场中，仅水产品部门就存在上千名中间商。

而在欧美批发市场中，则不存在批发商和中间商的区别，大多数批发商在市场中直接向消费者出售产品。

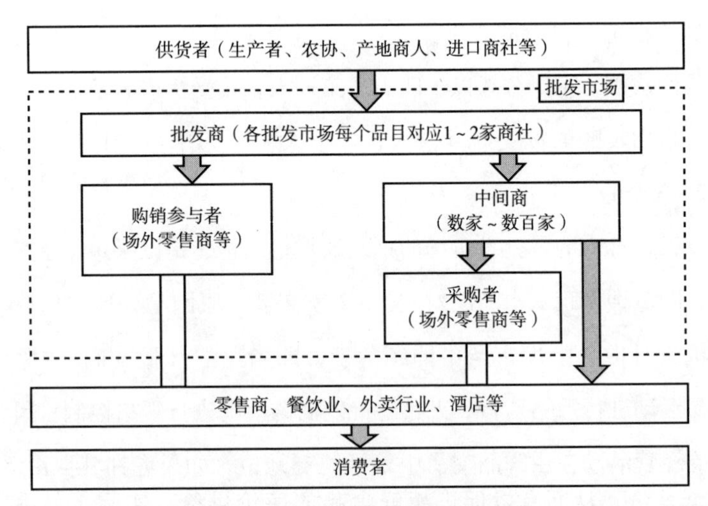

图 10－1　日本批发市场交易系统

注：①批发市场中，拥有摊位或店铺，并进行购销活动的有批发商和中间商。
②购销参与者为批发市场外的零售商中，能够向批发市场内的批发商进货的人。
③采购者为批发市场外的零售商中，只从中间商处进货的人。
④⇨表示买卖关系。
资料来源：笔者作成。

第三点，禁止批发商自由进行交易，并设立“委托竞价交易原则”[①]，“禁止拒绝委托”[②]，“禁止差别对待”[③] 以及“即日全部上市原

---

① “委托竞价交易原则”是指：“批发商在收货时，不以一定的价格买进，而是以接受委托的形式。出售时，不采取批发商定价的相对销售，而采取买方竞价的销售方式。”不过，1999 年批发市场法修订中删除了“竞价出售原则”，2004 年的修订中进一步删除了“委托收货原则”。

② “禁止拒绝委托”是指：“中央批发市场的批发商不得拒绝生产者等供货者的售货委托。”

③ “禁止差别对待”是指：“批发商不得对参加购销活动的供货者或中间商进行不当的差别对待。”

则"[1] 等规定。

"委托竞价交易原则"的目的在于防止批发商自行定价，"禁止拒绝委托"及"禁止差别对待"是为了防止批发商在供货者及购买者中进行随意取舍。"即日全部上市原则"是为了防止批发商惜售，蓄意抬高商品价格。各项规定均为限制批发商的自由购销活动，从而最大限度压低市场价格。

第四点，中央批发市场中批发商委托销售手续费率的上限由中央政府制定，全国统一管理规定。

这无外乎也是为了防止批发商自由决定手续费率，这样一来就能压低差价，从而有效促进生鲜食品的廉价供给。实际上，手续费率的上限并不是根据运营成本算出的，而是根据京都市中央批发市场设立前的手续费率调查进行推断的。在不使批发商获取较高利益的前提下，手续费率定为蔬菜批发价格的10%、水果的8%、水产品的6%。而且，20世纪五六十年代，批发市场的货物流量大幅上升，因此批发商获取的利润也随之上涨。在这种情况下，中央政府于1963年将上述委托手续费率上限分别下调为8.5%、7%、5.5%[2]。从结果上来看，中央批发市场中批发商的销售利润率一直很低，最近时间为0.2%~0.5%。

① "即日全部上市原则"是指："一旦接受供货者的委托，要在最近的开市日（接货当天或第二天等）全部上市出售。"

② 中央批发市场中批发商的委托销售手续费率上限直到2004年为止由中央政府统一规定，同年批发市场法经过修订，确定实施"委托手续费弹性化"政策，对委托手续费率不再进行统一规定。

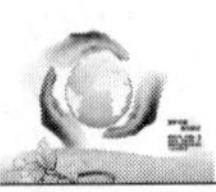

此外，压低批发商及中间商的差价利润①的同时，中央批发市场的各项设施由地方自治体（设立者）设立，并以低廉的租金提供给经营者。也就是说，对经营者进行严格限制的同时对其进行经济扶助，从而推进生鲜食品的廉价供给。

四 日本批发市场制度的社会意义

正因日本批发市场制度具备了上述特征，日本批发市场才起到了重要的社会作用，并具有重要的社会意义。下面着重讲解三个主要方面。

（一）开放式交易系统

首先，批发市场对全体相关人员开放，这给生产者和消费者带来很大的益处。

日本批发市场不仅具备作为一个“集市”的本质，更因禁止拒绝委托、禁止差别对待等制度规定，而得以成为一个极其开放的交易系统。批发市场中的批发商实际上可以接受任何人的发货委托。不仅如此，农产品及水产品因气候影响，其收获量、渔获量常有大幅波动，而批发市场则无论多少一律照单全收。例如图 10－2 中列举的黄瓜，仅仅几天内，到货量就变成二三倍，又或者 1/2、1/3，像批发市场中这种大幅波动的品目不在少数。这样一来，日本的生产者不用担心销路的问题，只专心从事生产工作就行了。显然，批发市场以外的契约交易以及生产

① 中间商的销售利润率比批发商低。不同年景，利润率有一定的浮动，中间商的全国平均销售利润率在 0～0.2%。

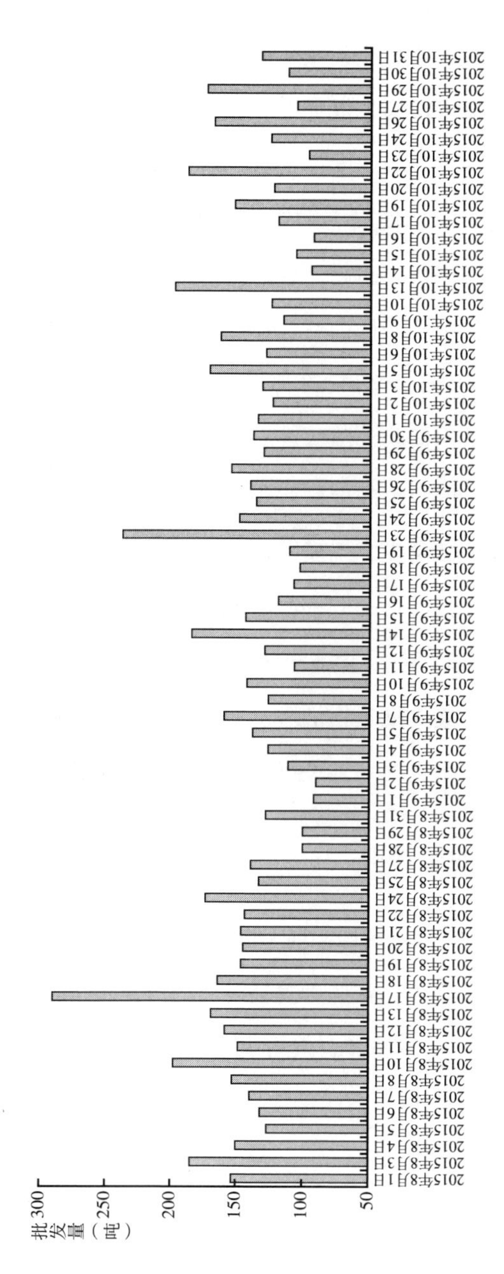

图 10－2　大田市场黄瓜日批发量推移（2015 年 8 月 1 日～10 月 31 日）

资料来源：东京都中央批发市场《日报》。

者直销无法应对这种收获量、渔获量大幅波动的情况，欧美等国的大量小规模批发商构成的批发市场也很难应对这种情况。

此外，如果想要从事零售业或餐饮业，只要有进货资金，无论是谁都可以从批发市场进货。即使没有购销入场券而无法直接向批发商进货，也可以从中间商处进货。因此，日本的地方超市很容易经营，零售业垄断水平在发达国家中是最低的①。几乎所有市、町都有3家以上大型超市（不同名，非连锁），商店街店铺及生产者直营店也不少见。因此，零售店之间的竞争很活跃，消费者的选项很多，可以根据喜好挑选产品的品种和大小，并以合理的价格购买。

此外，日本批发商数量少、规模大，各批发市场不仅网罗了多种多样的品目品种，其中多数品目采取一次性大量进货的方式，因此大型连锁超市一般也从批发市场采购。与此相对，欧美的批发市场中批发商规模小、数量多，难以聚集大批货物供给大型连锁超市，因此连锁超市一般以畅销度为基准，从批发市场外进行采购，这与日本很不相同。

（二）价格遵循价值准则

第二点社会意义是，批发市场实现了供求双方一致认可的定价机制。

如上所述，批发市场中存在两种立场对立的经营者，即批发商和中间商。批发商站在卖家（生产者、供货者）立场上，经手货物的收益取决于出售价格（批发价）和委托手续费率（如蔬菜8.5%）的乘积，

---

① 日本五家大型连锁超市的市场占有率合计约为30%，欧美各国则高达45%～75%（日本経済新聞「やさしい経済学」2017年1月19日）。

因此售价越高越好。中间商站在进货方（零售商、其他食品行业从业者）的立场上，价格越低越好。这些批发商、中间商，尤其是中间商中不乏从业10年、20年甚至30年以上的人，他们眼力过人，对商品的价值判断能力非常强。因此，批发市场上的商品根据其产地、品目品种的不同，以及色泽（颜色好坏、有无外伤）、大小、口感、鲜度等进行非常细致的区别定价。

批发市场外的契约交易以及生产者直营店等通常参考批发市场价格进行定价，这是因为批发市场价格是精确考量商品价值后得出的，为广大相关业者所认可。此外，由于采取价值原则进行定价，因此价格也就代表了价值。假设零售店里摆着好几种甜瓜或者西红柿，消费者可以在不用试吃的情况下，根据价钱了解价值，判断哪种更美味。

在这一点上，欧美市场没有采取日本这种价值准则的定价机制。因为，欧美以及亚洲等地的许多国家地区的零售店里，苹果和葡萄等并不是成个成串进行定价出售的，通常，色泽不同以及有外伤的商品混在一块称重计价出售。

（三）缩减流通成本

最后，第三点社会意义是，通过降低生产后的流通成本，大大提高了国民的生活水平。

前面已经提到，米骚动爆发时，政府大力推广公设零售市场。这是因为，当时政府认为排除了批发环节，就能削减流通成本，从而降低商品价格。然而，英国学者玛格丽特·霍尔提出了完全相反的学说，即“交易次数最小化原则”。如图10－3所示，假设有3名生产者分别

生产3种不同蔬菜，有3名零售商都需要采购这3种蔬菜。如果生产者与零售商直接进行交易，交易次数为3×3=9次。与此相对，假设生产者与零售商之间存在批发市场（或批发商），生产者只需要向批发市场供货，零售商到批发市场统一采购，交易次数为3+3=6次，比前者减少3次。从而，交涉次数以及相关书面文件的需求量都减少了，交易成本也就降低了。不仅如此，如果生产者与零售商直接交易，则需要3辆小型货车运输货物。但如果存在批发市场的话，统一采购只需要雇用一辆大型货车，运输成本也将大幅降低。玛格丽特·霍尔的理论表明，与其排除批发环节，不如对其加以灵活运用，后者更能有效降低流通成本。

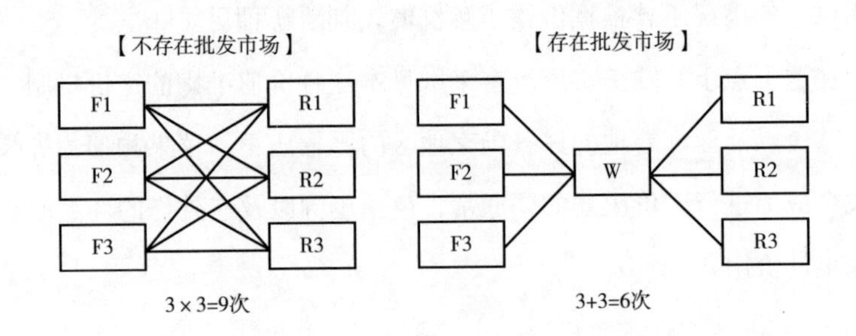

图10-3　交易次数最小化原则

注：F代表生产者，R代表零售商，W代表批发市场。

而且，日本的中央批发市场由地方自治体开设，市场运营费用的一部分靠自治体税收承担。自治体负责建设市场设施，并以低廉的价格（租金、使用费）提供给批发商和中间商。在此基础上，严格限制批发商的出售手续费率，从而抑制市场从业者的利润收入。因此，日本批发市场在缩减、降低流通成本上所发挥的作用，甚至超过玛格丽特理论的预期，为国民富裕生活奠定了坚实的基础。

并且，日本社会老龄化加剧，经济弱势群体将会进一步增加，缩减、降低农产品流通成本对维持国民生活稳定具有重要意义。

五　日本批发市场今后的发展方向

上面总结了日本批发市场制度的三点社会意义，它使生产者和消费者都获益良多，并且今后还将继续发挥作用。然而，20 世纪 80 年代后半期以来，日本社会老龄化显著，批发市场流通（通过批发市场进行的货物流通）逐渐出现“衰退”的迹象。最后，本文将描述这种变化并尝试总结其原因，从而进一步分析日本批发市场今后的发展方向。

（一）市场通过率、市场通过量的下降、减少

20 世纪 80 年代后半期以来，种种迹象表明了批发市场流通的“衰退”化，其中需要特别重视的是市场通过率①的下降以及市场通过量②的减少。我们在图 10－4 中以蔬菜为例，进行描述。

如图 10－4 所示，蔬菜的市场通过量直到 20 世纪 80 年代中期为止

① 市场通过率包括“蔬菜市场通过率”、“水果市场通过率”和“水产品市场通过率”等。其中，以“蔬菜市场通过率”为例，是用市场通过量除以国内蔬菜总流通量得到的百分比数值。显然，蔬菜总流通量是生鲜蔬菜和加工蔬菜（生鲜换算数量）之和（如果交易中出现饲料用蔬菜，则也包含在内）。

② “市场通过量”是指批发市场的总交易数量，根据蔬菜、水产品等类别分类计算。例如，“蔬菜市场通过量”就是将全国各批发市场的蔬菜批发量进行合计，再减去批发市场间交易量而得出的数值。

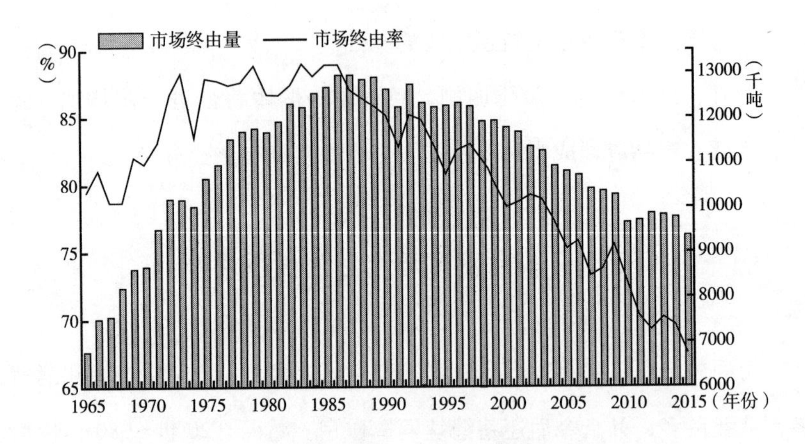

图 10－4 蔬菜市场通过率及市场通过量的变化

资料来源：农林水产省《批发市场数据集》。

一直呈增加趋势，市场通过率呈上升、走平趋势。通过比较 1965 年和 1985 年这两个年份可以看出，市场通过量由 680 万吨上升到 1264 万吨，几乎翻倍，市场通过率则由 79% 上升到 89%，提高了 10 个百分点。

然而，以 1986 年为分界线市场通过率急转直下，从 1986 年的 89% 一路降到 2012 年的不到 70%。同时，市场通过量也从 1986 年起开始减少，从 1986 年 1297 万吨减少到 2010 年 965 万吨，减幅超过 25%。

80 年代后半期开始的这种下降、减少趋势同时出现在水果、水产品、花卉①等部门。通过比较 1986 年和 2015 年这两个年份可以看出，水果市场通过率从 81% 降到 39%，市场通过量从 663 万吨减至 298 万吨。水产品从 77% 降到 52%，从 637 万吨减至 307 万吨。不过，花卉

① 日本批发市场中流通的品目包括蔬果、水产品、花卉，此外还有食用肉（牛肉和猪肉），但食用肉的市场通过率极低，在此不做分析。

的市场通过额[①]虽然从 1998 年的 5819 亿日元降到 3647 亿日元，然其市场通过率仅从 86% 降至 77%。

综上所述，除去花卉的市场通过率，市场上所有品目的市场通过率及市场通过量（市场通过额）均出现大幅下降、减少，与此同时，批发市场数量、批发商数量、中间商数量也呈减少趋势。例如，1985 年，中央批发市场与地方批发市场的蔬果类批发市场数共计 975 个，而到了 2015 年这一数字减少到 559 个，30 年时间里几乎减半。

（二）国内生产力下降与进口加工品增加

那么，市场通过率下降与市场通过量降低究竟因何而起呢？

普遍认为，生产者直营店的出现以及生协、超市等的产地直销是其原因。这种看法究竟可靠与否呢？

最近一项有关生产者直营店的调查[②]显示，当时直营店数量为 23590 家，总销售额为 9974 亿日元。其中，蔬菜销售额比重最大，占总销售额的 1/3 左右，可达 3000 亿日元。不过，并非所有商品都是生产者直接从产地运来的，为了使店内种类齐全，其中两三成商品是店家从批发市场或其他产地采购的。也就是说，生产者直营店出售的商品中，可以推测出 2000 亿 ~ 2500 亿日元是没有通过批发市场的。而且，生产者直营店出售的商品中大部分本来就是生产者用来分赠给邻居们的，或者到早市贩卖的，原本就没有通过批发市场。假设这样的商品占生产者直

① 花卉不用数量表示（市场通过量），而用金额表示（市场通过额）。

② 一般财团法人都市农山渔村交流活性化机构于 2017 年 9 月 11 日 ~ 10 月 20 日通过邮递方式进行的调查问卷，是有关生产者直营店的最新实态调查。

营店蔬菜销售额的一半左右，而批发市场蔬果交易额（最近为 2 兆日元以上）从 1986 年的 89% 减少到 2015 年的 67%，降低了 22 个百分点，可以推测直营店对批发市场的影响充其量不过 5 个百分点。因此，很难将市场通过率下降、市场通过量减少的主要原因归结到生产者直营店上。

下面来看产地直销的影响。20 世纪 60 年代，主张产地直销的“流通革命论”[①] 风靡一时。虽然生协和大荣（日本最大超市之一）等超市积极引进产地直销，但 60 年代到 80 年代前期同时也是批发市场流通显著增长的时期，产地直销的增长势头并没有凌驾于批发市场流通之上。之后，产地直销也没有大幅增长，也不存在相关数据。实际上，产地直销的流通成本要比批发市场高。批发市场由生产者和农协自主供货，而产地直销采取契约交易的方式，对生协等超市来说，需要承担派遣负责人前往交涉的各项经费成本。而且，各店铺和产地间采用小型货车运送货物，成本高出批发市场的批量大货车运输。可见，产地直销的影响并没有媒体宣传的那么声势浩大。

那么，市场通过率下降、市场通过量减少的主要原因究竟是什么呢？真正原因其实是，日本社会老龄化导致国内生产力下降，以加工品为主体的进口食品量大大增加。

20 世纪 80 年代后期，日本 65 岁以下人口开始减少，随着社会老龄化的不断发展，国内农业生产力逐渐下降。例如，蔬菜的国内生产量到 1978 年为止一直呈显著递增趋势，当年产量为 1690 万吨。随后产量开

① “流通革命论”是指，去除生产者、制造者与零售商中间的批发商，就能免去中间差价从而削减流通成本，提高流通效率。该理论由当时东京大学助教林周二氏提出。

始出现走平趋势，1986 年以后出现明显减少，2010 年跌破 1200 万吨。此外，水果的国内生产量到 1979 年为止一直快速增加，当年产量为 685 万吨，是 1963 年产量的 2 倍。随后产量开始走平，1983 年为 641 万吨，接着就出现了显著减少，2010 年跌破 300 万吨。

弥补了国内生产力低下的是大幅增长的加工品进口量。图 10－5 以蔬菜为例，介绍了不同制品形态的进口动向。

从图 10－5 中明显可以看出，20 世纪 80 年代后期，以生鲜蔬菜和冷冻蔬菜为主的蔬菜进口量急剧增加。此处需要注意的是，生鲜蔬菜的数量算作生鲜数量，而冷冻蔬菜的数量算作制品数量。如果将冷冻蔬菜的制品数量换算成生鲜数量，大致上要乘以 1.5 倍。因此，尽管图 10－5 中生鲜蔬菜和冷冻蔬菜的进口量基本上处于相同水平，但如果都换算成生鲜数量的话，冷冻蔬菜进口量将大大超过生鲜蔬菜。

进口量之所以增加，一方面是因为国内生产力下降；另一方面，1985 年广场协议[①]后日元升值，加上日本社会老龄人口和单身人口的增加，促进了饮食消费外部化，从而提高了冷冻蔬菜的市场需求。市场需求指的是，例如快餐店使用进口冷冻马铃薯，拉面店使用冷冻菠菜，居酒屋使用冷冻毛豆等，对加工食品（蔬菜主要为冷冻品，水果主要为果汁）的需求量非常大。

于是，作为国产品（生鲜品）主要销路的批发市场，国内生产力下降导致其交易量减少，又因加工品进口量的增加而加剧减少。当前，

① 广场协议意味着“日元升值、马克升值以及美元贬值”。1985 年 9 月于美国纽约的广场大饭店举行五国财长会议决定。当时 G5 成员国包括日本、美国、英国、法国和西德，是现在 G7、G8 的前身。

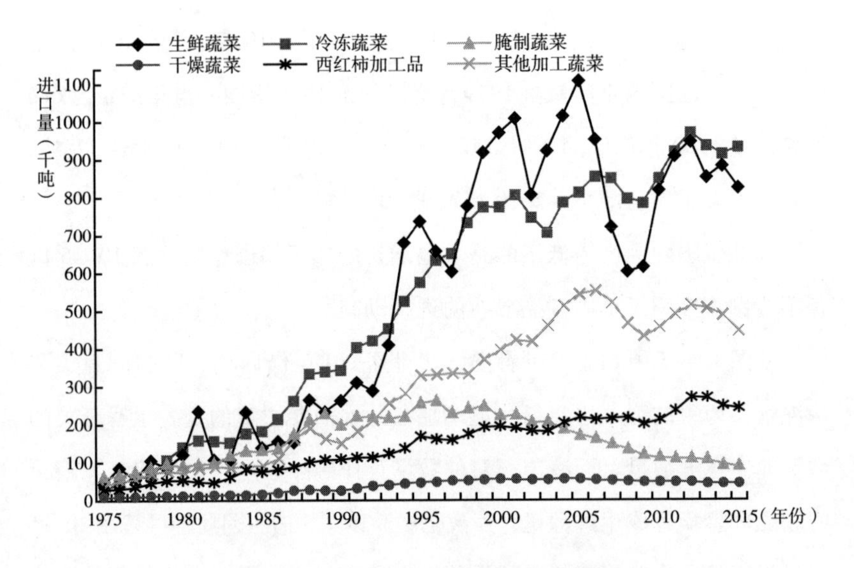

图 10－5　不同制品形态蔬菜进口量推移

注：加工品用制品数量表示（不是生鲜换算数量）。

资料来源：农畜产业振兴机构（旧蔬菜供给稳定基金）资料。

蔬菜的加工品流通量占总流通量的 30% 左右，水果占将近 50%。这也是蔬菜的市场通过率无法超过 70%，水果无法超过 50% 的原因。

另外，老龄化而导致的社会购买力下降使花卉的市场通过额有所降低，但其市场通过率几乎没有降低，这是因为花卉不存在加工品。

（三）加强产地支援与市场应变力

如上所述，日本社会老龄化导致国内生产力下降，同时促使加工食品的市场需求量增加，最后导致批发市场流通“衰退”化。所以，日本批发市场一方面需要努力维持自身社会作用和社会意义，另一方面要想办法对维持国内生产力的生产者及产地进行支援，还要积极应对市场需求的变化。在批发市场行业也确实出现了这样的有识之士，批发市场、批发商以及中间商们正逐渐朝这个方向转变。

例如，在支援生产者及产地这方面，兵库县丰冈市中央蔬果地方批发市场的批发商，丰冈中央蔬果（股份）在该市与生产者联合成立了农业生产法人，在从事大葱及大叶蔬菜生产活动的同时，成立子公司进行蔬菜分选、调制。通过承包分选调制作业，解决生产者人手不足的问题。像这样，一些批发商和中间商通过支援产地生产者，力图使国内生产力保持稳定水平或有所提高。虽然他们的数量还不是很多，但南至冲绳，北至北海道，这种方法已经逐渐普及。

此外，为应对市场需求，最近很多批发商和中间商开始出售切好的蔬菜。不仅如此，关西某中间商在批发市场外单独成立家常菜工厂，爱知县濑户市的尾张东地方批发市场将一家叫濑户熟食店（股份）的家常菜制作公司招引到市场内。另外，还有一些中间商致力于在酒店、餐厅中开拓客户。

无疑，以生鲜品为主要交易对象、以零售商为主要销售对象的传统日本批发市场必须经历蜕变，已经嗅到先机并采取行动的批发市场、批发商及中间商也逐渐增多。今后，日本社会老龄化和人口减少还会进一步加剧，预计消费量也将不断降低，批发市场、批发商及中间商的数量也将不可避免地减少。不过，通过提高产地支援能力，加强市场需求应对能力，抛弃以往的生鲜品交易的单一模式，日本批发市场将蜕变成一种独具特征、功能强大的市场。

（李雯雯 译）

第十一章　农产品供求与价格机制

秋山满

前　言

本章的课题是，围绕自给率的变化，探讨农产品的供给问题，并阐述农产品价格政策的类型，分析在WTO体制下大米管理体系中的价格政策向直接支付政策的转变。第一节从三个方面分析粮食供求问题和自给率的动向，即：饮食生活的变化和热量基准的粮食自给率的变化，各种类农业生产的动向和重量基准的食品自给率变化，土地利用的变化。第二节结合选择性扩大政策，探讨战后农产品价格政策的类型，从行政价格变化和水平的角度，研究品目的分化性。第三节分四个方面，探讨从《粮食管理法》到《粮食法》及大米政策改革过程中大米管理政策的变化，即：大米管理政策的前史，大米过剩与粮食管理制度的变迁，向《粮食法》的转变与大米政策改革，作为日本版直接支付制度的经营收入稳定对策。第四节，结合大米政策改革的进展与结构变化，分三个方面考察近年来大米政策改革的影响，即：生产调整下的水田种植变化与水田改种的各作物比重，米价水平的变化与各阶层收益的动向，大米政策改革下的产地变化与产地分化。最后的总结部分，指出今后的研究课题，即：收入保险制度的性质与影响，后大米政策改革背景下的大米供求与产地竞争的走势，进一步依赖政策的骨干农户经营的经营体性质的强化。

一　粮食供求的动向与自给率的变化

（一）饮食生活的变化与粮食自给率的变化

表 11－1 显示的是，每人每天各类食品供给热量以及自给率的变化。通观饮食生活的变化过程，它可以分为 5 个阶段。

第一阶段为，战前和平时期即 1930～1939 年间的传统饮食生活时代。该阶段饮食生活的总供给热量的基准是 2000kcal。大米作为主食，保证了总热量的六成。除了作为主食的米饭，还配给了小鱼和蔬菜等作为副食，同时配备了使用豆酱和豆腐等大豆加工品的汤菜类，作为蛋白质来源。这些构成了日式饮食的原型，形成了以当地生鲜食品为主体、重视食材的时令和新鲜度的饮食文化，同时生产了大量使用盐分的腌制品和晒制品等作为长期保存食品。从营养平衡来看，以摄取谷物为中心的植物性食品是主体，即主要通过碳水化合物来摄取营养，而动物性蛋白质及类脂质的摄取不足。

第二阶段为，1940～1955年间即战时战后的粮食危机与饥饿时代。战后，大量日本人从海外被遣回日本，使得需求扩大；战时国内农业生产力遭到破坏，导致供给不足。这造成总供给热量跌落至1500kcal左右。在这一阶段，传统饮食生活在质量和数量层面均遭破坏，不得不忍受通过小麦、杂粮及薯类等来摄取营养。在以攫取殖民地为目标的侵略体制下，战前的农村是贫困的。为了废除作为战前农村基础的寄生地主制和设立自耕农，农地改革作为战后改革的重要一环，得到了彻底实施。自耕农的设立同时具有应对粮食危机的意义，与此后的战后统制型价格支持制度的整备、保温半旱秧田的小农技术普及等一道，支撑了该时期的粮食增产政策。但是，在脱离美国占领政策、迎来经济独立期之际，日美在1954年签订MSA小麦协定，作为日美相互安全保障的组成部分，从而打开了以日元为基准进口外国粮食的道路，逐步取消了粮食增产政策。对美国而言，这种变化可以确保其战后剩余农产品的输出地和战后冷战背景下的美军驻留经费；对日本而言，可以减轻粮食增产的财政负担，并且通过支付本国货币来筹措粮食，可以节省外汇。另外，这一时期引入的学校供给饮食开始提供面包和牛奶（脱脂奶粉），对于将西欧型饮食生活引入亚洲具有试验场般的意义。它也是美国长期战略的一部分。

第三阶段为，1955～1975年间即经济高速增长期的饮食生活现代化时期。日本经济在1955年恢复到了战前水平（包括饮食生活），在于美国保持特殊关系的背景下，开始发生大的转变，即加工贸易立国。在国土开发计划（收入倍增计划）的指引下，日本开始完善基础设施，在太平洋一侧的临海地区新设先进的重化工工业，促进原有工业的体系化，从人口过剩的农村吸引了以年轻人为主的大量劳动力。这种“以投资促进投资”式的民间设备投资主导型的先进重化工化，由于自身结构不平衡导致需求不足，在1963～1965年遭遇转型期的经济不景气。新的全国开发计划（列岛改造论）提出了目标，即沿着第二国土轴（东京至北海道），实现开发的全国化，同时为了应对需求不足，力争形成以进口（原料型转为组装型）和财政（建设国债、赤字国债）为主导的通货膨胀型增长轨道。在经济高速增长背景下，收入的增加首先表现为旺盛的食品需求，推动了超越战前水平的饮食生活的现代化。总供给热量由战前的2000kcal提升至2600kcal，同时饮食生活的内容也发生巨大变化，表现为谷类的减少和畜产品、蔬菜及水果等的增加。营养方面的变化是，随着畜产品消费的扩大，营养的主要摄取对象由碳水化合物转变为蛋白质和类脂质。这种饮食生活的西方化，不断改善着人们的营养状况。总之，饮食生活的变化与战后的人口增长反映为旺盛的粮食需求。在此背景下，日本在1961年出台了《农业基本法》，以适应经济高速增长的形势。基本法在粮食需求方向问题上，将“选择性扩大”政策分为三类，即①需求扩大的作物群（畜产品、蔬菜、果树以及仍然依赖进口的主食——大米），②预测需求减少的作物群（薯类、杂谷类等旱田作物），③需求增加但与进口形成竞争的作物群（小麦、大豆、饲料作物），并规定作物群①作为专门方向。其结果是，农业生产被划分为增长类作物群、衰退类作物群和依赖进口类作物群，快速地导致了粮食自给率的下降，造成了粮食自给率的极度不平衡（过剩与不足的二重结构）。此外，经常性收支在1970年左右开始转为顺差的原因在于，作为规避贸易摩擦手段的农产品进口的扩大。这进一步强化了对海外农产品的依赖性。

第四阶段为，1980～2000年间即经济低速增长阶段的日本式饮食生活确定时期。受1971年美元危机和1973年石油危机的影响，相对性的日元贬值和廉价稳定的资源进口全面崩盘，经济高速增长戛然而止，日本经济转为低速增长。1985年的广场协议催生了基于日元急速升值的经济形态，形成超低利率社会，最终演变为所谓的泡沫经济。1990年，泡沫破灭。1997年，金融危机不断加深。经济转为低速增长最终导致收入难增加、就业不稳定加重下的食品支出费用停滞不前，而人口增加的结束无疑是火上浇油。另外，双职工家庭和单亲家庭的增加等家庭结构的变化，促使了饮食的简便化和外部化。人们对烹饪完毕的加工食品以及外食的依赖越来越强，加深了所谓的饮食生活的外部化和服务化。在此过程中，从医疗费等财政负担的层面来看，生活习惯导致的疾病等饮食生活营养方面的问题开始引起关注，即“日本式饮食生活的维持和巩固”成为一大问题。日本式饮食生活论认为，2600kcal左右的营养摄取符合日本人的体格；另一方面，从健康层面来看，需要研究的问题是三大营养素（蛋白质P、类脂质F、碳水化合物C）的平衡，因此在发展中国家碳水化合物C过多、西方等发达国家蛋白质P和类脂质F过多的营养障碍下，日本无疑在世界范围内是PFC平衡的理想存在，需要重新审视今后的《食育基本法》和日本式饮食。对于日本式饮食生活论，我们需要注意的是，它一方面强调通过改善营养来保持健康；同时，从经济低速增长背景下食品需求降低的角度来看，它具有为消费降级提供对策的性质；另外，它也为农业中增长类作物过剩问题的严重化、生产调整政策的长期化等现象，提供了一种合理性解释。

第五阶段始于2000年以后的“平成大萧条”，属于经济负增长与差别化饮食生活的时代。20 世纪 90 年代末金融危机的爆发，导致日本突然陷入所谓“平成大萧条”境地。同时在 WTO 体制下，日本被迫面对开放型经济。在经济负增长导致实质收入下降的过程中，日本迎来国内收入差距急剧扩大的时期，如非正式雇佣的增加等。饮食生活对加工品和外食的依赖增强，同时海外饮食文化开始传入日本，呈现海外食品依赖以及饮食生活多样化进一步发展的态势。另外，由于人口减少和老龄家庭的增加，食品消费陷入增长停滞，而且恩格尔系数开始上升。随着饮食生活的海外依赖及其不稳定性的加深，加之垃圾食品的泛滥（畜产品、油脂、砂糖等占热量的四成）等，人们饮食生活间呈现急速扩大的局面。在此过程中，1960 年 79% 的热量自给率在 2015 年下降至 39%，近年来出现进一步下降的趋势。现在的形势是，食品的安全保障成为一个严重问题。

（二）农业生产与粮食自给率

表 11－2 显示的是，耕种部门与畜产部门各品目的重量基准自给率，是从农业生产层面反映的上述饮食生活变化带来的影响。

在《农业基本法》选择性扩大政策的框架下，饮食生活变化带来的影响可分为以下三种类型。

第一种类型是，需求扩大带来生产扩大的增长类作物群。代表性品目有耕种部门的蔬菜和果树、畜产部门的肉类和牛奶。蔬菜的侧重点发生了变化，即由用于腌制品等的根菜类（萝卜）和叶菜类（白菜）转为用于沙拉等的果菜类（黄瓜、西红柿）和西方蔬菜类（卷心菜、莴苣）。其产地分布也由以前的城市近郊型变为远郊大型产地。产地重组后

表 11-1　平均每人每日各品目供给热量及自给率变化与饮食生活的变化

单位：卡路里，%，人，円

		大米	小麦、杂谷	薯类、淀粉	大豆、蔬菜	果实	畜产品	水产品	砂糖类	油脂类	其他	卡路里合计	人口	消费支出	食品费	恩格尔系数
传统的饮食生活	1930	1248	249	94	121	25	19	63	145	21	60	2045	64450			
	1935	1185	252	96	122	28	22	67	143	21	60	1996	69254			
	1939	1303	234	92	126	27	24	55	122	33	60	2076	71380			
饥饿时期	1946	872	240	183	50	9	8	36	6	3	42	1449	75750			
	1950	1036	491	152	59	19	20	71	34	19	44	1945	83200	14620	7554	51.7
饮食生活的现代化	1955	1063	431	174	168	17	53	83	128	67	59	2240	89276	23513	10465	44.5
	1960	1106	334	142	188	29	91	87	157	105	53	2291	93419	32093	12440	38.8
	1965	1090	332	130	180	39	164	99	196	159	70	2459	98275	48396	18454	38.1
	1970	927	333	115	194	53	227	102	283	227	69	2530	103720	79531	27092	34.1
	1975	856	334	110	185	58	257	119	262	275	61	2518	111940	157982	50479	32.0
日本式饮食生活	1980	770	342	152	177	54	309	133	245	320	62	2563	117060	230568	66923	29.0
	1985	727	336	180	190	57	318	142	231	354	63	2597	121049	273114	73735	27.0
	1990	683	337	204	191	60	366	149	229	360	63	2640	123611	311174	78956	25.4
	1995	660	345	200	185	66	400	154	222	368	58	2654	125570	329062	77886	23.7
分生分化的饮食生活	2000	630	342	219	188	66	406	142	212	383	57	2643	126920	317328	73954	23.3
	2005	599	335	218	186	70	397	142	210	368	53	2573	127768	300531	68699	22.9
	2010	580	343	205	169	63	391	114	199	341	47	2447	128057	290244	67563	23.3
	2015	534	343	200	172	61	407	104	194	359	46	2416	127095	287373	71844	25.0

续表

		大米	小麦、杂谷	薯类、淀粉	大豆、蔬菜	果实	畜产品	水产品	砂糖类	油脂类	其他	卡路里合计	人口	消费支出	食品费	恩格尔系数
各品目卡路里自给率	1930	86	67	101	49	102	88	98					人口数据来自日本农业基础统计，农业白皮书附属统计原数据来自家庭收支调查年报，1960 年以前为城市劳动者平均数据 1965 年以后为 2 人以上的全部家庭 1950 年为 1951 年的数据			
	1946	92	45	100	81	100	138	100								
	1960	102	39	100	44	100	93	108	12	42		79				
	1985	107	14	96	8	77	81	93	33	32		53				
	2000	95	11	83	7	44	52	53	29	14		40				
	2015	98	15	76	9	41	54	55	33	12		39				

注：①1950 年以前数据来自“日本农业基础统计修订版”（原资料来自农林大臣办公厅调查科的“粮食供求基础统计”），1955 年以后的情况根据农林水产省“粮食供求表”制成。

②统计各品目数据时采取四舍五入的方式，因此存在与合计热量不符的情况。

③统计各年份各品目的自给率时，小麦和杂谷、薯类和淀粉、大豆和野菜、畜产品等分别以小麦、薯类、大豆类、肉类为代表。

表 11-2-1　各品目国内生产量及消费发货量的变化与重量基准的自给率（耕种部门）

单位：1000 吨，%

		大米			小麦			薯类			豆类			蔬菜			果树		
		国内生产量	消费发货量	重量基准自给率	国内生产量	消费发货量	重量基准自给率	国内生产量	消费发货量	重量基准自给率	国内生产量	消费发货量	重量基准自给率	国内生产量	消费发货量	重量基准自给率	国内生产量	消费发货量	重量基准自给率
各品目实数	1960	12858	12618	101.9	1531	3965	38.6	9871	9849	100.2	919	2075	44.3	11742	11739	100.0	3307	3296	100.3
	1970	12689	11948	106.2	474	5207	9.1	6175	6169	100.1	505	3880	13.0	15328	15414	99.4	5467	6517	83.9
	1980	9751	11209	87.0	583	6054	9.6	4738	4949	95.7	324	4888	6.6	16634	17128	97.1	6196	7635	81.2
	1990	10499	10484	100.1	952	6270	15.2	4954	5351	92.6	414	5296	7.8	15845	17394	91.1	4895	7763	63.1
	2000	9490	9790	96.9	688	6311	10.9	3971	4799	82.7	366	5425	6.7	13704	16826	81.4	3847	8691	44.3
	2010	8554	9018	94.9	571	6384	8.9	3154	4174	75.6	317	4035	7.9	11730	14508	80.9	2960	7719	38.3
	2015	8429	8600	98.0	1004	6583	15.3	3220	4243	75.9	346	3789	9.1	11856	14777	80.2	2969	7263	40.9
生产指数及自给率增减	1960	100.0	100.0		100.0	100.0		100.0	100.0		100.0	100.0		100.0	100.0		100.0	100.0	
	1970	98.7	94.7	4.3	31.0	131.3	-29.5	62.6	62.6	-0.1	55.0	187.0	-31.3	130.5	131.3	-0.6	165.3	197.7	-16.4
	1980	75.8	88.8	-19.2	38.1	152.7	0.5	48.0	50.2	-4.4	35.3	235.6	-6.4	141.7	145.9	-2.3	187.4	231.6	-2.7
	1990	81.7	83.1	13.2	62.2	158.1	5.6	50.2	54.3	-3.2	45.0	255.2	1.2	134.9	148.2	-6.0	148.0	235.5	-18.1
	2000	73.8	77.6	-3.2	44.9	159.2	-4.3	40.2	48.7	-9.8	39.8	261.4	-1.1	116.7	143.3	-9.6	116.3	263.7	-18.8
	2010	66.5	71.5	-2.1	37.3	161.0	-2.0	32.0	42.4	-7.2	34.5	194.5	1.1	99.9	123.6	-0.6	89.5	234.2	-5.9
	2015	65.6	68.2	3.2	65.6	166.0	6.3	32.6	43.1	0.3	37.6	182.6	1.3	101.0	125.9	-0.6	89.8	220.4	2.5
品目类型		需求缩小、生产缩小型自给率高			需求扩大、进口竞争型自给率低			需求缩小、生产缩小型自给率高⇒下降			需求扩大、竞争进口型自给率低			需求扩大、生产扩大型自给率高⇒下降			需求扩大、生产扩大型自给率高⇒下降		

资料来源：根据农林水产省“粮食供求表”制成。

表 11－2－2　各品目国内生产量及消费发货量的变化与重量基准的自给率（畜产部门）

单位：1000 吨，%

		肉类			国产牛肉			牛奶、乳制品			粗饲料			精饲料			饲料合计自给率(参考)
		国内生产量	消费发货量	重量基准自给率	国内生产量	消费发货量	重量基准自给率	国内生产量	消费发货量	重量基准自给率	国内生产量	消费发货量	重量基准自给率	国内生产量	消费发货量	重量基准自给率	
各品目实数	1960	576	617	93.4	141	147	95.9	1939	2176	89.1	4519			2771	8839	31.3	55
	1970	1695	1899	89.3	282	315	89.5	4789	5355	89.4	4656			2297	13739	16.7	38
	1980	3006	3741	80.4	431	597	72.2	6498	7943	81.8	5118			1965	19989	9.8	28
	1990	3478	5004	69.5	555	1095	50.7	8203	10583	77.5	5197	6242	83.3	2187	22275	9.8	26
	2000	2982	5683	52.5	521	1554	33.5	8414	12309	68.4	4491	5756	78.0	2179	19725	11.0	26
	2010	3215	5769	55.7	512	1218	42.0	7631	11366	67.1	4164	5369	77.6	2122	19835	10.7	25
	2015	3268	6035	54.2	475	1185	40.1	7407	11891	62.3	4005	5073	78.9	2536	18496	13.7	28
生产指数及自给率增减	1960	100.0	100.0		100.0	100.0		100.0	100.0		100.0			301.5	426.0		
	1970	294.3	307.8	-4.1	200.0	214.3	-6.4	247.0	246.1	0.3	103.0			100.0	100.0	-14.6	需求扩大，输入扩大，生产停滞
	1980	521.9	606.3	-8.9	305.7	406.1	-17.3	335.1	365.0	-7.6	113.3			82.9	155.4	-6.9	
	1990	603.8	811.0	-10.8	393.6	744.9	-21.5	423.1	486.4	-4.3	115.0	100.0		70.9	226.1	0.0	
	2000	517.7	921.1	-17.0	369.5	1057.1	-17.2	433.9	565.7	-9.2	99.4	92.2	93.7	78.9	252.0	1.2	
	2010	558.2	935.0	3.3	363.1	828.6	8.5	393.6	522.3	-1.2	92.1	86.0	93.2	78.6	223.2	-0.3	
	2015	567.4	978.1	-1.6	336.9	806.1	-2.0	382.0	546.5	-4.8	88.6	81.3	94.8	76.6	224.4	3.0	
品目类型		需求扩大、生产扩大自给率高⇒下降			需求扩大、生产扩大自给率高⇒下降			需求扩大、生产扩大自给率高⇒下降			需求扩大、生产停滞自给率高⇒下降			需求扩大、生产停滞自给低			

资料来源：根据农林水产省“粮食供求表”制成。

形成的单季大规模产地面临连作障碍等问题，成为产地变动的主要因素之一。此外，果菜类等需求扩大带来园艺设施的增加，形成对应全年需求的供给体制。但是，随着 1970 年后大米过剩导致的水田改作规模扩大以及 1980 年后从亚洲地区进口蔬菜的增加，果菜类生产在 20 世纪 80 年代到达顶峰，此后自给率不断下降。尤其在生产主体老龄化的背景下，进入 WTO 交涉频繁的 21 世纪后，基于所谓开发进口的海外蔬菜进口增加，成为自给率下降和价格走低的主要原因。

在果树方面，随着收入增加，苹果和柑橘的栽培曾盛极一时。但由于香蕉进口的扩大以及 20 世纪 80 年代日美柑橘交涉等，海外产水果的进口开始增加，在时间上早于蔬菜。这导致果树的自给率开始下降。为了与海外产品竞争，日本采取了各类措施，如高级品种的专门化和多品种化、改种其他果树（葡萄、桃、樱桃等）。但在倾斜地块较多的果树产地，老龄化的影响极其明显，造成现在的自给率跌至 40%。

畜产领域因旺盛的畜产品需求而急剧扩大。从扩大的品目来看，小家畜主要是小型肉用鸡和采卵经营，中型家畜主要是养猪，还包括水田和开拓地酪农的增加，以及山地区域肥育牛养殖的扩大等。畜产扩大的特征除了依靠部分开拓地的饲料开展畜产养殖外，还包括发展以进口饲料为前提的加工型畜产。在此过程中，旨在尽可能提升饲养效率的设施型畜产发展迅速，同时在畜产公害对策（粪尿处理机制）的框架下，不断走向大型化。但在 20 世纪 80 年代日美牛肉交涉以及此后 WTO 交涉的背景下，这些畜产部门也不得不受到进口自由化的冲击，导致自给率正在急速降低（55%）。为了应对海外产品的竞争，日本企图通过品目高级化来实现差别化发展，但目前的形势是，由于老龄化等因素，畜产规模正在加速缩小。

第二种类型是，因需求缩小而被迫减少生产的作物群。因选择性扩大政策而需求下降的薯类和杂谷是其中的代表。起初为实现自给目标而定位于增长类品目的大米，如今也属于减产类作物群。由于薯类和杂谷等旱田作物的缩小，农户不得不改种部分蔬菜和果树。但更多的是，造成旱田利用率的下降，甚至成为弃耕地块。1970 年以后，大米生产过剩，随后米价停滞、下降。这使得实施基于生产调整的所谓“减反政策”成为必然，随之而来的水田改作则成为其他作物相继过剩的主要因素。

第三种类型是，尽管需求扩大，与进口产品形成竞争、生产萎缩甚至消亡的作物群。小麦、大豆、饲料作物等是其中代表。它们的自给率已经降至个位数，形成了几乎全部依赖进口的供给体制。这些作物群属于水田一年两熟作物，也是旱田的重要轮作作物。随着自给率的下降，土地利用的单一化和旱田种植规模缩小化不断加深。此外，虽然保证饲料生产对于发展畜产是必不可少的，但由于对外国产饲料的依赖根深蒂固，导致山地和旱地的种植规模不断萎缩。而且，源于畜产业粪尿处理的堆肥生产失去了购买对象，导致畜产公害加重，不得不增设大量粪尿处理设施。目前，小麦、大豆以及饲料作物群虽然被定位为大米生产调整中的改作作物，但改作过程中必须应对水田的湿害和零散化，导致改作种植难以形成稳定性，只能依赖财政补助。

（三）土地利用的变化

表 11－3 显示的是，从耕地利用层面对各时期自给率下降的考察。

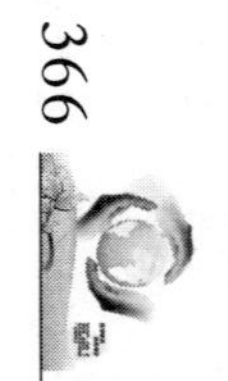

表 11－3　农作物种植总面积与耕地利用率的变化

单位：公顷，%

	种植总面积	水陆稻	麦类	甘蔗	杂谷	豆类	蔬菜	果树	工艺作物	桑	饲肥料作物	其他作物	耕地利用率
1941	8253824	3182020	1792635	310842	257895	517753	625808	136611	346354	494449	589457		139. 3
1945	7200554	2894080	1724988	403500	235838	381577	613339	102955	153762	242086	448428		121. 2
1950	7718798	3036330	1892910	401350	268470	635120	600981	100592	280948	176198	303716		129. 3
1955	8196000	3222000	1746000	382900	183300	705000	75200	182100	437900	187300	398200		137. 2
1960	8129000	3308000	1520000	329800	143700	642400	811600	254300	446700	165700	506200		133. 9
1965	7430000	3255000	960800	256900	83500	485200	893500	355900	364600	163800	610800		123. 8
1970	6311000	2923000	482800	128700	36500	337700	838100	416200	256500	163100	735600		108. 9
1975	5755000	2764000	181100	68700	25600	257100	764300	430400	241800	150600	871900		103. 3
1980	5706000	2377000	319700	64800	27200	260900	761500	408000	262000	121200	1034000	70200	104. 5
1985	5656000	2342000	350200	66000	20400	249600	763800	387300	255500	96800	1049000	76400	105. 1
1990	5349000	2074000	368600	60600	29600	256600	735900	346300	231400	59500	1096000	90100	102. 0
1995	4920000	2118000	256900	49400	23400	155500	668800	314900	204600	26300	1013000	88700	97. 7
2000	4563000	1770000	297300	43400	38400	191800	619500	286200	190700	5880	1026000	94000	94. 5
2005	4384000	1706000	268700	40800	45900	193900	563200	265400	178100		1030000	91900	93. 4

续表

	种植总面积	水陆稻	麦类	甘蔗	杂谷	豆类	蔬菜	果树	工艺作物	桑	饲肥料作物	其他作物	耕地利用率
2010	4233000	1628000	265900	39700	49700	189000	547900	246900	166600		1012000	87000	92. 2
2015	4127000	1506000	274600	36600	59700	187600	526300	230200	151100		1072000	82200	91. 8
1941－1950	△6. 5	△4. 6	5. 6	29. 1	4. 1	22. 7	△4. 0	△26. 4	△18. 9	△64. 4	△48. 5		△7. 2
1950－1960	5. 3	8. 9	△19. 7	△17. 8	△46. 5	1. 1	35. 0	152. 8	59. 0	△6. 0	66. 7		3. 5
1960－1970	△22. 4	△11. 6	△68. 2	△61. 0	△74. 6	△47. 4	3. 3	63. 7	△42. 6	△1. 6	45. 3		△18. 7
1970－1980	△9. 6	△18. 7	△33. 8	△49. 7	△25. 5	△22. 7	△9. 1	△2. 0	2. 1	△25. 7	40. 6		△4. 0
1980－1990	△6. 3	△12. 7	15. 3	△6. 5	8. 8	△1. 6	△3. 4	△15. 1	△11. 7	△50. 9	6. 0	28. 3	△2. 4
1990－2000	△14. 7	△14. 7	△19. 3	△28. 4	29. 7	△25. 3	△15. 8	△17. 4	△17. 6	△90. 1	△6. 4	4. 3	△7. 4
2000－2010	△7. 2	△8. 0	△10. 6	△8. 5	29. 4	△1. 5	△11. 6	△13. 7	△12. 6		△1. 4	△7. 4	△2. 4
2010－2015	△2. 5	△7. 5	3. 3	△7. 8	20. 1	△0. 7	△3. 9	△6. 8	△9. 3		5. 9	△5. 5	△0. 4

注：△代表减少。

资料来源：根据“耕地及种植面积统计”制成。

在 1941～1950 年的战时和战后复兴阶段，尼龙等商品的开发导致养蚕业解体，同时主要谷类的生产减少，小麦、地瓜、杂谷的改作面积增加，不断转向代用食品的生产，以应对饥饿性饮食生活。

1955～1985 年是经济高速增长背景下的选择性扩大政策不断推进的时期。主要动向包括，大米生产扩大以及 1970 年后变为过剩（生产缩小），小麦和大豆的大量进口导致生产毁灭性缩小，杂谷和地瓜的旱地利用程度减小，蔬菜、果树及饲肥料作物的生产增加。但在 1970 年后农产品过剩的局面下，整体种植面积不断缩小，土地利用单一化和利用率下降等问题日益加重。

1985 年以后，随着广场协议的签订以及向国际化－开放体系的转变，在日元升值型经济、日美贸易摩擦（柑橘、牛肉）以及 GATT 和 WTO 交涉正式化的背景下，包含增长部门在内的生产开始缩小，日本农业生产整体上步入绝对性缩小局面。土地利用率跌至 90% 以下，以山地区域为代表的未利用农地和弃耕地面积逐渐扩大。在大米生产调整不断推进的同时，旨在改种其他作物的改作日益空洞化，导致大米政策改革势在必行。

综上所述，基本法农政时期的选择性扩大政策在作物类型上，可分为增长类作物、衰退类作物和与进口作物竞争类作物，导致粮食自给率下降，形成自给率二重结构（过剩与不足并存）这一扭曲的农业结构。对农业生产而言，以作物分类为基础，导致了耕种与畜产的失衡（饲料基础和地力循环的欠缺）、稻作与旱作的失衡（一年两熟模式的解体和土地利用的单一化）、旱地轮作型作物结合的失衡（单一型产地形成和连作障碍频发），使得农业生产力发展的单一化和畸形化加重，进一步造成土地利用的空洞化和弃耕地增加。在此过程中，随着1985年转向国际经济体制，包括增长类品目在内的农业开始陷入生产绝对减少的境地，进而造成自给率显著下降，使得粮食安全保障问题日益突出。

二　农产品价格政策的类型与分割性价格政策

战后的价格政策是价格稳定对策的组成部分，依据粮食危机时期的1952年粮食增产政策得到不断完善。作为《农业基本法》基础的“农业基本问题与基本对策”指出了价格政策的4个目的，即①防止价格和收入的极端变动；②维持农业收入；③通过稳定价格来保护生产者和消费者；④确定供求调整和生产方向，并且根据作物的重要性，将价格介入方式制度化。换而言之，价格政策是通过预防价格过度变动，力图为小生产者的农民和消费者提供生活保障，同时纠正与其他行业间的不利性和差距，实现均衡的产业培育。但是，依据品目特性的价格政策被赋予规定供求调整和生产方向的功能，也是上述选择性扩大政策的具体化表现，源自上述分割性的生产力结构。

表11－4显示的是，战后农产品价格政策的类型概要。纵轴反映了国家对市场的介入程度，越往上说明介入和统制的性质越强。横轴体现的是支持和介入的价格水平，越往左说明价格支持程度越高。因此，越往左上方，统制性越强；越往右下方，市场活用型价格政策的性质越强。

第一种类型是，以大米、加工原料乳为代表的价格政策。国家以生产费为基准，对价格和支付不足部分予以补偿。因此，这是一种以再生产为基准、直接统制性较强的介入方式。

第二种类型是，最低价格补偿性质较强的价格政策。小麦、大豆和甜食资源等属于该政策范围，基本属于进口竞争性品目群。它在运用上属于依据国际价格的生产缩小型价格政策。

表 11－4 农产品价格政策的类型（2000 年之前）

	生产费	平价	综合考量	供求实际态势	政策运用
管理价格	大米(1942 年)			米(1995 年)	国家收购(全量→储备量)
补助金	加工原料乳(1965 年)	大豆(1961 年)油菜籽(1961 年)	大豆(1987 年)油菜籽(1987 年)	通过生产者团体支付不足部分	
最低价格保证	麦(1942 年)薯类(1953 年)砂糖(1965 年)		麦(1988 年)		国家以最低价格收购
稳定区域价格	蚕茧(1951 年)生丝(1951 年)		蚕茧(1985 年)生丝(1985 年)	猪肉(1961 年)牛肉(1975 年)指定乳制品(1961 年)	由事业团体(稳定机构)买卖
稳定基金				根据国家、县、生产者情况,由基金(稳定机构)填补价格	
价格估算的方式	以生产费为基准	以农业平价指数为基准	参考生产、生产条件、供求动向及物价	以实际价格为基准	

资料来源：井野隆一・田代洋一（1992）「農業問題入門」大月書店，新政策研究会（1992）「新しい食料・農業・農村政策を考える」地球社，より一部変更して作成。

第三种价格政策的特征是，以市场中的价格形成为基础，为了避免价格过度变动，设定最低价格和最高价格，把价格稳定在一定幅度之内。该类政策适用于需求较强的品目，如猪肉和牛肉等畜产品是其中的代表。

第四种价格政策的特征是，重视市场中的实际供求形势，并针对丰收等原因造成的价格过度下跌，支付一定限度的保险式补助金。该政策适用于需求强劲的品目群，如蔬菜稳定基金制度就是其中的代表。

上述针对各作物的价格政策类型中的价格支持水平已成为需要关注的问题。

表 11 - 5 显示的是，农业相关预算与价格及收入政策的比重，以及主要品目的行政价格变化。

第一，截至处于封闭体系的 20 世 80 年代前半期，在农产品由不足转为过剩的背景下，一般会计中的农林预算所占比例的变化范围是 7% ~10%；在国际化加深的 1985 年以后，其比重开始降低，至 2005 年跌至 4% 以下。受预算的制约，在大米严重过剩的 20 世纪 70 年代之前，价格收入政策费在农林预算中所占比重为四成到五成；在国家化加速的 1985 年后，大幅度下降。此后在 WTO 交涉的背景下，从直接支付制度实施的 2000 年开始，价格收入政策费的比重再度上升，直至今日。

第二，结合生产费用，梳理价格政策对主要品目的支持水平。一般而言，对于大米和小麦等土地利用型作物来讲，土地条件的优劣是影响成本差距的主要因素，达到需求满足极限的土地平均成本是由价格规定的。在这个基本原则下考察价格和生产费用的比例，可以发现大米和小麦在适用政策时存在较大不同。在过剩逐渐严重的 20 世纪 70 年代之前，大米的比例扩大了 1.7 倍左右，是在低于平均产额四成的基准下形成价格，因此采取的是接近土地极限的价格政策。小麦的比例变化了近 1.0，采取的是对平均产额的土地生产费予以补偿的价格政策。不同于大米价格政策覆盖了已达极限的土地，小麦价格政策只包括了平均产额

表 11－5　农林预算的动向与农产品行政价格的变化

单位：%，日元

			1960 年	1965 年	1970 年	1975 年	1980 年	1985 年	1990 年	1995 年	2000 年	2005 年
一般会计中农业相关预算的比例			7.9	9.2	10.8	9.6	7.1	5.1	3.6	4.4	4.1	3.6
农业预算中价格流通收入相关费用的比例			26.1	40.4	47.1	49.1	27.4	23.3	14.5	10.1	29.0	32.5
米	政府收购价格	60 千克	4162	5985	8272	15570	17674	18668	16500	16392	15104	11369
	生产费	60 千克	2087	3522	5292	8899	15107	15490	15359	15448	13543	13811
	价格、生产费比例		1.99	1.70	1.56	1.75	1.17	1.21	1.07	1.06	1.12	0.82
小麦	政府收购价格	60 千克	2149	2713	3431	6129	10704	11092	9223	9110	8824	7197
	生产费	60 千克	2090	2955	4366	6020	7385	7041	7325	8178	6987	6501
	价格、生产费比例		1.03	0.92	0.79	1.02	1.45	1.58	1.26	1.11	1.26	1.11
大豆	基准价格	60 千克	3200	3700	5010	9672	16780	17210	14397	14218	14001	13606
	生产费	60 千克	1361	2881	4263	7874	11931	11138	18094	14671	14603	16926
	价格、生产费比例		2.35	1.28	1.18	1.23	1.41	1.55	0.80	0.97	0.96	0.80
加工原料乳	保证价格	1 千克		37.03	43.73	80.29	88.87	90.07	77.75	75.75		
	生产费	1 千克		33.05	36.57	64.87	75.45	79.95	62.59	68.6	67.76	68.32
	价格、生产费比例			1.12	1.20	1.24	1.18	1.13	1.24	1.10		
猪肉	稳定基准价格	1 千克		310	345	556	588	600	400	400	365	365
	生产费	1 千克		203	249	351	363	401	275	249	242	259
	价格、生产费比例			1.53	1.39	1.58	1.62	1.50	1.45	1.61	1.51	1.41

续表

			1960 年	1965 年	1970 年	1975 年	1980 年	1985 年	1990 年	1995 年	2000 年	2005 年
牛肉	稳定基准价格	1 千克				930	1105	1120	985	840	785	780
	生产费	1 千克		254	455	906	984	974	1158	1058	1128	1128
	价格、生产费比例					1. 03	1. 12	1. 15	0. 85	0. 79	0. 70	0. 69

注：①由于 2000 年以后的农林预算分类发生较大变化，价格收入相关比例没有连续性。

②1999 年以前的价格流通及收入对策费从 2001 年开始被重新归类为粮食稳定供给相关费。

③由于过渡期中预算项目不同，2000 年采用了 2001 年的数据。

④由于 2005 年开始市场调度，政府收购米价使用了生产者纯收入米价。

资料来源：根据“农业白皮书附属统计”、“米及麦类的生产费”、“工艺农作物等生产费”、“畜产品生产费”制成。

的土地，采用的是条件更为恶劣土地的耕作界限缩小的价格政策。但在国际化加深的1985年以后，大米中的米价生产费比例开始下降，逐步采用名为“大米小麦政策化”的耕作界限缩小型价格政策。

第三，考察与土地利用无关的畜产变化情况。在日本，加工型畜产的发展脱离了饲料基础，不像耕种部门那样需要考虑土地条件。生产费是不同规模经营体之间竞争成本的基准。其价格生产费比例大致超过1，适用的是平均规模阶层的价格政策，可见是在努力运用促进饲养数量的价格政策。

上文概述了2000年之前的价格政策类型。从历史轨迹来看，为了应对战后的粮食危机，采取了统制性较强的价格政策；在经济高速增长时期，实施的是反映选择性政策中不同定位的作物分类型价格政策。作物分类型价格政策是选择性扩大政策的价格政策版本，根源在于粮食自给率下降以及过剩与不足失衡的自给率二重结构。

1986年（关贸总协定谈判开始年）的农政审议会报告书被认为是广场协议的农业版本和具体体现。该报告书指出，日本将转向适应国际化的开放体系，采取重视市场原理运用的政策，决定政策基调由价格政策转变为结构政策。在关贸总协定谈判之后，日本被要求取消造成世界性农产品过剩的农业保护政策，尤其是价格政策，实现由所谓的黄色政策（增产刺激政策及作为其代表的价格政策）向绿色政策（生产中立、直接支付型政策）的转变。1995年《粮食法》和2004年“经营收入稳定政策”的实施，便是由价格支持政策向日本版直接支付政策转变的具体举措。

上述价格政策的变化过程是，由于统制型价格政策转变为市场运用型价格政策，同时以与生产调整连动的方式，发展为日本版的直接支付政策。下面，笔者将结合构成价格政策核心的大米政策，进行具体阐述。

三　大米过剩问题与米价政策的变化
（从《粮食管理法》到《粮食法》）

（一）大米管理政策的前史

在确认有关大米价格政策的前史时，需要追溯至战前 1981 年的“米骚动”。它由当时米价暴涨的富山县主妇发起，被定位为日本消费者运动的开端，强烈地体现了作为社会稳定装置的价格稳定对策的必要性。在第一次世界大战后的经济萧条时期，米价因朝鲜大米等的输入而发生暴跌，直接对生产者造成巨大冲击，反映了作为生产者保护装置的价格政策的必要性。1933 年，《米谷法》出台，标志着兼具维护社会稳定和保护生产者功能的价格政策登上历史舞台。这部法律的设想是，为了使价格稳定在最高价格和最低价格之间的价格浮动带，国家将干预市场，采用基于买入和卖出的市场干预型价格稳定政策。但在进口米增加以及昭和经济恐慌的过程中，市场介入型价格稳定对策存在局限，在 1933 年演变为《米谷统制法》。这是基于由政府以最低价格无限制买入的价格支持制度。此后在快速转入战争经济的过程中，根据 1938 年《国家总动员法》，日本经济演变为统制经济。作为其中的组成部分，1942 年制定了《粮食管理法》，实行全量国家管理、价格和流通统制以及贸易统制，确立了国家统制型粮食管理体制。

战后，上述粮食的国家统制管理模式存续了下来，表现为战后粮食危机下的粮食筹措及配给制度。此后价格政策的变化，是由对应经济复

兴的国家统制型价格体系，转变为市场运用型价格政策，而重新审视价格政策成为战后遗留下来的课题。在此过程中，前文所述价格政策的类型逐步确立。但在米价政策和价格稳定政策的不同框架下，作物间的收益性存在巨大差别。前者是基于政府直接管理，以生产费补偿为基准的米价政策；后者是脱离直接统制，在选择性扩大政策下被分割的其他作物价格稳定对策。向相对有利的大米生产倾斜和增产机制发挥了作用，使得大米政策逐渐成为价格政策的核心。另外，经济高速增长过程中的饮食生活现代化以及大米消费减少，导致与扩大的大米生产之间的隔阂日益显露，迅速地表现为大米过剩问题。

（二）大米过剩与粮食管理制度的演变

图 11-1 显示的是，大米供求动向以及库存水平的变化。1967 年开始的连续 4 年大丰收，实现了梦寐以求的大米自给，同时也使与大米需求减少之间的矛盾显露出来，很快导致大米过剩问题日益显现。1970 年向综合政策的转变，即是为了应对大米过剩问题，采取了控制生产者米价、启用自主流通米制度以及推行大米生产调整等措施。生产调整方面的财政负担和经费增加，使得制度变革势在必行。1973 年的世界粮食危机一时缓和了对生产调整和价格政策的重新评估，但在 20 世纪 70 年代后半期，随着大米过剩问题的再度恶化，旨在临时紧急避险的生产调整政策开始发展为针对结构性过剩的长期对策，在 1978 年变身为“水田利用重组措施”（时长 10 年）。此后，在 1984 年紧急进口韩国大米、1993 年平成米骚动期间紧急进口等的冲击下，作为过剩对策的生产调整政策与作为大米价格政策的粮食管理制度——二者表里一体，被迫进行改革。

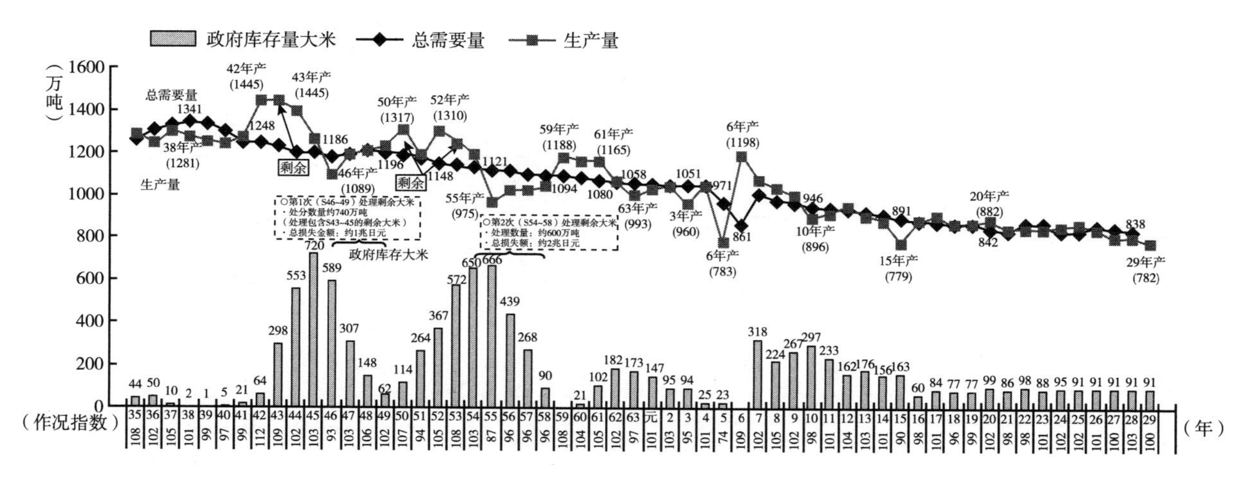

图 11－1　大米供求与库存水平的变化

注：①政府库存大米是去除外国产大米的数量。

②政府库存大米是每年 10 月末的数据。但是平成 15 年之后是每年 6 月末的数据。

③平成 12 年 10 月末，政府库存大米是去除“平成 12 年紧急综合大米对策”援助隔离等的数量。

④总需要量是“食料供给表”（4 月 ~3 月）国内消费量（包含陆稻）除了主食用（包括大米点心、大米外壳粉），用给饲料加工的数量。但是平成 5 年之后国内消费量之中仅仅是国产大米的数量。

⑤生产量是“作物统计”中水稻与陆稻的收成合计。

资料来源：农林水产省“关于大米的资料”（2018 年 7 月）。

图 11－2 表示的是，从《粮食管理法》到《粮食法》的简略考察。《粮食管理法》的实质是一种粮食不足状况下的粮食直接统制方式。第一，它是一种全量国家直接管理方式，规定生产者有义务将粮食出售给政府，并制定面向消费者的配给制度，属于国家主导粮食调拨和分配的直接管理体系。第二，它是一种价格统制方式。由于实现全量国家管理以及未形成大米市场，采取了政府主导的二重米价制度。生产者米价作为再生产价格，以生产费为其基准；消费者米价由米价审议会决定，目的是维持家庭收支的稳定。第三，它是一种流动统制方式。由于实行政府主导的直接统制，政府管理下的粮食调拨和配给体系成为必要条件，并对收购商、批发商和零售商实行许可证制度，防止出现非法流通的管理漏洞。第四，它是一种贸易统制方式。在粮食不足的情况下，禁止民间从事大米进出口业务，采取政府主导的一元化进口体制。为了保证这项制度的实施，必须排除生产者向消费者自由买卖（非法流通的大米）的诱因，同时在价格设定上，必须保证生产者米价高于消费者米价，采取差额式定价方式，而这种差额则成为粮食管理赤字财政的必要经费。

粮食短缺的经济形势是上述政府直接管理方式的大前提。在 1970 年以后大米过剩的背景下，人们开始质疑这种统制方式的正当性。1970 年实施综合农政的主要目的就是，①控制生产者米价，在 1972 年废除物价统制令对消费者米价的适用；②开始实施在 1969 年出现的脱离政府直接管理的大米自主流通制度；③在 1970 年引入大米调整政策，包括作为紧急避险措施的休耕。大米自主流通制度承认民间的相对流通，目的是促进由大产量米向优质米的转变（减产），减轻政府的财政负担。随着大米自主流通制度的实施，政府管理体系也发生变化，即由国

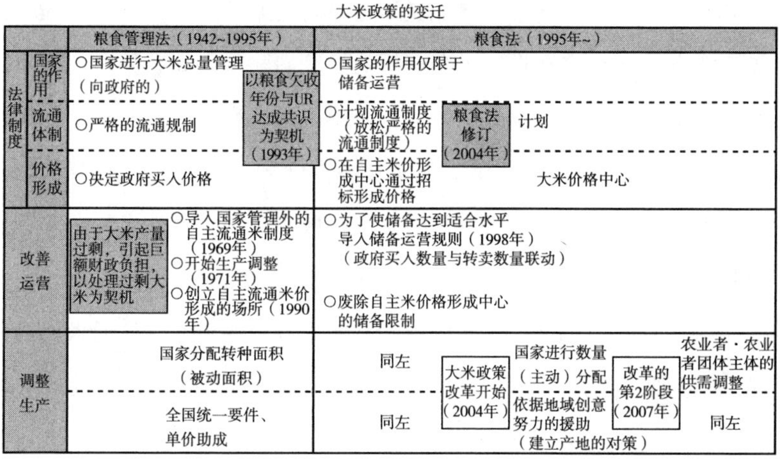

大米政策的变迁

		粮食管理法（1942~1995年）		粮食法（1995年~）				
法律制度	国家的作用	○国家进行大米总量管理（向政府的）	以粮食欠收年份与UR达成共识为契机（1993年）	○国家的作用仅限于储备运营				
	流通体制	○严格的流通规制		○计划流通制度（放松严格的流通制度）	粮食法修订（2004年）	计划		
	价格形成	○决定政府买入价格		○在自主米价形成中心通过招标形成价格		大米价格中心		
改善运营		由于大米产量过剩，引起巨额财政负担，以处理过剩大米为契机	○导入国家管理外的自主流通米制度（1969年） ○开始生产调整（1971年） ○创立自主流通米价形成的场所（1990年）	○为了使储备达到适合水平导入储备运营规则（1998年）（政府买入数量与转卖数量联动） ○废除自主米价格形成中心的储备限制				
调整生产		国家分配转种面积（被动面积）		同左	大米政策改革开始（2004年）	国家进行数量（主动）分配	改革的第2阶段（2007年）	农业者·农业者团体主体的供需调整
		全国统一要件、单价助成		同左		依据地域创意努力的援助（建立产地的对策）		同左

图 11－2　从《粮食管理法》到《粮食法》的变化概要

注：UR 为独立行政法人都市再生机构。

资料来源：「平成 19 年度食料・農業・農村白書」2007 年，農林水産省，より引用。

家全量直接统制转变为在政府管理下部分引入市场经济，开始实行间接统制。而生产调整相关经费的增加，使得这类制度变革不可阻挡。

在上述过程中，大米在 20 世纪 70 年代出现再度过剩。这使得 1978 年的“水田利用重组对策”（10 年对策）成为必然。它是针对结构过剩的生产调整长期措施。同时，制度得到修订，即促进了大米管理制度由政府直接统制型向市场调整型的软着陆。1980 年《粮食管理法》的修订，废除了空有形式的粮食配给制度，实现了米谷供求管理的法制化，承认了生产者之间直接转让关系，同时削减了政府米的比重，旨在形成自主流通米主导的流通结构。在迈向国际经济的背景下，大米流通管制的缓和出现新动向，即在 1985 米谷流通改善措施大纲和 1988 年大

米流通改善大纲等指导下，产业链下游的流通管制缓和不断取得进展，主要表现包括允许多次批发、允许新的批发商和零售商参与大米流通并扩大营业区域等。在价格政策方面，由于生产者米价受到控制，消费者米价持续上升，并在1987年实现买卖逆差向顺差的逆转。消除逆差意味着生产者直接销售模式具有可取之处，成为非法流通大米和自由米从部分城市扩散至全国的契机。如此，在政府米比重缩小的过程中，大米流通形成了自主流通米占主流的流通结构，同时由于非法流通米和自由米的急速增加，粮食管理制度的空洞化不断加深。在大米市场化的影响下，1990年设立了自主流通米价格形成机构主导的定价平台，使得定价功能也实现了市场化。由此，《粮食管理法》的空洞化接近成为事实。在此背景下，随着1993年关贸总协定谈判达成共识以及“平成米骚动”愈演愈烈，1995年新《粮食法》的出台已是大势所趋。

（三）向《粮食法》的过渡与大米政策改革

新《粮食法》①通过限定大米储备和最低限进口，将政府职能部分转移至管理体系；②以计划外流通米的形式，承认非法流通米和自由米的流通，转变为事实上的市场经济化；③在以自主流通米为主体的流通结构下，以定价中心为主导，为构建基于投标方式的定价平台提供准备。此外在密切关注WTO谈判的同时，2004年通过修订《粮食法》，废除了计划流通制度，实现了大米的市场化。

与供求调整紧密联系的生产调整也随着大米市场化而迎来新动向。2001年，生产调整研究会成立，开始探讨生产调整如何从政府主导转变为民间（生产者为主体）主导。这类讨论在2004年《粮食法》修订中得到体现，生产调整的分配目标由削减大米种植转变为大米生产数量（由消极转向积极），同时出台产地形成对策，即地区有责任制定生产调整的计划。生产调整向生产者主体的转变，是大米政策改革具体政策体现。2010 年后大米政策改革的目标是，实现民间主导的生产调整。由于政权更迭，2018 年国家终止了生产调整的目标划分，从而标志着生产调整目标的达成。该时期的大米政策改革结合 WTO 交涉的背景，促使属于黄色政策的价格政策的萎缩，同时探讨了与生产调整连动的跨品目经营稳定对策——日本版“脱钩”政策和直接支付制度。其具体表现包括，2006 年的跨品目经营稳定对策、始于 2007 年的水旱田经营收入稳定对策（此后在民主党政权时期更名为“各户收入补偿对策”，在自民党政权时期更名为“经营收入稳定对策”）等。

（四）日本版直接支付制度——经营收入稳定对策

图 11－3 表示的是，经营收入稳定对策的结构。详细的制度结构请参看图。笔者在此只考察该对策蕴含的主要思路。

第一，将此前的分品目型价格支持稳定对策，转向以稳定经营为主体的跨品目型直接支付制度。价格形成交由市场决定，直接支付生产调整补助金。

第二，从直接支付标准来看，这是组合了内外价格差填补和价格变动风险的一项制度，即分为固定支付填补部分（即旱田作物直接支付金政策，并用面积支付方式和防止弃耕的数量支付方式）和变动支付填补部分（即缓和水旱田作物收入减少导致的影响的政策，填补价格下跌的九成）。前者根据内外价格差来填补差额，后者具备针对过度价

农作物直接支付交付金（生产条件差异对策） 【水田、旱田共用】

认定对象为农户、集落营农、新农户（没有全产规模方面的限制） （预算额：2065亿日元）

按数量支付　根据生产量品质交付

平成29~31年的平均交付单价

对象作物	平均交付单价
小麦	6980日元/60千克
二条大麦	5460日元/50千克
六条大麦	5690日元/50千克
黑麦	8190日元/60千克
大豆	9040日元/60千克

对象作物	平均交付单价
甜菜	7180日元/吨
淀粉用马铃薯	7180日元/吨
荞麦面	16840日元/45千克
菜籽	9920日元/60千克

注①甜菜的基准甜是16.3度

注②淀粉用马铃薯粉的基准淀粉含有率是19.5%

指面积支付

根据当年产的交付面积，先按数量先行支付

20000日元/10公亩（荞麦面 13000日元/10公亩）

<按数量支付与按面积支付的关系>

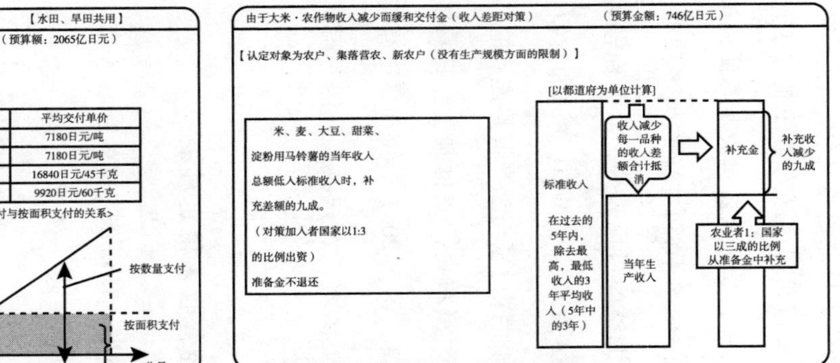

利用水田的直接支付交付金

战略作物补助 （预算金额3304亿日元）

对象农作物	交付单价
麦、大豆、饲料作物※	35000日元/10公亩
WCS用水稻	80000日元/10公亩
加工用米	20000日元/10公亩
饲料用米、米粉用米	根据收成，55000~105000日元/10公亩

※包含作为种子的玉米（饲料用）

注①根据数量进行补助时，需要接收农产品检查机关确定的数量

注②★是全国平均每年单收（标准单收值）数值，在适用各地区时，根据地域农业再生协会根据该地区制定的单收（（地区合理单收）。并且，地区合理单收根据当年产的适种作物（不同地区的适种作物）调整。

参考水田中小麦、大豆、非主食米等的收入每十公亩示意图

（单位：千日元/10公亩）

		销售收入①	经营所得对策等的交付金 ②	旱田作物	水田利用	收入合计③=①+②	经营费④	收入③-④	劳动时间（时间/10公亩）
小麦		14	77	42	35	92	48	44	5
大豆		24	62	27	35	85	45	49	7
饲料用米 米粉用米	单收是标准单收值	7	80	-	80	87	63	24	24
	使用多收品种，单收是标准值+150千克/10公亩	9	117	-	117	126	75	51	25
荞麦面		13	49	29	20	63	24	39	3
菜籽		17	51	31	20	69	34	34	8
主食用米		121	51	-	-	121	83	39	24

图 11－3　经营收入稳定对策的结构概要

资料来源：「経営所得安定対策の概要」平成30年（2018）版、農林水産省より一部引用。

格变动的保险功能。就因 WTO 交涉而面临自由化压力的稻作而言，由于关税化措施导致除 MA 米的进口受到限制，起初未将旱田作物直接支付金政策对策纳入考虑的范围。

第三，对象作物限定为大米生产调整中的战略性改作作物、旱田轮作作物和地区特产品目，包括水稻、麦类、大豆、甜菜、淀粉用马铃薯、荞麦以及油菜籽等。此外，在改作临界点迫近的形势下，增设新需求大米（饲料用水稻、饲料米、米粉用米等）作为改作作物。

第四，关于水田改作补助金的标准，制度设计的基点是保证约每10 公顷收入的平衡化。

综上，经营收入稳定对策被设计为一种直接支付制度，既指向的是有关大米政策改革的生产调整改作作物的经营，又是为了在自由化压力下维持旱田轮作体系。其定位是，由价格政策向日本版直接支付制度的过渡。

鉴于上述基本特征，2007 年的经营收入稳定对策从重视结构政策的视角出发，在运用过程中对骨干农户进行筛选，即政策对象仅限于北海道 4 公顷、都府县 4 公顷、村落经营农（负有 5 年内法人化的义务）20 公顷以上的“骨干”。这一政策施行方式遭到生产一线的强烈批判。农村的反对成为 2009 年民主党夺取政权的原因之一，此后政策演变为各户收入补偿对策。在这一政策框架下，政策对象由限定的骨干农户，扩大至助力生产调整的销售型农家全户；同时在《粮食法》实施后大米价格低于生产费用的背景下，创设了相当于生产费和米价差额的稻作固定支付制度（每 10 公亩支付 1.5 万日元），并且重视改作过程中出现的新需求大米（尤其是饲料米）。在自民党于 2012 年重新夺回政权后，

一些措施被现在的经营收入稳定对策所沿用。在目前的政策框架下，重视培育骨干农户，以销售型农家全户为政策对象的制度得到维持，但作为大米直接支付对策的各户收入补偿制度在2018年被分阶段废止，直至今日。

日本实施的直接支付制度存在的局限包括，①规定了经营规模的零散性，造成制度对象摇摆不行，既是选择性地适用直接支付，也是作为价格政策的替身，以全体农户为对象；②直接支付的标准过于重视填补内外价格的差距，不具备控制市场价格下跌的功能，欠缺防止价格下跌的有效措施。

四　大米政策改革的进展与结构变化

（一）生产调整下的水田种植变动与水田改种各作物的比重

图11－4表示的是，水田的转用、废弃和水田种植的变动。鉴于大米从1970年开始过剩，生产调整随之实施。调整的重心是，水田的转用、废弃以及改种其他作物。第一，水田面积在1970年是318万公顷，在2016年是230公顷，缩减了88公顷。水稻种植面积由283万公顷变为161万公顷，减少了122万公顷。近年由于新的大米需求，水稻种植又调整了23万公顷，使得主食用大米种植合计减少了145万公顷。第二，水田转用和废弃的情况是，由于工业向地方扩散以及宅基地的需要，水田毁坏日益严重（占减少量的38%），而且随着生产调整的扩大，今年山区植树造林和耕地荒废现象不断增加，耕地环境呈现一种解

体性变动。第三，从改作等水田种植的变化来看，除了初期的减反阶段，改种小麦、大豆等其他作物的比例在增长，并且在新《粮食法》（1995 年）实施后，停止种植地块和未实现改作地块的面积在扩大，反映了生产调整空洞化的加重。在生产调整临近瓶颈的过程中，大米政策改革以后（2006 年），以饲料米为中心的新型大米需求加速了“大米改作”，直至今日。

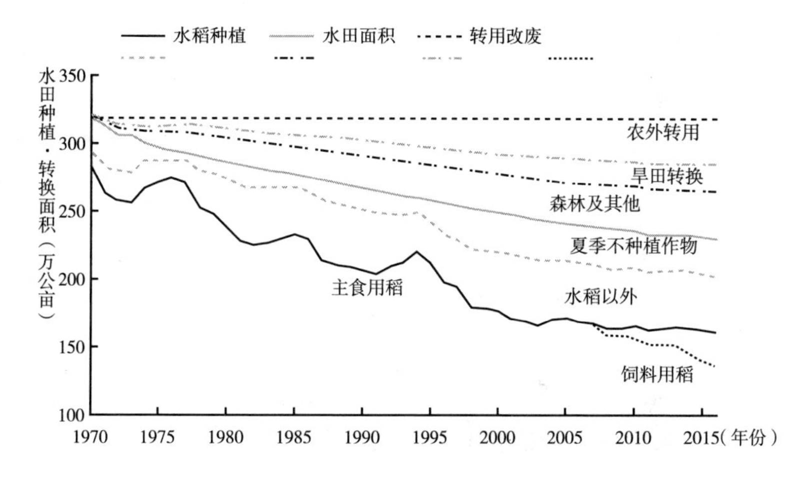

图 11－4　水田的改用毁弃与种植变化的动向（全国）

资料来源：“耕地及种植面积统计”、农林水产省“关于饲料用米的推进”
各改用毁弃面积以各年份毁弃面积的累计表示。

表 11－6 反映了水田各作物的种植比例。

第一，六成的小麦、杂谷（荞麦）以及豆类依赖水田栽培，与旱田的竞争关系不断强化。此外，蔬菜和饲料作物的 25% 也利用水田来种植，正在对产地间竞争施加较大影响。水田对生产调整政策的依赖，正在影响旱田作物振兴（依赖奖励金），成为扰乱市场的主要因素。

第二，上述结果加速了旱田利用空洞化和耕地废弃化，促使了山地、旱田地带的地区解体，即所谓的山地下降到平原周边（遭遇鸟害和兽害）。

第三，在骨干农户方面，此前的规模扩大是水稻单作型，现在的趋势是包含改作在内的大规模复合化，而且趋势越来越强。同时，“6 次产业化”（范围经济）不断发展。它的目标是，扩展基于规模扩大的雇佣用型经营模式和全年雇佣用。

第四，骨干农户动向所体现的应对改作的阶层性越来越显著。改作规模越大的阶层，以水旱田规模扩大、改作水稻以外的其他作物为中心，其复合化倾向越强烈。中坚阶层主要依赖于饲料米（单作型改作）的改作，下层改作的主体是食用米和保障管理。

第五，在国家停止生产调整分配后的后大米政策改革时期，恢复稻作的动向再次不断显露。从阶层来看，中坚层由饲料米向主食米回归，下层向米饭米回归。这些动向已经确认，是今后需要关注的问题。

（二）米价水平的变化与各阶层收益的动向

图 11－5 反映的是《粮食法》实施后米价水平的变化。

第一，在《粮食法》施行后，米价水平急剧下降。1994 年“平成大歉收”时的米价是 2.4 万日元，在 2014 年降至最低谷的 1.2 万日元，导致农户的米价水平跌落了 9000 日元。

第二，从工资水平和农业收入的比较来看，在 1970 年以前，水稻种植收入与城市工资水平相差无几。随着大米过剩，二者差距扩大。在 1995 年《粮食法》颁行后，水稻种植收入低于 5 人以下的小企业工资水平。在大米政策改革推进的 2004 年以后，水稻种植收入的水平甚至

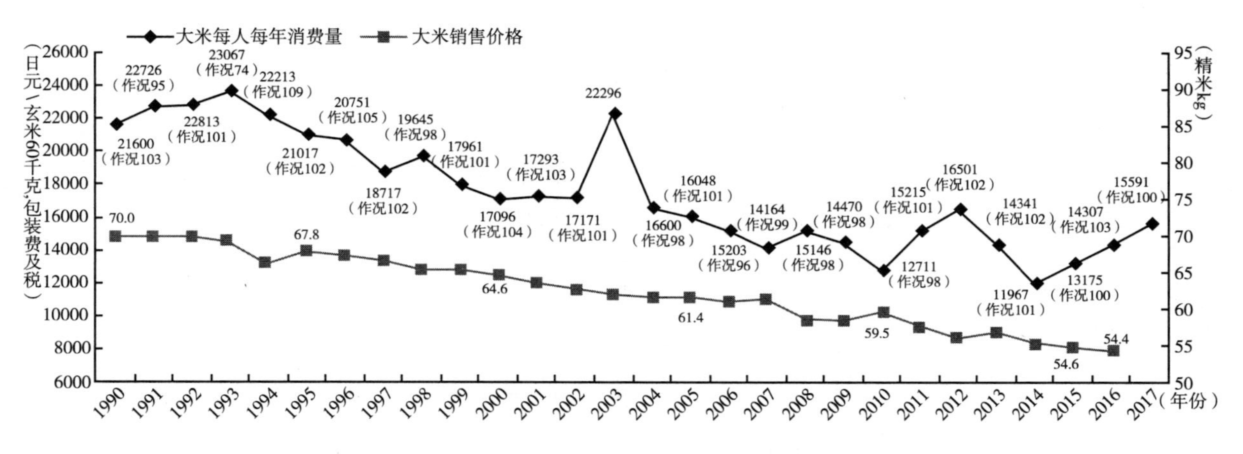

图 11－5　《粮食法》施行后的米价水平的变化

注：①根据平成 2～17 年产之前（财）全国米壳交易、2018 价格形成中心的招标结果为基础制成。

②2007 年以后上市率至翌年 10 月（2017 年产是到 2018 年 6 月）的相对交易价格的平均值（2017 年产以速报值为基础）。

③中心价格是每品牌的中标数量的加重平均价格，相对交易价格是每一品牌的前年产检查数量比重的加重平均价格。

④作况指以每年生产作物为基准（100），当年农作物的收成指数。

资料来源：（财）全国米壳交易、价格形成中心指标结果、农林水产省《关于米壳交易报告》《食料供求表》。“大米相关资”引自 2018 年 7 月农林水产省。

低于非正式雇佣的工资水平。可以说，在《粮食法》施行后，水稻种植的相对优势瞬间丧失殆尽。

表 11－7 表示的是，米价下跌最严重的 2014 年各类规模的水田种植的经营收支动向。2014 年是米价大幅下降的年份，导致收益严重恶化。

第一，在个体经营层面，规模不足 1 公顷的经营体在获得补助金后，经营收支仍是赤字。规模不足 3 公顷的经营体的经营收支也是赤字，但在获得经营收入稳定对策的补助金后，勉强实现收支顺差。规模在 3～15 公顷经营体的农业收入为顺差。可以确认，补助金超过了农业收入，对政策的依赖越来越强。这种依赖政策的倾向在 15 公顷以上的大规模经营体身上表现得尤为明显。一方面，米价下跌导致农业收入沦为负值；另一方面，通过快速提升改作等补助金的比例，整体经营收支得以确保顺差。可以说，直接支付制度已经发生变化，即包含大规模经营层在内的被阶层收入主要依赖政策。

第二，个别大规模经营体的农业收入是逆差，需要依赖补助金填补亏空。这一倾向在有组织经营体，尤其是自由组成的村落经营农身上表现得非常显著。对这类组织而言，占农业收益九成的补助金支撑着经营，因此当政策变动时，其收益极有可能急剧恶化。

农业生产的主力正由家族经营转向组织经营，而个别大规模经营层和组织法人正随着事业范围的扩大，在谋求雇佣用型复合经营化。但在收益结构上，极度依赖经营收入稳定对策等补助金的倾向越来越明显。一旦米价和政策发生变动，其构成条件将受到威胁，面临不稳定的结构。尤其对于防止家族经营化和地区解体的村落经营农而言，这种倾向

表 11－6　水田种植面积比例的变化

单位：公顷·%

		面积	水陆稻	麦类	甘蔗	杂谷	豆类	蔬菜	工艺作物	饲肥料作物	其他作物	耕地利用率
1967 年	水旱田合计	7112000	3263000	765000	214400	61100	422400	865400	325800	641500		119. 8
	水田	3766000	3149000	303000	321		6310	96300	37300	173700		110. 3
1970 年	水旱田合计	6311000	2923000	482800	128700	36500	337700	838100	256500	735600		108. 9
	水田	3363000	2835000	199300	984	964	27200	121000	32400	148800		98. 5
1980 年	水旱田合计	5706000	2377000	319700	64800	27200	260900	761500	262000	1034000	70200	104. 5
	水田	3067000	2350000	209400	2510	16100	98300	155000	30800	189300	16600	100. 4
1990 年	水旱田合计	5349000	2074000	368600	60600	29600	256600	735900	231400	1096000	90100	102
	水田	2869000	2055000	242400	3770	19000	128000	176800	20400	197900	25700	100. 8
2000 年	水旱田合计	4563000	1770000	297300	43400	38400	191800	619500	190700	1026000	94000	94. 5
	水田	2450000	1763000	163000	3150	25900	109000	161200	10800	181700	32100	92. 8
2010 年	水旱田合计	4233000	1628000	265900	39700	49700	189000	547900	166600	1012000	87000	92. 2
	水田	2303000	1625000	167300	3120	34600	126000	145700	8560	165100	27200	92. 3
2015 年	水旱田合计	4127000	1506000	274600	36600	59700	187600	526300	151100	1072000	82200	91. 8
	水田	2263000	1504000	171400	2710	37000	122500	140600	6460	252100	25500	92. 5

续表

		面积	水陆稻	麦类	甘蔗	杂谷	豆类	蔬菜	工艺作物	饲肥料作物	其他作物	耕地利用率
水田种植比例	1967 年	53.0	96.5	39.6	0.1	0.0	1.5	11.1	11.4	27.1		
	1970 年	53.3	97.0	41.3	0.8	2.6	8.1	14.4	12.6	20.2		
	1980 年	53.8	98.9	65.5	3.9	59.2	37.7	20.4	11.8	18.3	23.6	
	1990 年	53.6	99.1	65.8	6.2	64.2	49.9	24.0	8.8	18.1	28.5	
	2000 年	53.7	99.6	54.8	7.3	67.4	56.8	26.0	5.7	17.7	34.1	
	2010 年	54.4	99.8	62.9	7.9	69.6	66.7	26.6	5.1	16.3	31.3	
	2015 年	54.8	99.9	62.4	7.4	62.0	65.3	26.7	4.3	23.5	31.0	

资料来源：根据“耕地及种植面积”制成。

表 11 -7　水田种植各规模经营体的经营动向（全国各水田种植类型的经营统计 · 2014 年）

单位：公亩，千日元，%

	个体											组织	综合
	平均	~0.5	0.5 ~	1.0 ~	2.0 ~	3.0 ~	5.0 ~	7.0 ~	10.0 ~	15.0 ~	20.0 ~	平均	平均
经营面积	402	223	301	461	466	612	830	1068	1608	2184	3095	3458	2976
水田种植总面积	181	39	86	156	253	410	623	952	1358	1947	3211	3265	3324
农业毛收益	1827	473	948	1657	2695	4441	6309	9423	12501	17672	21638	32453	17082
互助补助金等	396	33	129	206	365	820	1317	2629	4296	7260	13717	13955	15316
农业经营费	1951	660	1179	1747	2723	4069	5746	8423	12348	18324	24484	32791	26421
农业毛收益 · 补助金比例	21.7	7.0	13.6	12.4	13.5	18.5	20.9	27.9	34.4	41.1	63.4	43.0	89.7
农业收入	△124	△187	△231	△90	△28	372	563	1000	153	△652	△2846	△338	△9339
应收款农业收入	272	△154	△102	116	337	1192	1880	3629	4449	6608	10871	13617	5977
10 公亩农业毛收益	101	122	111	106	107	108	101	99	92	91	67	99	51
10 公亩互助补助金等	22	9	15	13	14	20	21	28	32	37	43	43	46
10 公亩农业经营费	108	170	138	112	108	99	92	88	91	94	76	100	79
10 公亩农业收入 + 补助金	15	△40	△12	7	13	29	30	38	33	34	34	42	18

注：①农业毛收益剔除了互助金、补助金等收益。农业收入也是如此。

②应收款农业收入包含了互助金、补助金等收入。

③每 10 公亩收入换算为每 10 公亩水田种植面积的农业毛收益、互助补助金等以及农业经营费。

④面积单位为公亩，其余为千日元。

⑤△代表负值。

非常强烈。可以说，随着大米直接支付制度的终止和生产调整的空洞化动向，极有可能因经营的不稳定而导致地区解体。

（三）大米政策改革下的产地变动与分化

此处梳理各地区的产地动向。表 11－8 显示的是，各农业区域的稻作专门化程度和大米产量份额的变化。由于生产调整的扩大和米价下降，日本全国的稻作依赖度由 1970 年的 37% 下降至 2017 年的 17%。稻作依赖度高的地区是北陆、东北、近畿和中部地区。全国产量份额高的主产地为东北、北陆、北关东和北九州。北陆正在提升稻作专门化程度，不断提升在全国的所占份额，属于大米单作型主产地的代表。近畿和南关东等大城市近郊地区属于第一种类型。此外，东北的专门化程度和份额均发生较大变化，成为难以摆脱大米单作的典型主产地。北关东和北九州属于第二种类型。第三种类型的地区拥有大量山地和旱田，在维持稻作专门化程度的同时，不断减少大米产量份额。这类地区包括山阴、山阳、四国和南九州。北海道属于第四种类型，其动向受到关注，即在推行稻作与旱作、畜产的地域分化的同时，努力打造成为稻作地区的新品种主产地。

在表 11－9 中，大米政策改革后的家庭用需求产地和业务用需求产地被分为 4 种类型。大米需求正在分化为家庭用需求（70%）和业务用需求（30%）。前者主要是正在减少的高价大米产地带，后者主要是今年不断增加的低价大米产地带。在这一需求动向的影响下，主产地的生产也在发生地区分化。第一种类型是以家庭用需求为主体的主产地，包括新潟、北陆、秋田、千叶和北海道，即所谓的优质米产地和早场米

表 11－8　各农业地区的稻作专门化程度与产量份额的动向

单位：%

	米毛生产额构成比			大米专门化系数			米毛生产额份额		
	1970	1995	2017	1970	1995	2017	1970	1995	2017
北海道	35.3	19.6	9.7	0.9	0.7	0.6	7.0	7.0	7.7
东　北	57.8	46.6	28.3	1.6	1.6	1.7	25.6	26.0	24.9
北　陆	69.1	68.3	55.9	1.9	2.3	3.3	12.4	13.4	14.7
北关东	29.2	28.6	13.8	0.8	1.0	0.8	10.4	9.3	9.0
南关东	21.8	20.5	12.7	0.6	0.7	0.8	3.8	5.6	6.3
东　山	26.5	22.3	14.7	0.7	0.8	0.9	3.3	2.9	3.2
东　海	24.1	19.7	11.7	0.6	0.7	0.7	6.7	6.1	5.8
近　畿	35.5	33.8	24.6	1.0	1.1	1.5	7.3	6.8	7.7
山　阴	42.0	36.7	23.1	1.1	1.2	1.4	2.3	2.1	2.0
山　阳	39.4	40.2	23.1	1.1	1.4	1.4	5.7	5.3	4.8
四　国	22.1	19.6	10.7	0.6	0.7	0.6	3.4	3.5	2.9
北九州	34.6	24.4	13.6	0.9	0.8	0.8	9.2	9.0	8.8
南九州	26.0	12.0	4.4	0.7	0.4	0.3	2.9	3.0	2.3
全　国	37.2	29.7	17.0	1.0	1.0	1.0	100.0	100.0	100.0

注：专门化系数是指，各农业地区大米毛产额除以全国大米毛产额构成比后的数值，结果大于 1 则表示稻作依赖度高，小于 1 则表示依赖度低。

资料来源：“生产农业收入统计”。

表 11-9　大米政策改革与产地分化（家庭用需求和业务用需求）

单位：吨，%

家庭用需求、主产县						家庭用需求、准主产县					
	2018 年生产量	2017 年增减	2018 年需求量	家庭用比例	业务用比例		2018 年生产量	2017 年增减	2018 年需求量	家庭用比例	业务用比例
新潟	104700	4400	570	81	19	三重	27100	300	132	77	23
秋田	75000	5500	399	79	21	爱知	26700	100	135	74	26
福井	23600	300	126	74	26	兵库	35500	400	176	72	28
千叶	53900	600	282	71	29	大分	20600	△300	105	71	29
富山	33300		195	68	32	广岛	22900	△200	129	70	30
北海道	98900	300	515	67	33	福冈	34900	△200	185	70	30
石川	23200		127	59	41	熊本	32300	100	171	64	36
茨城	66800	400	346	55	45	长野	31300		199	62	38
						滋贺	30100	100	161	62	38
						岐阜	21500		106	61	39
业务用需求主产县						偏向大米消费型产地					
	2018 年生产量	2017 年增减	2018 年需求量	家庭用比例	业务用比例		2018 年生产量	2017 年增减	2018 年需求量	家庭用比例	业务用比例
福岛	61200	1300	330	35	65	宫崎	14700	△300	77	91	9
枥木	54700	1100	279	37	63	静冈	15700	100	83	90	10
冈山	29400	300	151	37	63	高知	11400	△100	54	89	11
宫城	64500	1000	351	43	57	奈良	8530	△50	44	84	16

续表

业务用需求主产县						偏向大米消费型产地					
	2018年生产量	2017年增减	2018年需求量	家庭用比例	业务用比例		2018年生产量	2017年增减	2018年需求量	家庭用比例	业务用比例
山　口	18900	△400	99	44	56	长　崎	11400	△200	58	80	20
山　形	56400		358	45	55	爱　媛	13900		72	78	22
佐　贺	24000	△400	128	45	55	鹿儿岛	18300	△1300	97	76	24
岩　手	48800	1800	262	48	52	德　岛	11200	△100	52	71	29
青　森	36900	1600	218	49	51	岛　根	17200		89	69	31
埼　玉	30800	100	152	50	50	京　都	13900	△200	74	68	32
						大　阪	5000	△150	26	68	32
群　马	13700	△200	66	35	65	鸟　取	12700	300	62	65	35
						香　川	12500	△300	64	64	36
						和歌山	6430	△130	34	61	39
						山　梨	4820	△60	28	56	44

注：△代表数值为负。

资料来源：農林水産省「米をめぐる状況について」平成30年（2018）11月、「最近の米をめぐる状況について」平成30年（2018）10月「米をめぐる関係資料」平成30年7月より作成。

地带，属于新人气品种区域。第二种类型是准家庭用大米主产地，包括三重、爱知、兵库、广岛和福冈等，属于主要满足地区需求的城市型稻作地带。第三种类型是秋田以外的东北、枥木、冈山和佐贺等地带，业务用需求占六成，是由家庭用需求向新需求积极转变的地区。第四种类型是京都、大阪、宫崎和高知等地区，位于大城市周边，是旱作和畜产等的主产地，稻作生产在缩小，正逐渐成为大米消费地区。

由上可见，在生产调整扩大导致生产缩小、《粮食法》施行后大米流通自由化的背景下，为了争夺缩小的市场需求，产地间的竞争不断激化，促使产地日益分化。伴随着大米单作型产地与复合型产地之间的分化，以及家庭用需求为主体的产地与业务用需求为主体的产地之间的分化，大米主产地正在推进生产结构的重组。

五　结语

上文以稻作为中心，考察了价格政策的取消以及作为日本版直接支付制度的大米政策改革动向。下面列举今后的讨论方向作为结语。

第一，收入保险制度的导入与经营收入稳定对策的走向。目前，收入保险制度即将与作物互助制度连动实施。收入保险制度是面向气候变化导致的产量变化以及市场价格变化的保险类直接制度，特点是将制度对象限定为进行“绿色申告”的认定农业者（骨干农户），具有较强的筛选性政策色彩。此外，保险制度本身不具备控制价格下跌的功能，因此在TPP等自由化协议导致价格下跌的局面下，保障水平将缓慢下降。存在的根本问题是，没有控制价格下降的制动装置。生产者必须支付保险金，补偿额度不一定高于经营收入稳定政策。在制度方面，收入保险制度与经营收入稳定对策并列采取选择制，但今后的制度统合化应该难以避免。未来的动向值得关注。

第二，后大米政策改革时期的稻作动向。从 2018 年开始，生产调整转向生产者主体，但生产调整的再度空洞化的悬念依然强烈。由于在制度上不具备抑制“搭便车”问题的功能，很难控制各地区和各阶层恢复稻作。生产调整空洞化背景下的产地间竞争的走向值得关注。

第三，政策依赖性不断增强的土地利用型经营的展开方向。众多骨干农户的许多收入依赖政府的补助金，因此政策的动向必然导致经营恶化。在支撑地区发展的村落经营农身上，这种倾向尤为强烈。今后在关注政策动向的同时，需要留意骨干农户经营性质强化的方向。

（殷国梁 译）

作者简介

酒井富夫 1956年生，富山大学研究推进机构远东地区研究中心教授，农学博士。

1986年东京大学农学系农业经济学博士（修满退学），1990年富山大学经济学部助理教授，1998年富山大学经济学部教授，2001年富山大学远东地区研究中心教授。

主要著作：日本農業経営学会編・責任編集・酒井富夫他『家族農業経営の変容と展望』（農林統計出版、2018年）、酒井富夫「農業構造問題の分析視角」『農業構造問題と国家の役割－農業構造問題研究への新たな視角』（現代の農業問題第4巻）（筑波書房、2008年）、酒井富夫編著『集団営農の日本的展開—朝日農業賞36年の軌跡—』（朝日新聞社、2001年）、酒井富夫『農業法人制度の課題』（『日本の農業』第181集）（農政調査委員会1992年）、等。

安藤光义 1966年生，东京大学农学生命科学研究科教授。

1989年东京大学农学部农业经济学科毕业；1994年东京大学农学系研究科农学博士课程修满；1994年茨城大学农学部助教，1997年茨城大学农学部助理教授；2006年东京大学农学生命科学研究科副教授，2015年至今该科教授。

主要著作：安藤光義『構造政策の理念と現実』（農林統計協会、2003年）、安藤光義編著『日本農業の構造変動』（農林統計協会、2013年）、北原克宣・安藤光義編著『多国籍アグリビジネスと農業・食料支配』（明石書店、2016年）、等。

菅沼圭辅 1960年生，东京农业大学国际食品情报学部食品环境经济学科教授。

福岛大学经济学部毕业；东京大学博士课程修满；新潟大学副教授，福岛大学教授，现任职东京农业大学教授。

主要著作：谷口信和・平澤明彦・菅沼圭輔編『世界の農政と日本－グローバリゼーションの動揺と穀物の国際価格高騰を受けて－』（農林統計協会、2014年）、白石和良・浜口義曠・阮蔚・菅沼圭輔翻訳『杜潤生　中国農村改革論集』（農山漁村文化協会、2003年）、菅沼圭輔翻訳『中国農業白書－激動の'79～'95－』（農山漁村文化協会、1996年）、等。

高木英彰 1984年生，一般社团法人JA共济综合研究所研究员。

2008年东京大学农学部毕业，2010年东京大学农学生命科学研究科硕士课程修满，之后为现任职。主要从事农业经济学、环境经济学相关

研究。2015 年起兼任东京大学农学部客座讲师，2019 年起兼任明治大学自动运转社会综合研究所研究员。目前以长崎县对马市为对象进行田野调查及行动研究，寻求食品、能源、护理一体化再构建的超高龄社会的对策方案。此外，参与日本农村医学会生活习惯病部会研究小组，针对农村生活环境、习惯与疾病、介护服务利用度的相关性进行实证研究。

农业经济相关论文有：Hideaki Takagi，Taro Takahashi，and Nobuhiro Suzuki，‘Welfare Effects of the US Corn-Bioethanol Policy，’ In Kazuhiko Takeuchi（editor-in-chief），*Biofuels and Sustainability*，Springer，pp. 33 – 52.

川手督也 1960 年生，日本大学生物资源科学部教授。

1985 年东京大学文学部第 4 类行动学、社会学专攻课程毕业；2004 年取得农学博士学位。

1985 年农林水产省东北农业试验场研究员，同年同省农业研究中心研究员，1990 年农蚕园艺局妇女生活科（兼任），1996 年同省农业研究中心主任研究官，1996 年同省东北农业试验场主任研究官，2000 年同省东北农业试验场研究室长，2001 年独立行政法人农业（生物系特定产业）技术研究机构东北农业研究中心研究室长，2005 年日本大学生物资源科学部食品经济学科助理教授，2012 年起出任现任职务。

主要著作：川手督也「専業的家族経営における家族関係の変容と企業形態」日本農業経営学会编『家族農業経営の変容と展望』（農林統計出版、2018 年）、川手督也「農業集落の動向と地域活性化」生源寺眞一編『農改革時代の農業政策』（農林統計協会、2009 年）、川手督也『現代の家族経営協定』（筑波書房、2006 年）。

涩谷美纪 1966年生，国立研究开发法人农业、食品产业技术综合研究机构，北海道农业研究中心农业技术通讯员。

奈良女子大学硕士课程修满。奈良女子大学博士（学术）。

主要著作:『民俗芸能の伝承活動と地域生活』(農山漁村文化協会、2006年)、『農村ジェンダー——女性と地域への新しいまなざし』(共著、昭和堂、2007年)、「現代の民俗芸能—農村地域における伝承活動と地域活性化」(農政調査委員会『日本の農業』第220集、2001年)。

友田滋夫 1967年生，日本大学生物资源科学部食品商业学科副教授。

1990年东京农工大学农学部毕业，1994年东京农工大学农学研究科取得硕士学位，2002年东京农工大学联合农学研究科取得农学博士学位。

历任财团法人农政调查委员会调查专员，财团法人农村开发企划委员会研究员、主任研究员；现任都市农地活用支援中心研究员。

主要著作:『増畜産現場における女性の活躍推進に関する事業報告書』(農山漁村女性・生活活動支援協会、2017年)、『平成26年度畑地かんがい推進手法検討業務報告書』(農村開発企画委員会、2015年)、『平成26年度集落ネットワーク圏形成のあり方に関する調査報告書』(総務省自治行政局過疎対策室、2015年)、『6次産業化による農山漁村の活性化の方向』(農村開発企画委員会、2015年)、『増加する低所得層と日本農業～日本農業は誰に向かって生産をするのか～(5)(6)』(JC総研レポート、2017年、2018年)。

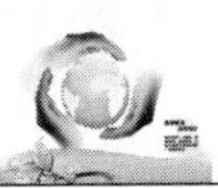

倪镜 1976年生，日本高崎经济大学地域政策学部兼职教师。

大学毕业后于2000年赴日留学，2007年取得地域政策学的博士学位（主攻农业政策方面）。毕业后先后在（一般社团法人）农山渔村文化协会、日本协同组合综合研究所（JC综研）以及全国农业协同组合中央会（JA全中）从事研究工作。2017年开始在日本高崎经济大学、东京家政大学等大学任教。

主要著作：《如何培养支撑地方农业的新型人才》（筑波书房、2019年3月即将出版、单著、日语）、《培养新农人的生产组织—以群马县仓渊地区为事例》农——英知与进步系列丛书（NO.296）（一般团法人 农政调查委员会、2017年3月、单著、日语）、《中国县级市农村发展研究（长三角篇）—江苏省句容市农村经济发展规划》（中国农业出版社、2008年12月、合著 张安明等、汉语）。

堀部笃 1976年生，东京农业大学国际食品情报学部食品环境经济学科副教授。

2007年北海道大学农学研究科博士课程修满，取得农学博士学位；2007~2013年全国农业会议所（农地政策、新务农者支援）；2013年至今任职于东京农业大学。

主要著作：「地方分権改革と農業補助金」（農政調査委員会『日本の農業』第247集、2013年）、「中山間地域における遊休農地対策の実施体制と荒廃した農地への対応—長野市農業委員会における農地利用状況調査および非農地判断の取り組みから—」（『農村研究』120、2015年）、「市町村農政と農村地域再生」（『農業法研究52号』2017年）。

染野宪治 1966年生，富山大学远东地域研究中心客座研究员。

1991年3月毕业于庆应义塾大学经济系，后就职于日本环境厅。历任环境省，日本驻华使馆经济部一秘，东京财团研究员，樱美林大学外聘讲师，庆应大学经济学部客座研究员等。自2016年4月起，担任国际协力机构（JICA）“建设环境友好型社会”项目首席顾问。

主要著作：*The Economics of Waste Management in East Asia*（合著、Routledge、2016）、《新版从5个领域阅读理解现代中国》（合著、晃洋书房、2016）、《日本环境问题：改善与经验》（合著、社会科学文献出版社、2017）等。

藤岛广二 1949年生，东京圣荣大学客座教授，东京农业大学名誉教授。

1972年，北海道大学农学部农业经济学科毕业；1980年北海道大学农学研究科农业经济学专业博士课程修满。

1972～1975年，开办辅导班；1980～1996年，农林水产省农业综合研究所流通研究室长等；1987年获日本农业经济学会奖；1996～2014年，东京农业大学教授、研究生院农学研究科教授；2004年至今，东京都中央批发市场交易业务运营协议会会长代理；2007年荣获世界批发市场协会（WUWM）第25届大会招待讲演感谢状；2011～2013年，文部科学省核能损害赔偿纷争审查会专门委员；2012～2013年，东京大学研究生院综合文化研究科博士学位申请论文审查委员；2014年至今，东京圣荣大学客座教授（专职）；2018年国会众议院议员，农林水产委员会参考人。

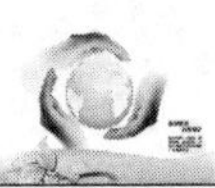

主要著作：『青果物卸売市場流通の新展開』（農林統計協会、1986年、単著）、『輸入野菜300万トン時代』（家の光協会、1997年、単著）、『市場流通20025年ビジョン』（筑波書房、2011年、単著）。

秋山满 1958年生，宇都宫大学农学部教授。

1982年3月，东京农工大学农学科毕业；1984年3月，东京农工大学农学研究科硕士毕业；1988年3月，东京大学农学系研究科博士课程修满退学。

1988年4月起，担任东北大学农学部助教；1993年1月起，先担任宇都宫大学农学部讲师、助理教授，后出任现任职务。东京农工大学联合农学研究科教授（兼任）。

主要著作:「水田農業の規模問題」日本農業経営学会編『農業経営の規模と企業形態』（農林統計出版、47－64p、2014年）、秋山満「農地中間管理機構を通じた構造改革の現実」谷口信和編著『日本農業年報63、官邸主導型農政改革の狂騒』（農林統計協会、147－170p、2018年）、秋山満「農政改革の動向と栃木県農政・農協」、「栃木県農業振興の課題と展望」宇都宮大学農学部農業経済学科編『下野新聞新書11、食と農でつむぐ地域社会の未来—12の眼で見たとちぎの農業—』（下野新聞社、9－34p、243－276p、2018年）。

结 语

本书广泛探讨了日本农业、农村的相关问题，从农业生产及农产品流通，到环境、医疗福利、文化传承等内容。文中列举了具体实例，方便加深读者理解。广泛涵盖各领域实态的文本分析在日本还很少见，相信阅读本书后，读者朋友会对日本的农业农村问题有一定的整体性理解。不过，在全球化不断深化的国际形势下，有必要进一步探讨日本社会的变化。

本书如能为中国农业、农村发展问题的思考提供些许帮助，将是作者们的荣幸。

最后，由衷感谢公益财团法人笹川和平财团对本书出版的大力相助。本书编辑过程中，与中方进行了诸多调整，该财团中日友好交流事业组的小林义之先生多付辛劳，在此表示由衷的感谢。

编著者　酒井富夫

（李雯雯 译）

图书在版编目（CIP）数据

日本农村再生：经验与治理／（日）酒井富夫等著；李雯雯，殷国梁，高伟译. --北京：社会科学文献出版社，2019.3（2024.5 重印）

（中国问题·日本经验）

ISBN 978-7-5201-4385-1

Ⅰ.①日… Ⅱ.①酒… ②李… ③殷… ④高… Ⅲ.①农村-再生能源-能源利用-研究-日本 Ⅳ.①S210.7

中国版本图书馆 CIP 数据核字(2019)第 037079 号

中国问题·日本经验

日本农村再生：经验与治理

著　　者／［日］酒井富夫 等

译　　者／李雯雯　殷国梁　高　伟

出 版 人／冀祥德

项目统筹／隋嘉滨

责任编辑／胡　亮　隋嘉滨

责任印制／王京美

出　　版／社会科学文献出版社·群学分社（010）59367002

地址：北京市北三环中路甲 29 号院华龙大厦　邮编：100029

网址：www.ssap.com.cn

发　　行／社会科学文献出版社（010）59367028

印　　装／唐山玺诚印务有限公司

规　　格／开　本：787mm×1092mm　1/16

印　张：26.5　字　数：313 千字

版　　次／2019 年 3 月第 1 版　2024 年 5 月第 2 次印刷

书　　号／ISBN 978-7-5201-4385-1

定　　价／128.00 元

读者服务电话：4008918866